天下文化
BELIEVE IN READING

亞馬遜逆向工作法

揭密全球最大電商的經營思維

Working Backwards

Insights, Stories,
and Secrets from Inside Amazon

柯林‧布萊爾（Colin Bryar）、比爾‧卡爾（Bill Carr）著
陳琇玲、廖月娟 譯

謹以此書獻給莎拉（Sarah）和琳恩（Lynn）

好評推薦

柯林和比爾抓住亞馬遜的經營精髓，也就是以顧客為起點，逆向工作。他們兩人皆在亞馬遜的關鍵時期擔任重要領導人。他們把亞馬遜的歷史轉化為有趣的故事和教訓。

—— 亞馬遜全球消費者業務前執行長
傑夫・威爾基（Jeff Wilke）

作者帶我們深入亞馬遜內幕，以第一人稱視角看這家公司的非凡發展。我過去在紅帽公司（Red Hat）及目前在IBM都曾與亞馬遜雲端運算服務（AWS）合作，因此我可以證明他們對客戶的承諾始終不渝。想要在組織內部推動顧客至上的信念，並促成卓越經營的領導人都應該好好閱讀此書。

—— IBM前總裁　吉姆・懷赫特斯（Jim Whitehurst）

貝佐斯曾告訴我，亞馬遜不像Google或蘋果，「沒有一個強大的優勢，只得把許許多多小小的優勢編成一條繩索。」亞馬遜一再證明，成功不是源於天才之舉，而是來自

一套明確的商業做法，持之以恆並大膽的應用。如果你想在二十一世紀的商業界嶄露頭角，亞馬遜是你不得不研究的一家公司。

—— 歐萊禮媒體創辦人　提姆・歐萊禮（Tim O'Reilly）

對於那些希望透過創新和商業改變世界的人，我強烈建議他們仔細研究《亞馬遜逆向工作法》。此書深入剖析亞馬遜，極其稀罕可貴。我預期此書很快將成為全球董事會和商學院課堂的必讀之書。

—— 華納媒體執行長　傑森・基拉爾（Jason Kilar）

作者精準呈現亞馬遜獨特的企業文化，並描述亞馬遜創新的基本要素。他們以局內人的視角揭露這家公司的內幕，提供許多寶貴的教訓。對想要徹底改造商業模式的大公司，或是希望快速擴張的新創公司，本書都是必須拜讀的創新指南。

—— 華頓商學院副院長
瑟爾蓋・奈特西（Serguei Netessine）

柯林和比爾深諳亞馬遜的核心管理做法，這也是亞馬遜成功的基礎。他們指出，任何成功的領導人都知道如何透過

敘事報告和衡量指標迅速掌握實際情況。這個洞見對任何一個產業的領導人都非常重要。你會想把這本企業寶典放在身邊，隨時翻閱。

——《徹底坦率》（*Radical Candor*）作者

金・史考特（Kim Scott）

《亞馬遜逆向工作法》是領導人得以落實指導原則、經營節奏和持久機制的藍圖。依照這張藍圖，團隊可以擴大規模，業務能夠加速擴張。對任何專注於推動成長的企業家和領導人來說，這是一本必讀之書。

—— 派樂騰公司（Peloton）人資長暨營運長

瑪莉安娜・嘉拉瓦格里亞（Mariana Garavaglia）

柯林和比爾不是枯燥的列舉亞馬遜十四項領導原則和三項基本機制。他們提出很多具體而且容易了解的例子，看這家公司如何把這些原則和機制應用在人員招募、溝通、組織及產品設計等層面。

——《紐約時報》（*New York Times*）

若想真切的了解二十一世紀管理與領導的原則、流程與實務，都該好好閱讀本書。

——《富比士》（*Forbes*） 史蒂夫・丹寧（Steve Denning）

　　《亞馬遜逆向工作法》就像是一本使用手冊，也許本書的設計就是如此。柯林和比爾都是亞馬遜的老將，熱情洋溢的宣揚亞馬遜之道。可以確定的是，亞馬遜將一直秉持其核心原則和做法，不是因為貝佐斯盯著，而是因為柯林、比爾及亞馬遜現任的經理人都對亞馬遜之道深信不疑。

——美國聯合通訊社（Associated Press）

　　柯林和比爾這兩位亞馬遜前資深主管，對該公司獨特的原則和流程提供第一手詳盡的資料……這是一本內容紮實的亞馬遜成功祕笈。讀者必然可從中汲取適用於自己服務機構的經驗和教訓。

——《出版人週刊》（*Publishers Weekly*）

目次

前言

　　說亞馬遜是一家非典型企業，這樣講太輕描淡寫了。亞馬遜最重要的提案經常遭到批評，甚至被說成是在做傻事。一位企業專家就曾取笑說「亞馬遜，完蛋了」。[1]但經年累月下來，亞馬遜一次又一次證明懷疑者錯了。既有的競爭對手和有抱負的市場新進者，紛紛從外部研究亞馬遜，希望揭開與利用亞馬遜的成功祕訣。儘管許多人真的採用亞馬遜一項或多項廣為人知的原則和實務，但即便是亞馬遜最忠誠的信徒們，都無法複製這種持續驅動亞馬遜更進一步發展並維持領先的創新文化。

　　當然，亞馬遜也受到嚴格的審查，甚至因為一些商業做法而遭到嚴厲批判。有些人對於亞馬遜的做法可能對商業界乃至整個社會造成什麼影響，抱持著質疑的態度。*這些問題顯然很重要，因為它們會影響人們和社區的生活，倘若無法解決這些問題，可能會對亞馬遜的聲譽和財務造成嚴重影響。但這些問題超出本書所要深入探討的範圍，本書的宗旨是為大家詳細介紹亞馬遜的獨特原則和流程，讓大家有能力

落實亞馬遜的做法。

我們（柯林與比爾）兩個人在亞馬遜工作的時間總計長達27年，親身經歷亞馬遜逐漸發展成長的關鍵時刻。每當我們提及自己在亞馬遜上班時，立刻會有人問我們一些問題。大家想要了解究竟是什麼原因讓亞馬遜如此成功。分析師、競爭對手，甚至是顧客都試圖歸納亞馬遜的商業模式或企業文化。而創辦人傑夫‧貝佐斯（Jeff Bezos，後文簡稱貝佐斯）的說法，仍然是去蕪存菁且最為簡練的詮釋：「我們有堅定的信念，長遠來看，股東的利益將與顧客的利益達成一致。」[2]換句話說，雖然股東價值源自獲利成長，但亞馬遜堅信「顧客至上」是達到長期成長的最佳做法。

如果抱持這種信念，你會打造出一家怎樣的公司？貝佐斯在2018年航太暨網路會議（Air, Space, and Cyber

---

*　2020年4月16日，正值新冠病毒大流行之際，亞馬遜執行長傑夫‧貝佐斯在致股東信上，強調亞馬遜在防疫前線產生的影響。他描述亞馬遜努力滿足人們因為疫情足不出戶、對亞馬遜服務日漸激增的需求。他介紹亞馬遜物流中心（fulfillment centers）推行的安全措施，這項專案加速亞馬遜強化測試，以及亞馬遜雲端運算服務與世界衛生組織（WHO）和其他衛生組織建立合作關係。他宣布將亞馬遜的最低工資提高2美元，並將加班費調漲一倍。這封致股東信還概述公司發布一項氣候變遷宣言，到2024年再生能源的使用比例將達到80％，並在2024年達成淨零碳排放。有關亞馬遜在這些方面和其他改善員工、顧客和普羅大眾生活所做的努力，詳細資訊請參見https://blog.aboutamazon.com/company-news/2019-letter-to-shareholders。

Conference）上致詞時，如此描述亞馬遜：「我們的文化有
四大核心原則：顧客至上，而不是緊盯競爭對手不放；願意
長遠思考，跟大多數同業相比，我們願意進行更長期的投
資；熱衷發明，這當然包括從失敗中學習；最後則是在專業
上以卓越經營為傲。」

　　這種描述打從亞馬遜成立以來就適用至今。早在1997
年，也就是亞馬遜股票上市的第一年，貝佐斯寫給股東的第
一封信就提到「顧客至上」、「長遠發展」和「我們將繼續
從成功與失敗的經驗中學習」。一年後，也將「卓越經營」
列入討論，形成支持亞馬遜企業文化延續至今的四大面向。
後續幾年中，這些措詞略做調整，反映出亞馬遜學到的教訓
和遭遇的挫敗，但亞馬遜從未動搖對這四大核心原則的承
諾。這就是亞馬遜能迅速超越全球同業，在2015年成為年銷
售額高達1000億美元的電子商務網站的主要原因。值得注意
的是，同年，亞馬遜雲端運算服務（Amazon Web Services，
簡稱AWS）的年銷售額達到100億美元，成長速度甚至超越
亞馬遜締造的紀錄。[3]

　　當然，這四個文化試金石並不足以說明「亞馬遜的成
功之道」，也就是他們如何獨立作業和集體共事，以確保組
織經營得當。貝佐斯及其領導團隊制定十四條領導原則，以
及一套涵蓋面廣且明確實用的方法論，這些方法論持續強化

亞馬遜的文化目標。其中包括：確保公司持續募得頂尖人才的抬桿者流程；堅持讓領導人帶領可分拆的團隊，由這些團隊聚焦單一重點，優化交貨和創新的速度；使用書面敘事而不是簡報，以確保深入理解複雜問題，並做出明智決策；精準掌握投入指標，確保團隊從事能推動業務開發的活動。最後則是產品開發流程，也就是本書的書名源起：逆向工作法（Working Backwards），意指以顧客期望的體驗為起點，逆向倒推要做的工作。

　　亞馬遜面臨的許多業務問題，跟其他大企業或小公司面臨的問題並沒有不同。差別在於，亞馬遜不斷針對這些問題提出獨特的解決方案。這些要素結合在一起，形成亞馬遜特有的思考、管理和工作方式，我們稱之為 **「亞馬遜之道」**（**being Amazonian**），並以這個詞說明這本書的宗旨。我們兩個人都是亞馬遜「內部人士」，而且和其他資深領導人一起塑造與琢磨亞馬遜之道的真諦。我們都與貝佐斯長期共事，並積極參與締造亞馬遜歷久不衰的眾多成功產品或服務（當然也親身經歷一些眾所周知的失敗）。在我們的人生旅程中，這段時光是最振奮人心的專業經歷。

貝佐斯的影子顧問：柯林

　　我大學畢業後的第一份工作，是在甲骨文公司（Oracle）設計和建構資料庫應用程式。之後，我跟兩名同事共同創辦 Server Technologies Group 公司。我們想利用在大型資料庫系統的經驗，協助企業將業務活動轉移到剛開始興起的網路上。這間公司的客戶包括波音公司（Boeing）、微軟（Microsoft），還有一家名為亞馬遜的小公司。我們發現亞馬遜很特別。1998年，我們加入亞馬遜，我在那裡擔任高階主管，工作了十二年，其中連續兩年跟貝佐斯一起共事，那正是亞馬遜成長和創新的非凡時期。跟貝佐斯共事的那兩年，是從2003年夏天開始的，當時他請我擔任他的技術顧問，這個角色就是大家俗稱的「貝佐斯的影子顧問」，類似其他公司的幕僚長。

　　這項職務早在十八個月前正式確立，由安迪・賈西（Andy Jassy，曾任亞馬遜 AWS 執行長）＊擔任貝佐斯的第一位全職技術顧問。技術顧問有兩項主要職責，一項職責是協助貝佐斯盡可能的發揮工作效益。另一項職責正如貝佐斯所說的，「互相模仿學習」，幫助擔任該職務的人最終執掌公

＊　編注：安迪・賈西於2021年7月接任亞馬遜執行長。

司內部更重要的職務。

貝佐斯和賈西都明確表示這項職務並非扮演觀察者或稽核師，也不是扮演培訓師。貝佐斯期望我立即做出貢獻，包括提出構想與承擔風險，並檢測他的想法是否可行。在接受這份工作之前，我要求利用週末考慮一下，並打電話給幾位友人徵詢意見。其中一位友人在財星前十大企業擔任執行長特助，另一位友人是政府重要高官的得力助手。他們兩個人都說：「你瘋了嗎？這是千載難逢的大好機會。你為什麼不當場答應？」他們也告訴我，擔任這項職務就無法掌控自己的時間，但我得到的學習將超乎想像。其中一位友人告訴我，雖然他在工作上學到很多東西，但那種工作並不怎麼有趣。

事實證明，擔任貝佐斯的影子顧問，確實如朋友所說的那般，只有一點明顯沒提到的是，事實上我的工作有很多樂趣。有一次，我們去紐約出差，參加一連串會議與活動，包括在紐約中央車站的網球展，宣傳亞馬遜新開的服飾店。在搭機途中，貝佐斯問我是否可以在抵達紐約後陪他打網球，這樣他可以為網球展的活動預做練習，因為他好久沒打網球，有些生疏了。他上一次打網球是兩年前參加慈善活動時，跟比爾・蓋茲（Bill Gates）、網球名將安德烈・阿格西（Andre Agassi）和皮特・山普拉斯（Pete Sampras）一起

打球。「在這之前，誰會知道這件事呢？」我告訴貝佐斯，兩週前我在當地公園跟好友約翰打過網球，「所以，你要我跟網球名將的搭檔對打？」我說：「但我知道你最近疏於練習。我認為我們會打成平手。看來，今天晚上，我們只好在網球場上解決其他問題了。」而貝佐斯笑著回答：就這麼說定。

　　不過，這個故事是例外情況。我跟貝佐斯共事時，有95％的時間都專注於解決內部工作的問題，而不是處理諸如會議、公開演講和體育賽事等外部活動。但貝佐斯經常面臨諸如此類的挑戰，譬如：在廣大群眾面前，從事他幾乎從未練習過的一項運動，並展現他的樂觀幽默和廣為人知、極具傳染力的笑聲。他每天面對業務決策時，也秉持同樣的精神，而那些決策比大多數人整個職業生涯所做的決策更為重大。他真正體現亞馬遜的座右銘：「努力工作，盡情玩樂，創造歷史。」

　　我從早上十點開始，跟貝佐斯一起工作到晚上七點。大部分時間都是和產品團隊或主管團隊進行五到七次會議。在貝佐斯下班後，我繼續跟那些團隊一起工作，協助他們準備跟貝佐斯互動，提高每個人的生產力。我已經很熟悉從他那裡接收到無窮無盡的想法，又被要求將事情迅速完成並符合超高標準。經常有人問我：「你認為貝佐斯對這個想法有何

高見？」我的標準答案是：「我無法預測他會說些什麼，但通常這些原則會透露他的反應⋯⋯」

　　我和貝佐斯共事期間，亞馬遜推出幾項關鍵業務，包括亞馬遜尊榮會員服務Prime、AWS、電子書閱讀器Kindle，以及亞馬遜物流服務（Fulfillment by Amazon，簡稱為FBA）。現在，亞馬遜這幾項事業的經營流程，連同撰寫敘事報告和使用逆向工作法，共同形塑出亞馬遜之道的穩固根基。

　　我知道自己很幸運，獲得千載難逢的機會。兩年多來，我每天跟貝佐斯和亞馬遜資深領導團隊並肩工作。我下定決心要充分利用分分秒秒的時間。我將一起搭車、午餐和步行參加會議等活動，視為不容錯過的寶貴學習機會。有一次，朋友看我在筆記本上寫下一長串事項，好奇問我在做什麼。我回答說：「是這樣的，幾天後，我會跟貝佐斯一起搭機前往紐約，將在飛機上待上五個小時。我想確保自己至少準備足夠討論五小時的問題和主題，要是貝佐斯有空，我們就可以談一談。」在撰寫本書時，我能夠清楚說明貝佐斯做出關鍵決策的原因，是因為我經常直接問他，根據哪些特別的思考而形成獨到見解。畢竟，形成這些獨到見解背後的原因，往往比見解本身更具啟發性。

亞馬遜數位影音媒體推手：比爾

　　我在職場上換過幾個工作後才加入亞馬遜。大學畢業後，在取得企管碩士學位前的那幾年，我從事業務工作。後來，我進入寶僑家品公司（Procter & Gamble）擔任業務，然後成為負責凱馬特百貨（Kmart）的客戶分析師。由於我想從事技術工作，所以離開寶僑家品公司，到 Evare 軟體新創公司上班。1999 年 5 月，在大學友人的建議下，我到亞馬遜應徵工作。當時，亞馬遜的辦公室還座落在西雅圖第二大道的一棟大樓裡。因為辦公空間太小，面試地點是在休息室的另一側進行，人們則在休息室的另一頭喝咖啡聊天。當時，我通過面試進入亞馬遜，擔任影音事業（VHS 和 DVD）的產品經理，接下來那十五年當中，我在亞馬遜擔任各種職務。

　　在加入亞馬遜的前五年，我在亞馬遜當時最大的事業部門工作，也就是美國實體媒體事業群（包括書籍、音樂和影片等產品），並晉升為高階主管。在 2004 年 1 月，就在貝佐斯邀請柯林擔任他的技術顧問時，我的上司兼好友史蒂夫・凱瑟爾（Steve Kessel）也給我投下一顆震撼彈。他即將晉升為資深副總裁，並應貝佐斯的要求接掌公司的數位事業。他告訴我，我會晉升為副總裁，他希望我加入他的團隊。

　　凱瑟爾告訴我，貝佐斯認定現在時機到了，亞馬遜必須

開始讓顧客能夠購買和閱覽、收聽電子書和線上影音產品。
亞馬遜正面臨抉擇。儘管實體書籍、CD、VHS或DVD業務
是亞馬遜最受歡迎的產品，但網路和設備技術的變革，以及
Napster、Apple iPod、iTunes等線上音樂共享服務的出現，
顯然說明實體書籍和影音產品的榮景無法持續下去。我們預
期由於數位化的興起，實體媒體事業將隨著時間演變而逐漸
式微。我們認為，必須立即採取行動。

　　當時，貝佐斯經常用一個比喻來形容我們對創新和建立
新事業所做的努力：「我們必須播下許多種子，」他會說：
「因為我們不知道這些種子當中，哪一顆種子會長成碩大的
橡樹。」這個比喻很恰當。橡樹是森林中最堅固也最長壽的
樹木之一。每棵橡樹會結出數千個橡實，橡實落入土中又長
成橡樹，這些樹終將成長茁壯，高聳入雲。

　　回想起來，這是亞馬遜改造重生的時期。亞馬遜從2004
年開始播下的種子，最後紛紛結出美麗的果實，譬如：電子
書閱讀器Kindle、平板電腦Fire、Fire TV、亞馬遜影音平台
Prime Video、亞馬遜線上音樂Amazon Music、亞馬遜製片
網Amazon Studios、聲控智慧音箱Echo，以及語音助理技術
Alexa。這些業務將成為亞馬遜最強大、成長最快的新事業
和價值驅動力。到2018年時，這些事業單位已經創造出讓全
球數千萬名消費者每天使用的設備和服務，而且每年為亞馬

遜創造數百億美元的收入。

在那十年當中，我很幸運能夠親自領導或協助這些新產品計畫的推動。那些年裡，我的角色不斷轉變，後來成為亞馬遜全球數位影音事業和工程組織的負責人暨領導人。我帶領團隊推動、開發和主導一些服務的成長，這些服務包括現今的亞馬遜音樂、亞馬遜影音平台和亞馬遜製片網。這些經歷讓我有機會觀察和參與這些新產品的開發與發明，同時也學習到亞馬遜的一套新流程。這套流程將推動亞馬遜第二階段的成長，使其成為全球最有價值的企業之一。

亞馬遜逆向工作法

我和柯林因為伴侶是好友而結識。我太太琳恩（Lynn）和柯林的太太莎拉（Sarah）在取得企管碩士學位後，於2000年加入亞馬遜玩具類團隊而成為好友。我和柯林都熱愛高爾夫，也經常去班頓沙丘高爾夫度假村（Bandon Dunes）打球，兩人開始建立友誼。2018年時，我們觀察到兩大趨勢，決定撰寫這本書。第一個趨勢是，亞馬遜受歡迎的程度激增，成為媒體爭相報導的對象。人們顯然很想了解有關亞馬遜的更多資訊。第二個趨勢是，亞馬遜一直備受誤解，我們在亞馬遜工作的那些年就親身經歷此事。華爾街分析師無

法理解為什麼亞馬遜並未獲利，其實那是因為亞馬遜將獲利轉投資開發新產品，以推動未來的成長。而且，媒體往往對亞馬遜推出的每項新產品都感到困惑並嚴加批評，包括Kindle、尊榮會員服務和AWS。

後來，我們兩個人都離開亞馬遜轉戰新領域，柯林在2010年離開，比爾在2014年離開。但是在亞馬遜工作的經歷深深影響我們。我們曾和多家公司和創投業者共事，並且在工作時經常聽到財星一百大企業執行長這樣說：「我不明白亞馬遜是怎麼做到的。他們有能力在這麼多不同的事業，從零售到雲端運算服務、乃至於數位媒體，都能打下江山並獲致成功。而我們已經在這方面努力經營三十多年，卻還無法掌握核心業務。」

我們發現市場存在缺口。坊間沒有資料、沒有書籍回答這些問題，並解釋亞馬遜的獨特行為，以及說明亞馬遜如何締造非凡成效。我們知道這些問題的答案，因此透過這本書向大家分享。

自從離開亞馬遜後，我們在新組織落實亞馬遜的許多成功要素，並對新組織產生重大影響。但我們發現，當與同事談到在職場上推行亞馬遜的基本原則時，他們往往做出這類回應：「但是亞馬遜擁有更多的資源和資金，更不用說還有貝佐斯這位奇才，我們可沒有。」

　　我們在此告訴大家，不需要像亞馬遜那樣擁有資金（其實我們在亞馬遜工作那些年當中，亞馬遜在資金方面大多受到限制），也不需要貝佐斯（如果他有空幫您的專案出力，當然再好不過。我們強烈推薦他！）任何人都可以學習亞馬遜具體又可複製的原則和實務，並依據所屬企業的規模加以改善和調整。我們希望讀者看完這本書後，發現亞馬遜之道不是一種神祕的領導崇拜，而是一種彈性思維。你可以選擇需要的要素，並視狀況進行調整和自行定義。這個概念也有一個神奇特性，也就是可以分化為較小規模但仍相似的模式，讓任何規模的企業都能因此受惠。我們見證不同規模的企業，從只有十人的新創公司到擁有數十萬名員工的大企業，都能順利採用這些要素。

　　在此，我們將指導大家在所屬的組織，以自己的方式落實亞馬遜之道。我們將透過自己對亞馬遜的了解，包括在亞馬遜工作多年經歷的事件、故事、對話、人物和趣談，以及長年累積的知識，來提供具體實用的建議。

　　我們並沒有聲稱亞馬遜之道是建構高績效組織的唯一方法。正如貝佐斯自己寫道：「值得慶幸的是，這個世界充滿許多高績效、高度獨特的企業文化。我們從未聲稱亞馬遜的做法是唯一正確，只是那對我們來說是對的……」[4]

　　現在，亞馬遜的做法，也可為你所用。

第一部

亞馬遜之道

　　在本書第一部，我們將詳細介紹定義亞馬遜之道的重要原則和流程。這些經年累月耐心磨鍊出來的工作方式，讓亞馬遜能夠締造卓越的效率和屢破紀錄的成長。這些原則和流程讓亞馬遜創造出既能持續創新發明，又以顧客滿意為首要任務的企業文化。我們將告訴大家其中一些原則和流程是如何發展出來的，並說明如何善用這些原則和流程，解決阻礙我們的問題，並得以自由發明並持續滿足顧客。

　　亞馬遜的領導原則就是第1章要講述的重點。在亞馬遜成立初期，只有一小群人在三個小房間裡工作，沒有正式的領導原則，因為從某方面來說，貝佐斯就是領導原則。他撰寫職務說明，面試應徵者，包裝要運送的包裹，並看完發送給顧客的所有電子郵件。參與整個事業的各個層面，讓貝佐斯能夠用非正式的方式，將亞馬遜的經營哲學傳達給當時規模較小的員工團隊。但亞馬遜發展如此迅速，很快就不可能用這種方式進行溝通，因此有必要制定領導原則。我們講述制定領導原則的流程，這個過程本身就是典型的亞馬遜故事。我們也會說明這些領導原則如何嵌入亞馬遜經營的各個細節中。

　　第1章除了講述亞馬遜的領導原則，也會介紹亞馬遜的經營機制，也就是確保領導原則在公司內部日復一日、年復一年得以強化的重複流程。我們會列舉亞馬遜如何為個別團

隊及整個公司制定年度計畫與目標的方法，以及亞馬遜如何讓團隊目標和公司目標達成一致。同時，我們也會說明亞馬遜獨特的薪酬政策，以此加強合作和長期發展，避免內部競爭和只注重短期利益。

在第2章中，我們討論亞馬遜特有的抬桿者（Bar Raiser）招募流程。和領導原則一樣，我們設計抬桿者，也是因為公司發展太快，在短期內需要雇用很多新員工，會面臨的主要陷阱之一是用人急就章：因為工作負荷過重，迫切需要人手幫忙，所以容易忽視應徵者的缺點。抬桿者為團隊提供有效、迅速的方法來招募實力最強的員工，而且不是為圖方便，草草了事。

在以創造力著稱的公司中，可分拆的單一領導人／單一執行團隊（single-threaded leadership）一直是亞馬遜最實用的發明之一，我們將在第3章詳細說明。這是將組織內部互相依賴所引發的效率延宕降至最低的組織策略。單一領導人／單一執行團隊的基本前提是，每項提案或專案只有一位領導人，領導人只要專心做好該項專案，督導團隊成員全力以赴完成專案。同時，第3章也闡述亞馬遜如何制定單一領導人／單一執行團隊的故事，包括所要解決的問題，以及在找出真正有效的解決方案前，我們開發的解決方案有哪些不完備的地方。我們還將討論為了落實可分拆的單一執行團隊，

我們如何徹底改變建構和部署技術的方式，以及為何必須這麼做的理由。

另外，我們還發現真正有效的開會方式，這和大多數公司開會時的做法不同。我們同樣尊重PowerPoint是視覺溝通和演說的輔助工具，但我們知道在一小時的會議中，要傳達有關提案和進行中專案的複雜資訊，PowerPoint並不是最佳格式。相反的，我們發現由特定團隊撰寫六頁報告（six-page narrative），是讓每位與會者都能迅速了解團隊進度，並發揮效率參與討論的最佳做法。同時，撰寫敘事報告的過程需要團隊對自己所做的工作進行反思，以及考慮打算怎麼做，並向其他人明確表達，如此便能讓團隊對工作的想法更有定見。我們會在第4章討論這種敘事報告的細節，並舉一個例子來說明。

第5章討論亞馬遜如何發展新想法和開發新產品：從顧客想要的體驗開始逆向倒推，也就是逆向工作法。在開始建構新想法或開發新產品前，我們會寫一篇新聞稿，明確定義新想法或新產品如何讓顧客受惠，並設計一個常見問答清單，預先解決棘手問題。我們認真研究並修改這些文件檔，直到滿意之後才採取後續行動。

顧客也是我們分析和管理績效指標的核心。我們將重點放在可控制的投入指標，而不是產出指標。用可控制的投

入指標（譬如：降低內部成本便能調降產品價格，在網站上增加新的待售商品，或縮短標準交付時間）衡量一系列活動，如果這些活動做得好，就能產生預期結果或產出指標（譬如：每月營收和股票價格）。我們會在第6章詳述這些指標，以及如何發現和追蹤這些指標。

　　本書第一部並未詳盡列出在亞馬遜制定的所有原則和開發流程，只挑出最能說明亞馬遜之道的部分。我們會向大家說明如何制定這些原則和流程，也會提供具體可行的資訊，協助大家依據自身的情況調整做法。不管是大企業或小公司，都可以採用這些做法，發揮最大潛能服務顧客。

第 1 章

奠定基礎

領導原則與機制

本章重點：

- 亞馬遜十四項領導原則的制定。
- 十四項領導原則如何融入日常工作。
- 利用機制制衡，並加強領導原則。
- 為什麼這些領導原則讓亞馬遜取得重大競爭優勢？
- 如何把這些領導原則應用到你的公司？

亞馬遜網站（Amazon.com）於1995年7月成立，當時只有一些員工，都是創辦人貝佐斯精心挑選的精英。1994年時，貝佐斯看到一份報告推測網際網路每年使用量將以2300％的速度成長。當時貝佐斯是紐約德劭金融公司（D. E. Shaw & Co.）資深副總裁，該公司專精於使用複雜的數學模型找出無效率市場，並從中獲利。貝佐斯認為加入這股網路熱潮是千載難逢的大好機會，因此他放棄原本的高薪事業，帶著當時的太太麥肯琪（MacKenzie）開創網路事業。

在前往西雅圖的路上，貝佐斯寫好商業計畫書。他找到幾個原因，認定圖書類別尚未獲得充分的服務，非常適合線上商務。他概述自己如何為購買書籍的顧客帶來既新穎又

引人入勝的體驗。首先，書籍的重量較輕，而且尺寸又制式化，這表示在倉儲、包裝和運送等方面的作業簡單且費用低廉。其次，市面上可販賣的書籍超過一億本，光是1994年出版的書籍就超過一百萬本，即使邦諾書店（Barnes & Noble）這種大型連鎖書店也只有幾萬本書的庫存。但是，線上書店卻不像實體書店有這樣的限制，可以販售任何書籍。再者，在出版商和零售商之間有兩大經銷商 Ingram 和 Baker & Taylor，這些中介機構擁有超大型倉庫，存放大量的庫存。他們持續更新詳細的書籍目錄電子檔，方便書店和圖書館訂購書籍。貝佐斯意識到，他可以結合 Ingram 和 Baker & Taylor 建立的基礎架構，讓倉庫裡裝滿準備出貨的書籍，加上詳細列出這些書籍目錄電子檔，和結合不斷發展的網路基礎設施，讓消費者可以找到和購買任何書籍，並將書籍直接寄送到府。最後，這個網站可以使用技術來分析顧客行為，並為每位顧客創造獨特的個人化體驗。

　　最早的亞馬遜人在三個小房間裡胼手胝足的工作，地下室經過改建，裡面大多存放對街軍用品店的庫存。包括貝佐斯在內，每個人都是用廉價門板釘上四個桌腳當成辦公桌。地下室一扇掛著鎖的夾板門，守衛著亞馬遜的第一個「配送中心」，這個房間可能只有四百平方英尺，先前是當地樂團的練習場地，夾板門上還留有樂團名字的噴漆。

　　在這麼小的辦公環境中，貝佐斯只要坐在椅子上轉到不同方向，或是在走道上探頭看看隔壁房間，就可以掌握公司從軟體開發到財務和經營的脈動。他認識在公司工作的每個人。除了撰寫最重要的軟體外，他也會在大家努力掌握工作要領之際，跟大家並肩工作。而且，他從不掩飾自己希望工作如何完成，他開始在小團隊所採取的各項步驟中灌輸指導原則，譬如：顧客至上和堅持高標。

　　從寄給顧客的電子郵件所使用的語氣，到書籍和包裝的狀況，貝佐斯都有一個簡單規則：「必須完美。」他會提醒團隊，一次糟糕的顧客體驗，會讓數百個完美顧客體驗累積的商譽化為泡影。當經銷商寄來要擺設在茶几上的用書，書衣上有灰塵和刮痕時，貝佐斯會要求客服部門寫信向顧客道歉，並解釋：「因為這類書籍是擺飾品，我們訂購了替換商品，但到貨時間會延遲。」除非時間急迫，顧客想要馬上取得那本有刮痕的書，才會把書寄給顧客。顧客都對亞馬遜的做法感到很滿意，並決定等待沒有瑕疵的新品，同時對亞馬遜的貼心感到喜出望外。

　　貝佐斯還會校閱處理任何新主題的客服電子郵件。有一天，一位知名技術專欄作家寫信詢問有關業務、信用卡交易安全性等一連串尖銳又挑釁的問題，貝佐斯看完團隊寫給專欄作家的回覆，接著又再看一遍，然後說：「很完美。」之

後，貝佐斯顯然對客服人員將他堅持的核心原則內化而感到滿意，就不再像以前那麼頻繁的檢查這類內容。

　　貝佐斯經常勸誡小團隊的另一件事情是，亞馬遜應該堅持不過度承諾，但做出超乎期待的表現，以確保顧客獲得超出期望的體驗。這個原則的一個實例是，網站清楚描述亞馬遜的運送標準，是以美國郵政的快遞郵件（First-Class Mail）寄送。實際上，這些包裹是由美國郵政優先郵件快遞（Priority Mail）寄送，這種郵寄方式的服務費用昂貴得多，並保證包裹在二至三個工作天就能送到美國任何地方。這項服務在確認出貨的包裹中，被稱為免費升級。這種免費升級服務大受好評，顧客還透過電子郵件致謝，有人寫道：「你們會打造出營業額破十億美元的企業。」貝佐斯看到這封電子郵件時開懷大笑，還把這封電子郵件印出來帶回自己的辦公室。

　　貝佐斯為第一位員工撰寫的職務說明書寫道：「你必須具備設計和建構大型複雜（但仍可維護）系統的工作經驗，你應該能夠在最能幹的人認為可能做到的三分之一時間內，完成這項工作。」[1]在1997年致股東的第一封信中，貝佐斯寫道：「我在面試員工時會告訴他們，『你願意加班、努力工作或聰明的工作，但在亞馬遜，你不能只具備其中兩項條件，而要三項條件都具備。』」[2]

　　當時，亞馬遜精神意味著，大多數亞馬遜員工都接受貝佐斯這種極具挑戰的標準。員工每週至少工作六十個小時，在深夜的辦公室裡，大家聽著音樂加班，盡一切努力讓顧客滿意。每天下午，貝佐斯會跟大家一起在地下室處理顧客訂單，起初都是在水泥地板上親自處理這些包裹。後來，從世界各地收到的訂單愈來愈多，訂購的商品也日漸多樣化。事實證明，一股非常特別的趨勢正迅速形成，能加入這個行列真是令人興奮。

　　後來，亞馬遜出現歷史性的成長，幾乎可說是前所未見，也表示這家公司發生改變。在搬進第一間辦公室的幾個月後，辦公室裡到處擺放桌子，已經人滿為患。公司只好搬到同一條街上空間更大的辦公室。不久後，同樣情況再次發生，又再次搬到更大的辦公室。在創業初期最關鍵的頭幾年，貝佐斯可以透過每天和每週的互動，直接向小型領導團隊傳達具體明確的訊息。不論制定大小決策，他都能親臨現場，而且他可以制定和應用「顧客至上、重視創新、勤儉節約、當責不讓、崇尚行動和堅持高標」等原則。但是，在創業初期那幾年由貝佐斯親自面試進來的新員工，人數迅速激增，需要新的領導階層來管理。到1990年代後期，組織已經從原先數十名員工，成長到五百多名員工。這種驚人的成長，開始限制貝佐斯充分參與招募領導人才，並將其價值觀

灌輸給他們的能力。貝佐斯想堅持的高標準，只有在公司從上到下都以某種方式努力，將其貫徹執行才得以維持。

在本章中，我們將討論亞馬遜如何建立一套原則和機制，讓公司從單一創辦人，成長到擁有數十萬名員工，[3]卻仍然能忠於顧客至上及創造長期股東價值的使命。其中一些方法大家已經知道了，並且被廣泛採用，而有些方法可能是亞馬遜獨有的。

亞馬遜與眾不同之處在於，其領導原則深植於公司各個重要流程和功能中。在許多情況下，這套原則訂出一種跟大多數企業不同的思考和工作方式。因此，亞馬遜新進員工必須經歷幾個月的挑戰期，學習並適應這些新方法。由於這些流程和實務被嵌入到各個會議、文件、決策、訪談和績效討論中，經年累月下來，大家自然養成習慣，遵照這些流程和實務做事。若有員工不這樣做，便會引起其他員工注意，就像有人用指甲刮黑板發出刺耳聲響那樣引人側目。比方說，如果有人在會議上發言，顯然是基於短期考量而提出構想，忽略重要的長遠考量，或是提出針對競爭者而不是以顧客為主的建議，會讓場面一度尷尬，隨後有人就會出面糾正。儘管這種做法未必是亞馬遜特有的，卻是亞馬遜獲致成功的決定性因素。

到1990年代後期，亞馬遜已經有一套每位亞馬遜人都

擁有的核心能力,而且所有主管還應該精通和運用另一套能力。記得1999年時,身為新進員工的我(比爾)第一次閱讀一長串要具備的能力清單,目睹要應用到如此廣泛領域的超高標準組合,讓我大受激勵又心生畏懼。我心想:「為了達到這些標準,我必須比以往更努力、更聰明的工作。」

2004年,亞馬遜的人力資源主管麥克·喬治(Mike George)和同事羅賓·安德魯列維奇(Robin Andrulevich)指出:公司如雜草般迅速成長,增加許多沒有經驗的領導人,這些人需要接受一些正式的管理和領導培訓。所以,喬治請安德魯列維奇設計一個領導培訓計畫。安德魯列維奇認為,首先必須清楚、簡潔並有系統的說明,對亞馬遜來說什麼才是領導力。這類活動當然會延遲這項計畫的推行,但經過大量討論後,每個人都認為這樣做是值得的。

貝佐斯在2015年致股東信中寫道:「你可以寫下貴公司的企業文化,但是當你這樣做時,你是在發現它、揭露它,而不是創造它。」[4]這正是安德魯列維奇打算有系統撰寫領導原則時所做的假設。她採訪亞馬遜內部的高效能領導人,以及體現這家新興公司特質的那群人。她原以為這項計畫只需要兩個月就能完成,結果卻耗時九個月才結束。但在完成這項計畫後,她的努力確實有助於確立讓亞馬遜能有今日成就的要素。

　　亞馬遜最初的領導原則，基本上是安德魯列維奇集結所有受訪者精神特質的綜合敘述。在少數情況下，才會基於單一個人的領導活動制定領導原則。比方說，當時全球經營資深副總裁、後來擔任亞馬遜全球消費者業務的執行長傑夫‧威爾基，堅持決策要以數據為依據，並頻繁的稽核與他共事的每個人，因而促成「追根究柢」這項領導原則。

　　安德魯列維奇和喬治還有人力資源領導團隊，一起檢討領導原則的每個草案。其中，人力資源資深主管艾莉森‧歐格（Alison Allgor）和克莉斯汀‧史卓特（Kristin Strout）特別提供寶貴意見。她們以批判的眼光討論每個原則，仔細檢查每個原則是否都應該列入領導原則。聽起來跟一般企業準則沒有兩樣或不太相關的原則，則會被排除在外。安德魯列維奇和威爾基經常碰面，審查進度並修改領導原則清單，有時還會找其他主管，包括里克‧達澤爾（Rick Dalzell）、湯姆‧斯庫泰克（Tom Szkutak）和傑森‧基拉爾（Jason Kilar）一起參與。安德魯列維奇還定期跟貝佐斯和我（柯林）一起檢討這份清單。

　　我記得有一次的討論特別激烈，主要是針對「不分派系、自我批判」這項領導原則中，「領導人不認為自己的體味聞起來是香的（不會自我感覺良好）」這句話。當時，大家討論在跟廣大受眾傳達訊息時，可以使用古怪的措詞嗎？

如果使用古怪的措詞，大家會認真看待我們制定的領導原則嗎？最後，我們得到結論，儘管這句措詞異於尋常，卻能提供相當清楚的效果。所以，體味一詞還是保留下來。

經過幾個月的討論和辯論，在2004年下半年，安德魯列維奇將她認為是最終名單的九項領導原則，透過電子郵件發送給貝佐斯。在當時看來，九項領導原則感覺很多，但每項原則似乎都不可或缺，我們都不同意刪除任何一項。

2005年初，隨著這些原則制定完成，貝佐斯發送一封電子郵件給亞馬遜的所有主管，正式宣布亞馬遜的十項領導原則。感謝安德魯列維奇完成這項出色的工作，蒐集這些強而有力的原則，表達出亞馬遜獨特又可執行的方向。舉例來說，「堅持高標」這項領導原則的描述如下：「領導人不斷提高標準，許多人可能認為這些標準高得離譜。」「不斷提高」和「高得離譜」顯然是貝佐斯常用的措詞，因此這是亞馬遜的思考和說話方式。

另一個經常出現在亞馬遜領導原則和主要宗旨的說法是：「除非你知道更好的做法。」這種說法提醒大家要不斷想方設法改善現狀。

在接下來的幾年中，最初的十項領導原則歷經修改，最終還增加更多的內容。時至今日，這些原則還不時受到質疑並加以修訂，以適應新的挑戰，以及公司對整體情勢所產生

的新理解。

現在，亞馬遜有十四項領導原則，顯然比大多數企業的領導原則來得多。這些領導原則明列於亞馬遜網站，並附上以下說明：「我們每天使用這些領導原則，不管是在討論新專案的想法，或決定解決問題的最佳方法。領導原則只是讓亞馬遜與眾不同的要素之一。」[5]

人們常問：「如何把十四項原則全都記牢？」答案不是我們的記性特別好。事實上，如果公司的原則必須靠背誦才記得住，就是一個警訊，表示這些原則沒有充分融入公司組織中。我們知道並記住亞馬遜的原則，因為這些原則是用於制定決策和採取行動的基本框架。我們每天都會面對這些原則、衡量這些原則、對照這些原則，並要求別人也這樣做。在亞馬遜工作愈久，這十四項原則對個人的影響就愈深，也影響個人如何看待世界。

如果你有機會看到亞馬遜任何重要流程的工作原理，就會看到這些原則扮演重要的角色，員工績效評估就徹底凸顯這一點。在這些評估當中，主管和同事的意見都著重於在評估期間，每個人是否展現出亞馬遜的領導原則。同樣的，亞馬遜各項職務的應徵者，也是依據領導原則來接受評估。面試官在一小時的面試中，將大部分的時間用在依據其選定的領導原則來審核應徵者，而且每位應徵者通常要接受五到七

次面試。再加上每位面試官還要參加三十到六十分鐘的面試匯報會議。在撰寫這本書時，光是西雅圖總部就有一萬個工作職缺。將這些時間和職缺數目加乘起來，就會知道為什麼亞馬遜人如此了解這些原則。亞馬遜的領導原則絕不只是海報或螢幕保護程式顯示的標語，而是公司賴以維生的基礎。

亞馬遜的領導原則[6]

1. **顧客至上（Customer Obession）**：領導人以顧客為起點，逆向倒推出工作內容。他們努力工作，以獲取並維持顧客的信任。儘管領導人關注競爭對手，卻時時牢記顧客至上。

2. **當責不讓（Ownership）**：領導人是主人。他們重視長遠的考量，不會為了短期結果而犧牲長期價值。他們不僅代表所屬團隊，也代表整個公司採取行動。他們絕不會說：「那不是我的工作。」

3. **創新與簡化（Invent and Simplify）**：領導人期望並要求團隊創新，並總會找出方法加以簡化。他們具有外部意識，懂得從各個方面尋求新想法，不受「非內部創新」所限。嘗試新事物時，儘管有一段很長的時間可能遭到誤解，我們也坦然接受。

4. **正確判斷（Are Right, A Lot）**：領導人經常正確判斷。他們有很強的判斷力和敏銳的直覺。他們尋求不同的觀點，並努力證明自己的信念。

5. **好奇求知（Learn and Be Curious）**：領導人永遠都不會停止學習，始終尋求自我改善。他們對於新的可能性充滿好奇，並採取行動，探索新的可能性。

6. **選賢育能（Hire and Develop the Best）**：領導人提高每次招募和升遷的績效標準。他們肯定人才，並樂意讓人才升遷到組織內部的不同部門。領導人要培養領導人，並認真看待指導他人的角色。我們代表員工，努力發明「職涯選擇」這類發展機制。

7. **堅持高標（Insist on the Highest Standards）**：領導人不斷提高標準，即使許多人可能認為這些標準高得離譜。領導人並推動所屬團隊提供高品質的產品、服務和流程。領導人確保不足的地方會在團隊內部處理好，問題獲得解決，自然才能安穩的工作。

8. **遠見卓識（Think Big）**：思考小問題就只會解決小問題。領導人要創造並傳達能啟發結果的大膽方向，而且要以不同的方式思考，並四處尋找解決方法，為顧客提供服務。

9. **崇尚行動（Bias for Action）**：在商場上，速度至關重

要。許多決定和行動都是可逆的,不需要研究得太仔細。但我們也重視風險評估。

10. **勤儉節約(Frugality)**:努力以更少的投入,實現更大的產出。不花冤枉錢就可以培養我們解決問題、自力更生和大膽發明的能力。在員工人數、預算規模或固定費用等方面,我們能省就省。

11. **贏得信任(Earn Trust)**:領導人專心聆聽,坦率直言,並尊重他人。他們懂得自我批評,即便這樣做很彆扭或尷尬。領導人不認為自己或所屬團隊的體味聞起來是香的。他們會用最高標準來衡量自己和所屬團隊。

12. **追根究柢(Dive Deep)**:領導人在各個階層運作,了解細節並經常稽核,當衡量指標和聽聞的事情有出入時,就要抱持質疑的態度。他們必須對所有工作都瞭若指掌。

13. **敢於諫言,全力以赴(Have Backbone; Disagree and Commit)**:領導人有義務在不認同他人決定時,以尊重他人的方式提出質疑,即便這樣做會讓自己感到不自在或精疲力盡。領導人既有信念又堅韌,他們不會為了團體凝聚力而妥協,一旦做出決定,就會全力以赴。

14. **交出成績(Deliver Results)**:領導人專注於自己在業務上的關鍵要素、確保品質達到標準並及時達成任

務。儘管遭遇挫折，還是勇於面對挑戰，絕不妥協。

　　亞馬遜領導原則的本質融入整個公司的流程和實務中。比方說，公司用來取代PowerPoint作為簡報每季業務和年度業務的「六頁報告」，就要求撰寫者和讀者「追根究柢」，並「堅持高標」。新聞稿和常見問答流程也強調顧客至上，也就是以顧客為起點來倒推內容。（有關六頁報告、新聞稿和常見問答流程的詳細討論，參見第4章和第5章。而亞馬遜設立的「門板辦公桌獎」（Door Desk Award）則頒發給勤儉節約和勇於發明的員工。「做就對了獎」（Just Do It Award）是將一隻破舊又特別大號的耐吉（Nike）球鞋，贈送給展現出「崇尚行動」精神的員工。得獎者通常是針對工作範圍以外的領域，提出聰明構想的人。亞馬遜這個獎項的特別之處在於，構想不必落實（如果落實也不必真的奏效）就有資格得獎。

　　我們在本書第二部講述的故事，與亞馬遜推出最成功的服務（包括電子書閱讀器Kindle、尊榮會員服務Prime和AWS）歷經漫長的艱辛過程有關，這部分將提供深入詳實的例子，說明領導原則如何運作。

　　不過，即使領導原則已經嵌入公司的流程和功能中，卻無法有效的自動執行，因為那是亞馬遜人所說的機制

（mechanisms）應盡的職責。

機制：強化領導原則

　　在亞馬遜，經常有人這樣說：「良好的意圖是沒有用的，建立機制才是關鍵。」沒有公司可以依靠良好的意圖，譬如「我們必須加倍努力！」或「下次記得要……」來證明流程、解決問題或處理錯誤。因為人們本來就有良好的意圖，但問題還是浮現了。亞馬遜很早就意識到，如果你不改變造成問題的潛在條件，你就應該預期問題會再次發生。

　　多年來，亞馬遜已經建立確保將領導原則轉化為行動的機制。這三個基本機制是：年度計畫流程、最高領導團隊目標流程（最高領導團隊〔S-Team〕包括直接向貝佐斯匯報的副總裁們），以及亞馬遜的薪酬計畫，該計畫將獎勵措施與長遠來說對顧客和公司最有利的做法互相搭配。

年度計畫：經營計畫 1 和經營計畫 2

　　亞馬遜高度依賴自治的單一領導人／單一執行團隊（詳見第 3 章說明）。這些團隊讓公司保持敏捷，在將外部摩擦最小化的情況下迅速應變。但是這種自治必須跟精確的目標

設定搭配，才能讓每個團隊的獨立計畫跟公司的總體目標一致。

　　亞馬遜的年度是從夏季起算。年度計畫是一個艱苦的流程，耗時四到八週的時間，公司每個團隊的主管和許多員工在這段期間的工作負荷量都很大。這種負荷量是刻意的，因為定義不全的計畫（或更糟糕的是，根本沒有計畫）就會引發更多下游成本。

　　最高領導團隊首先要為整個公司建立一套高水準的期望或目標。比方說，在前幾年中，執行長和財務長會提出明確的目標，譬如「營收從100億美元成長到150億美元」或「將固定成本減少5％。」長久下來，亞馬遜將這種廣泛的目標細分為更詳細的目標，並列成一長串的清單。這方面的例子包括：各地區和業務部門的營收成長目標、經營槓桿目標、提高生產力、將節省的成本以降低價格的方式回饋給顧客、創造強大的自由現金流，以及了解在新業務、新產品和新服務等方面的投資水準。

　　一旦建立高水準的期望之後，每個團隊開始制定自己更精細的經營計畫，稱為經營計畫1（OP1），列出各團隊「由下往上」的提案。透過敘事報告流程（詳見第4章說明），亞馬遜的目標是在同樣的時間內，評估一般公司十倍的資訊量。經營計畫1的主要敘事要點包括：

- 評估過去的表現，包括達成的目標、未達成的目標和學到的教訓。
- 未來一年的關鍵提案。
- 詳細損益表。
- 資源需求（和理由），可能包括雇用新員工、行銷支出、設備和其他固定資產。

每個團隊都跟自己對應的財務人員和人力資源人員合作，制定詳細的計畫，然後送交領導專家小組。這些領導人的職級包括處長、副總裁或最高領導團隊成員不等，依據團隊計畫的規模、影響或策略重要性而定。然後，領導專家小組會協調「由下往上」的提案和「由上而下」的目標之間的差異，並要求與團隊協商。有時，可能會要求團隊重新擬定與提出計畫，直到由上而下的目標與由下往上的提案得以互相配合。

經營計畫1的流程在整個秋天進行，並在第四季假期業務高峰開始之前完成。在一月假期結束後，根據需要調整經營計畫1，以反映第四季業績和最新的業務趨勢。這個為時較短的流程稱為經營計畫2（OP2），並制定年度計畫紀錄。

經營計畫2將各團隊與公司目標保持一致。每個人都知道自己的總體目標，包括營收、成本和績效目標。各項評量

指標已經達成共識，並作為各團隊可交付成果的一部分。經營計畫2明定各團隊將致力於完成什麼，打算如何實現這些目標，以及完成工作所需的資源。

出現變動是無法避免的，但對經營計畫2進行任何更動，都需要經過最高領導團隊的正式批准。

最高領導團隊目標

在進行經營計畫1期間，最高領導團隊審閱各種經營計畫，並從每個團隊的經營計畫中，挑選他們認為應該達成最重要的提案和目標。這些挑選出來的目標，理所當然就稱為最高領導團隊目標。換句話說，我（比爾）帶領的亞馬遜音樂團隊在2012年的經營計畫中，可能提出二十三個目標和提案。最高領導團隊跟我們一起討論並審查這些計畫後，可能從二十三個目標和提案中，選出六個成為最高領導團隊目標。音樂團隊仍會努力實現二十三個目標，但會確保將整年度的資源優先分配給最高領導團隊想要達成的六個目標，剩下的資源才分配給其餘十七個目標。

最高領導團隊目標明顯具備三個亞馬遜特質：數量龐大、鉅細靡遺，以及有進取性。最高領導團隊的目標以往只有數十個，但已經逐漸擴增到每年多達數百個，分散在公司

的各個部門。

最高領導團隊目標以投入指標為主，衡量團隊在一年中需要執行的特定活動，這些活動如果完成將產生預期的業務成果。在第6章中，我們將更詳細的討論亞馬遜如何發展如此精確的衡量指標，並確保團隊達到自己的業務目標。

最高領導團隊目標必須具體（Specific）、可衡量（Measurable）、可實現（Attainable），而且關係重大（Relevant）又有時效性（Timely），這五點集結成首字母縮略字SMART，意即聰明。實際的最高領導團隊目標可能很具體，譬如：「在法國亞馬遜網站的樂器類別增加五百種新產品（第一季增加一百種產品，第二季增加兩百種……），或「確保針對軟體服務『Y』的顧客來電，有99.99％在十毫秒內順利接聽」，或是「在明年第三季前，將重複刊登廣告的客戶從50％增加到75％。」

最高領導團隊目標都極具挑戰性，亞馬遜只期望其中約四分之三的目標能在該年度內完全實現。如果每個目標都達成了，就清楚表示原先的標準訂得太低。

最高領導團隊目標由財務團隊匯總，使用集中式工具追蹤衡量指標。每個目標在每季都會經過嚴格的審核，需要充分的準備。最高領導團隊每季也會安排好幾次的會議，花幾個小時檢討這些目標，而不是只開一次檢討會就了事。在

許多公司，當資深領導團隊見面時，往往將重點放在全盤考量和層級較高的策略問題上，比較少花時間討論執行問題。在亞馬遜，情況恰恰相反。亞馬遜的領導團隊仔細研究執行細節，並往往體現追根究柢這項領導原則。這項領導原則指出：「領導人在各個階層運作，了解細節並經常稽核，當衡量指標和聽聞的事情有出入時，就要抱持質疑的態度。他們必須對所有工作都瞭若指掌。」

　　財務團隊全年追蹤最高領導團隊目標的進展狀態，並以綠色、黃色和紅色做分類。綠色表示依照進度進行，黃色表示有可能無法達成目標，紅色表示除非發生有利的變化，否則不太可能達成目標。在定期檢查期間，黃色或紅色狀態將團隊的注意力吸引到最需要關切的地方，團隊就能坦率討論出了什麼問題，以及後續如何解決問題。

　　經營計畫的規畫流程讓公司上下齊心協力，努力完成該年度真正重要的目標。最高領導團隊目標透過將公司最重要或最急迫的目標列為優先要務，讓公司上下更精準定位，全力完成這些優先要務。無論在達成目標途中發生什麼狀況，定期檢討都有助於讓整個進展朝目標邁進。這個結構確保公司重視的各項目標，都有人擔當責任並努力達成。

　　最後，隨著亞馬遜的發展，規畫流程也隨之演變。雖然整體結構維持不變，但現在有個別領導團隊負責零售業務

和AWS，甚至在公司較大的部門中，也有獨立的團隊負責較大的業務。而公司的各部門都有自己的「最高領導團隊目標」，只是各自使用的名稱不同。當貴公司的組織持續成長，你也可以依照這種循環流程來行事。

以股票式薪酬制度強化長期思維

即使這些準備樣樣俱全，也可能受到其他因素破壞，也就是某種破壞力最大、「以績效為主」的主管薪酬制度，這種制度相當常見。無論你的領導原則和年度計畫多麼清楚，跟財務誘因相比都會顯得薄弱無力。俗話說，有錢好辦事。如果你的領導原則和年度計畫，跟財務獎勵措施不一致，你就無法得到想要的結果。

亞馬遜認為，以績效為主的薪酬制度，其中的「績效」必須參考公司的整體績效，也就是股東的最大利益，而股東的最大利益又完全符合顧客的最大利益。因此，亞馬遜最高領導團隊成員和所有資深領導成員的薪酬，主要以公司在幾年內賺取的股本為依據。亞馬遜設定的最高薪酬，遠低於美國同業的薪酬水準。我們在那裡工作時，員工最高基本年薪為16萬美元（據說目前仍是這樣）。一些新進高階主管可能會收到簽約獎金，但大部分的薪酬和潛在的巨大利益，則是

公司的長期價值。

　　錯誤的薪酬制度可能會引發兩種問題：（1）獎勵短期目標，卻是以創造長期價值為代價。（2）獎勵地方部門完成重大工作，卻沒有考量該工作是否對公司整體有益。這兩個問題都會極力促使員工做出跟公司最終目標背道而馳的行為。

　　在媒體和金融服務等其他行業，主管薪酬有極大部分來自績效獎金。這些短期目標（是的，一年當然是短期）會產生對創造長期價值有害的行為。在尋求短期目標以獲取最高薪酬的情況下，有些人可能會故意將營收從這個時期挪到下個時期，蠶食未來的成效，也模糊當前的挑戰。還有些人可能超支行銷資金，刺激當季銷售並因此達到短期銷售目標，即使這樣做會讓後續幾季或長期銷售付出代價。而且，有些人可能想推遲支出、延遲維護工作或減少人員招募，以達到當季成本節省目標，這一切都會對長期經營造成不利的影響。甚至有些人在被公司要求擔任重要的新職務時，會等到獎金「入帳了」，才願意接任新職務，因而延誤一些重要工作的推行。相較之下，長期股票式的薪酬制度就能消除這種自私又代價高昂的決定，讓這些行為變得毫無意義。

　　許多公司為各階層的重要幹部設定完全獨立的目標。在許多情況下，這種做法反而會引起內鬥、資訊封鎖和資源囤

積，因為每個領導人都有誘因破壞對方。相較之下，亞馬遜的薪酬制度簡單明瞭，是以公司的長期發展為目標。在亞馬遜獲得升遷的員工，其薪酬結構中的現金與股權比例，會更偏重於長期股權。勤儉節約這項領導原則清楚說明亞馬遜這樣做的原因：「在員工人數、預算規模或固定費用等方面，我們能省就省。」

這種做法有一項明顯缺點是，其他財大氣粗的公司可以試著花大錢挖角，搶走最優秀的員工。的確是這樣，有些員工會因為現金薪資差異而跳槽。但往好處想，亞馬遜的做法可以強化追求發展的文化。有時候，流失那些在意短期利益的人員不打緊，只要能留住看重長遠發展的人才就好。

亞馬遜使用類似的長期股權結構，防止子公司（包括IMDb、Zappos和Twitch）的潛在利益衝突。這些公司的高階主管跟亞馬遜的高階主管一樣，以相同的方式獲得薪酬，主要是基本薪資加上亞馬遜的股權，藉此激勵彼此合作。

＊ ＊ ＊

每家公司究竟需要多少原則和機制，並沒有什麼神奇數字可言。當原則得以付諸實踐，神奇魔力就會發揮功效。你會找出所屬組織需要多少原則和機制，只要你專注於這些原

則如何闡明公司願景,並推動正確的行為,長遠來看能為股東和利害關係人創造有意義的價值,即使開會時執行長不在場,大家也都能這樣做。

同樣重要的是,若有必要,讓貴公司制定的領導原則隨著公司的成長而修訂增減。「好奇求知」是亞馬遜最近新增的領導原則,而「自我批判」這項原則被拿掉了,其中很多內容合併到「贏得信任」這項原則中。增減和修改領導原則以應對變化或加深理解,就表示你可能正在做對的事。

強而有力的領導原則代表公司的願景,也讓公司上下能迅速做出明智的決策。如同我們所看到的,弄清楚這些原則能讓公司向前邁出一大步,但還有另一個同樣重要的步驟:將領導原則嵌入公司的每個核心流程中,包括人員招募、績效管理、計畫、經營節奏和職涯發展。

第 2 章

招募人才

獨特的抬桿者流程

本章重點：

- 人才招募的重要性，以及草率的招募流程將付出昂貴的代價。
- 以虛構的「甲公司」顯示傳統方法的失敗。
- 說明抬桿者流程的開發，以及如何持續提高亞馬遜在技能和人才等方面的水準。
- 如何將抬桿者流程應用到你的公司？

　　曾在亞馬遜擔任副總裁的一位友人告訴我們，他去市值數十億美元的全球科技公司應徵營運長。執行長面試他時，劈頭就問一連串毫不相干的問題，那些問題根本沒有經過設計，問不出什麼所以然。在經過相當長的一段沉默後，這位執行長接著說：「談談你自己，講講你沒寫在履歷表上的事情吧。」他這樣講等於在說：「你聽我說，我不知道自己在找什麼，或要怎樣做才能找到我要的資訊，可以請你幫幫我嗎？」

　　在亞馬遜，迅速成長意味的是，我們必須為人才招募流程制定嚴格的標準，但這種事並沒有馬上發生。早期，我

們把重點放在尋找美國大學入學測驗（SAT）拿高分的人，他們可以回答「西雅圖有多少個窗戶？」這類問題。這種流程讓我們找到聰明的人，卻沒有告訴我們，他們是否會在亞馬遜順利發展。在那段時間，貝佐斯常說：「我們需要傳教士，而不是傭兵。」在職業生涯中，我們都遇過傭兵。這種人想趕快在公司大撈一筆，他們不會把組織利益放在心上，也沒有決心堅持跟公司共度難關。而傳教士呢，就像貝佐斯為這個詞所做的定義，他們不僅相信亞馬遜的使命，也體現亞馬遜的領導原則。而且，他們會堅持留下來。我們希望員工在亞馬遜有所發展，並工作五年以上，而不是像矽谷的常態，員工只在公司工作十八到二十四個月就換工作。因此在1999年，我們著手制定一個招募流程，協助找出並雇用符合這項描述的人才。

　　這個流程稱為抬桿者（Bar Raiser），我們無法量化這個流程到底有多成功，也無法確定跟其他因素相比，這個流程對亞馬遜的快速成長究竟有多少貢獻。但可以確定的是，有工作經驗的應徵者都認為抬桿者流程：（1）跟他們以往經歷的面試流程截然不同。（2）是亞馬遜的祕密武器之一。我們並未聲稱這個流程是唯一優秀的面試流程，也沒有說這個流程可以完全去除不當的招募決定。我們可以保證的是，這個流程比許多公司仰賴的做法（或是根本沒有做法）來得好，

也可能大幅提高公司找對人才的機率。我們還可以指出無數領導人的例子，我們從外面找來這些人才，並立即讓他們擔負起具策略性的重要職務，也看著他們順利發展。在許多情況下，他們都留在亞馬遜工作十幾年。

＊＊＊

當你思考為重要職務挑選人才可能引發有利和不利的影響時，你就會為此投入寶貴的時間。令人訝異的是，大多數公司的招募流程並不嚴謹，也沒有經過仔細的分析，這樣做的風險很高。以先前到大科技公司應徵營運長的朋友為例，如果他真的擔任那家公司的營運長，他所做的策略決定將直接影響該公司未來幾年的成敗。想像一下，如果在一小時的會議中，該公司執行長針對相當重要的事項，必須做出不同的決定，譬如：是否投資數百萬美元挹注新的產品線或工廠？

毫無疑問的，執行長會獲得領導團隊的協助，並堅持進行全面分析。他會深入了解需要哪些資訊才能做出正確的決定，以及他應該要求團隊解決哪些問題。他會花很多時間為會議做準備。

但是，我前同事應徵那間全球科技公司營運長職位，執

行長在面試他時，好像沒有花任何時間為這次面試做準備，也沒有蒐集特定資訊協助自己決定應徵者是否為優秀人選。而且，這種失誤不僅讓他失去評估應徵者的機會，也讓他失去優秀人選。後來，我那位同事因為那次面試經驗再加上其他因素，決定不考慮那份工作。

在本書中，我們再三強調：亞馬遜面臨所有公司都會面臨的諸多相同問題。差別在於，亞馬遜提出新穎的解決方案，可以提供強大的競爭優勢，而亞馬遜的招募做法就是如此。抬桿者流程是亞馬遜最早也最重要的流程之一，而且這個流程是可以擴展、可以重複，也可以傳授的作業實務。

* * *

要了解為什麼亞馬遜的招募流程運作良好，我們先來看看傳統做法有什麼問題。以傳統做法來看，面試官缺乏一個嚴謹的招募模式，讓他們容易陷入各種陷阱，許多讀者看到這些陷阱可能都很熟悉。即使最聰明的面試官也可能偏離主題，提出缺乏明確目標的問題，導致答案無法揭露應徵者可能的工作表現。而且，面試官的意見往往不夠清晰，又帶有個人成見，這些意見又被發送給涉及層面更廣的團隊。著重在無法可靠預測工作表現的應徵者特質，也會導

致決策錯誤。毫無章法的招募決策會議，則會引發團體迷思
（groupthink）和確認偏誤（confirmation bias），以及其他在
當下覺得沒問題、後來卻造成成效不彰的決策等認知陷阱。

我們以甲公司這家快速成長的數位媒體公司人事主管
莉亞採用的招募流程來說明。莉亞的團隊在績效方面已經開
始落後目標，因為關鍵產品的管理職務空缺了好幾個月。在
壓力之下，莉亞一直努力想找人填補這個職缺，最後她的招
募人員確定一位有希望的人選：喬，喬在競爭對手乙公司任
職。

喬的資歷傲人，也擁有莉亞團隊所屬領域的工作經驗。
他對這份工作很感興趣，而且樂意搬家，到甲公司總部上
班。在面試喬的前一天晚上，莉亞覺得很興奮，終於找到適
當人選，讓她鬆一口氣。至少目前看起來是這樣。

喬到甲公司接受一整天的面試，也就是所謂的「輪番面
試」，跟莉亞團隊四位不同成員面試，其中一位受人敬重的
資深成員卡森最有影響力。每位團隊成員對喬面試完，就將
喬交給下一位團隊成員，他們回到辦公室興奮的一起談論，
喬的表現讓人印象深刻。當天最後一場面試是莉亞和喬一起
喝咖啡，她已經蒐集團隊的意見：喬似乎是優秀的人選。

兩天後，莉亞和團隊碰面，向他們匯報喬的面試狀況。
她帶著審慎樂觀的態度前來，認為終於找到適當的人選填補

這個重要職缺，而喬就是能幫助團隊重回常軌、達成目標的那個人。整個團隊看起來和感覺上都比一週前要輕鬆許多，因為他們終於要有完整的團隊。

會議開始時，大家先看過由面試官寫的三份評估報告。這些評估報告的長度大致相同，內容和感想也都差不多，都認為喬是不錯的人選。產品經理布萊登這樣寫道：

> 我傾向於聘請喬擔任產品管理職務。他具備紮實的背景，在乙公司和另外兩家相關企業推動策略。他對我們事業領域面臨的獨特挑戰有深入的了解，並且具備我們公司應進入「快速發展的市場區隔」所需要的實務經驗。他在乙公司的經驗，將有助於評估和分析我們想要合作或收購的公司。我欣賞他在整個職業生涯中，對這個產業的熱情始終不減。

看完其他幾近相同的報告後，莉亞詢問卡森的看法，卡森還沒有寫面試評估報告。他為自己沒有時間撰寫報告致歉，因為他一直忙著解決問題。由於產品經理職缺一直找不到人遞補，卡森除了要忙自己的工作之外，也一直幫忙處理產品經理的工作。

卡森簡短的報告說，他的觀察和團隊其他成員的意見相

符。但是，卡森對這位人選隱約感到不安。可是，因為他在面試當下沒有做筆記，加上之後一直很忙，不記得當時是什麼事情讓他覺得不妥。而且，辦公室裡一直熱烈討論這位人選，團隊成員的書面評估也給予肯定，所以他決定信任同事的評估。

終於到了決定的時候。每個人輪流說出自己錄用或不錄用的建議。大家興高采烈，因為每個人都建議聘用喬。卡森最後發言，他也投票贊成聘用，就這麼說定了。莉亞告訴團隊，她當天會通知喬錄取了。

這個招募流程出現幾個重大缺失。首先，團隊成員每次面試後就分享自己的想法，增加後續面試官產生先入為主意見的可能性。其次，卡森未能立即寫下他的評估報告，表示團隊無法獲得經驗最豐富且最有見識成員的睿智看法。

卡森的行為（對他而言並不尋常）只是因為**急就章**而影響整個流程的結果之一。由於一個關鍵職位空缺許久，重要員工就要兼負二職，整個團隊都覺得要趕緊找人遞補職缺，在急於找人的情況下，大家就會在招募流程中忽略應徵者的一些缺點。

其中一項缺失是書面評估的品質。比方說，布萊登的評估報告顯示出，他的面試問題**缺乏具體性和目的性**。他評論說，喬「擁有紮實的背景，也有推動策略的實務經驗」，但

沒有提出喬在這方面實際完成的任何詳細或可信的實例。團隊如何判斷喬過去的經驗，能預示出他在甲公司會是表現優異的員工？

同時，團隊也屈服於一些嚴重的**確認偏誤**，人們傾向於關注別人發現的正面評價，並忽略負面和矛盾的訊號。在輪番面試的每次交接中，面試官都在團隊會議室裡交談。剛剛跟應徵者談完的面試官發表的正面評價，會影響下一位面試官，在喬身上尋找那些正面特質，並在評估中加以強調。這種回饋意見的會議毫無章法，還會引發**團體迷思**，因為大家重視彼此的認可，並希望藉由聘用新人來幫忙解決問題。

莉亞也犯了一個重大錯誤，雖然這個錯誤跟喬的聘用無關，卻可能影響團隊的長期績效。每個人都知道卡森的表現不如預期，因為他沒有撰寫書面評估報告提供面試意見。莉亞沒有要求卡森一定要做到。她錯過一個機會，強調書面意見對招募流程至關重要，就算太忙也不能把這麼重要事情置之不顧。莉亞不但沒有堅持高標（亞馬遜領導原則之一），反而還降低標準。

每個不當的招募決定都會付出一定的代價。最好的情況是，很快發現新進員工並不適任，而且此人很快就離職。即便那樣，短期代價可能還是很可觀：那個職位可能遠比你預期的空缺更久，面試團隊浪費寶貴的時間，而在此期間，

好的人選可能被拒於門外。最壞的情況是，不適任的員工繼續待在公司，做出錯誤判斷，造成許多不利的後果。附帶一提，用人不當所形成的脆弱環節，可能讓整個團隊的標準降低，即使這些人離開公司，這種長遠代價還會持續存在。不管雇用喬的長期代價是多少，莉亞和團隊將為他們的錯誤付出代價。

而且，事實上他們確實付出代價。因為事實證明喬並不適任，團隊成員仍需要投入額外的時間來完成喬無法做到的工作，以及喬無法解決的錯誤。在聘用喬的六個月後，莉亞和喬達成協議，這次聘用對團隊無益，後來喬離開公司。現在，團隊一樣用人急迫，但要避免犯下更多錯誤，不得不重新經歷整個流程。

個人偏見和用人迫切性的影響

還有其他類型的確認偏誤會影響招募流程。另一個有害的因素是**個人偏見（personal bias）**。人類天生就想跟自己一樣的人在一起。由於天性使然，人們會雇用跟自己特質相似的人，譬如：教育背景、專業經驗、職能專長和類似的生活經歷。密西根大學（University of Michigan）畢業、在麥肯錫（McKinsey）工作、跟配偶和子女住在郊區，閒暇時

打高爾夫球的中年主管，往往會被具有相似屬性的應徵者吸引。從堆積如山的履歷中，這種主管很可能會挑選那些看起來跟自己最像的應徵者，並在面試前就先對他們有好感。這種方法存在的問題顯而易見，包括：（1）這種表面相似性通常跟績效沒有任何關係。（2）雇用跟自己同質性高的人，往往會讓團隊眼界狹隘，無法提供多樣化的意見。

在任何領域，急迫性都能帶來好處，因為我們會專注在那些不可或缺的事情上。但在招募領域卻不是這樣，如同我們看到莉亞和團隊的例子，急迫性產生一種情急拚命的感受，導致團隊採取捷徑並忽略必要的流程，最後引發破壞性的結果。想像一下，你在亞馬遜管理快速發展的業務部門，也正在進行被列為最高領導團隊目標且極具重要性的專案。你知道除非有多一些人力，否則無法達成目標。原有團隊成員的工作負荷量都過重，導致士氣日漸低落。現在，你除了努力完成工作外，還必須撰寫工作說明，跟招募人員協調活動，審查履歷表，進行電話面試和親自面試，撰寫和閱讀面試意見，參加匯報會議，然後招待、說服和敲定被挑出的人選。然後，你還必須詢問壓力已經很大的團隊，擠出寶貴的時間來面試新人。當你嘗試為軟體開發人員或機器學習專家這些市場高度需求的職務徵才時，急迫性就變得更高，徵才工作也更加繁忙。根據紅杉資本（Sequoia Capital）的

說法，矽谷的新創公司聘用十二名軟體工程師，平均要花掉九百九十個小時！[1]也就是說，聘用一位軟體工程師平均要花掉超過八十個小時。想想看，從已經人手不足、趕著在截止日期前完成工作的團隊那裡奪走那些時間，只會增加趕緊找新人進來的急迫性。

要從一堆應徵者中擇優汰劣，幾乎不用花什麼時間，但是大多數應徵者都在優劣兩者之間，因此偏見就有機會發揮作用。如果你選擇具有已知特徵、感覺熟悉的人，他們似乎是不錯的人選。有時，他們真的表現不錯，但這樣只會讓事情變得更糟，因為這樣只是強化主管原本的觀念，以為既有的招募流程已經夠好了。

對成功招募不利的另一種力量是：**缺乏正式流程和訓練**。新創事業和快速成長的公司，特別容易在沒有流程的情況下雇用新員工。不過，許多老字號企業也有同樣的問題。剛進公司工作兩個星期的主管，可能很快就要雇用十位新人組成新團隊。在沒有正式定義的面試制度和招募流程可供參考的情況下，主管往往會因為用人急迫、個人偏見和方便行事，而不是依據目的、數據和分析來招募新人。

這樣做會對快速成長的企業造成毀滅性的後果。在短時期內，譬如在一年內，新創公司的員工人數可能從五十人成長到一百五十人，或是在快速成長的後期階段，因為有資

金挹注，讓員工人數從一百五十人激增到五百人或是更多。突然間，新進員工人數可能大大超過原有員工人數。這種動態可以**永久的**重新定義企業文化。領導教練暨美國前海軍海豹突擊隊（SEAL）發言人布倫特・格里森（Brent Gleeson）寫道：「組織文化可以由兩種方式產生，一是在組織創立初期對組織文化做出果斷的定義，並細心培養和保護；或者更常見的是，隨意的彙整團隊的信念、經驗和行為來形成組織文化。無論哪種方式，都會產生組織文化，只是好壞有別。」[2]

在員工人數急劇成長的時期，創辦人和創立初期加入的員工，常會覺得自己正在失去對公司的掌控，也覺得他們原先打算創造的局面已經變得不一樣了。回顧過去，他們意識到根本原因可以追溯到招募流程不明確或不存在。他們招募許多會改變公司文化的人，而不是聘用會將公司文化具體展現並強化的人才。

亞馬遜早期招募方式

對於這種影響力，亞馬遜同樣無法免疫。在公司創立初期，貝佐斯負責所有面試和錄用。他會向應徵者詢問他們的大學入學測驗分數，即使對方應徵顧客支援或配送中心等

跟大學入學測驗分數無關的職缺也一樣。貝佐斯自己擁有高學歷，也有個人偏見，喜歡錄用高學歷人才。據說，貝佐斯很喜歡隨機抽問一些問題，譬如「每年洛杉磯機場有多少旅客進出？」或「為什麼人孔蓋是圓形？」結果，亞馬遜許多早期員工都是名校畢業的高材生，而且擅長回答左腦思考的問題。（人孔蓋是圓形，有幾個原因：一是圓形蓋不會掉進圓洞裡，另一個原因是圓形容易滾動。）事態逐漸明朗，這樣的問題可能有助於評估應徵者天生的智力和隨機應變的能力，卻不是評估個人在特定工作中的表現如何，或在組織內部能否有效工作的正確指標。

隨著西雅圖總部的員工人數激增，貝佐斯再也無法參加每次的輪番面試。於是，各部門負責人主導招募流程，並在各自的團隊中做出聘用決定。我（柯林）的同事約翰·弗拉斯特里卡（John Vlastelica）在亞馬遜創立初期就加入，他用一句話跟我簡短說明：「我們用新人雇用新人，第二批新人再雇用第三批新人……。」

1999年時，亞馬遜軟體團隊的兩位共同負責人是喬伊·史賓吉（Joel Spiegel）和里克·達澤爾。除了技術長謝爾·卡潘（Shel Kaphan），包括我在內的所有產品開發員工，都是向史賓吉或達澤爾報告。幾乎所有軟體團隊都有積極的招募目標。如果團隊雇用新人的速度不夠快，很可能無

法完成承諾要在當年度做到的工作。

在這段期間，我們從一家規模更大、更老字號的零售公司找到一位人選擔任處長，並要求他建立幾個新團隊。他先找以前公司的部屬（經理）過來，然後這些人又開始自行雇用人員。用近距離工作來形容我們當時的情況還太委婉。起初，我們用兩、三個或四個門板當辦公桌，讓新人在辦公室裡工作，直到沒有更多空間可以塞下門板辦公桌為止。如果走廊夠寬，我們會沿著牆邊排上一排門板辦公桌。我們跟同事並肩工作，很快就知道誰在工作上如魚得水，誰在工作上如坐針氈。我們很快就知道這些新進員工的能力水準，比原先軟體團隊的能力水準要低得多。這位新處長的組織每雇用一位新員工進來，亞馬遜整個產品開發團隊的能力水準就日漸降低，而不是上升。

公司對這類問題的標準回應可能是，要求達澤爾或史賓吉向新處長施壓，請他「在招募方面做得更好，雇用聰明又有才華的工程師」，也就是仰賴良好的意圖。但問題是，新處長不僅無法得知亞馬遜認為怎樣的人才值得雇用，也沒有流程來監督、教導或阻止那位新處長，避免他找庸才加入團隊。好的意圖無法解決像亞馬遜這樣快速發展公司的招募問題。亞馬遜的員工人數從1997年的六百人，到2000年激增為九千人，然後到2013年達到十萬人（截至撰寫這本書時，

亞馬遜在2020年的員工人數逼近一百萬人）。但是，一套機制可以解決這個問題。值得稱讚的是，史賓吉和達澤爾早在1999年就糾正這種情況，不然公司繼續保持迅速成長之際，一定會再次面臨這個問題。

　　當時，由達澤爾、史賓吉和弗拉斯特里卡負責為公司進行招募技術人才，他們三個人著手制定一套流程，招募符合亞馬遜文化的高階人才。打從一開始，他們就專注於解決這個核心問題：在公司發展壯大之際，維持一致的招募標準。因此，與一般傳說相反，抬桿者流程不是貝佐斯由上而下發起的提案，而是針對需要解決的特定問題所做出的回應。即使在亞馬遜創立初期，我們也能看到領導原則開始發展。達澤爾、史賓吉和弗拉斯特里卡發現問題，並設計可擴展的解決方案，起初稱為持桿者（Bar Keepers）計畫，不久後改名為抬桿者（Bar Raiser）計畫。他們向貝佐斯簡報這個計畫，貝佐斯全力支持並提出一些改進建議。在後續會議上，任命二十名抬桿者。在我們撰寫這本書時，也就是將近二十一年後，其中一些人還在亞馬遜工作。事實證明，抬桿者流程開始執行後就相當成功，很快就被採納，並且擴大到亞馬遜的所有事業部門。

抬桿者解決方案

亞馬遜抬桿者計畫的目標是，創造可擴展、可重複的正式流程，以便能持續做出適當且成功的招募決定。跟所有高效能流程一樣，抬桿者流程很容易了解，也很容易傳授給新人，無須依賴稀有資源（譬如單一個人），並且形成一種意見回饋循環，以確保整個流程得以持續改善。抬桿者招募流程成為亞馬遜之道的工具包中，最早也最成功的要素之一。

同前所述，許多傳統面試技巧因為缺乏正式的面試制度，只好仰賴面試官的「直覺」，讓偏見得以趁虛而入。沒錯，優秀的面試官確實擁有敏銳的直覺，能夠判斷誰可能是優秀人選，但他們也可能忽略面試流程中出現的偏見。問題是，光靠一些有天分的面試官，這種做法無法擴展，也很難傳授。這些特質根本無法一體適用，而且在缺乏正式招募架構的情況下，無法確保每位參與者都知道如何進行適當的面試。亞馬遜的抬桿者流程旨在提供架構，大幅減少臨時招募流程的變動，同時也改善結果。

「抬桿者」意指規模更大的流程，以及對這個流程至關重要的抬桿者團隊。在制定抬桿者這個概念時，達澤爾、史賓吉和弗拉斯特里卡從微軟獲得靈感。史賓吉在加入亞馬遜前曾在微軟工作過。微軟在招募許多（但不是全部）員

工時，會指派一位「適任面試官」（as-app interviewer，as
appropriate的縮寫），此人經驗豐富，負責進行最後一次面
試。適任面試官的職責是確保只有高素質人才得到錄用。他
們不會因為沒找到人選、職務空缺而受到懲罰，所以他們的
決定不太可能因為公司急於用人而受到影響。

　　亞馬遜抬桿者在此流程中接受特殊培訓，並參與每次輪
番面試。以抬桿者命名，旨在提醒參與招募流程的每個人，
公司聘用的每位新員工應該要「提高團隊的標準」，也就是
新進員工在某個或某些重要方面，比原來團隊的成員更優
秀。這個理論認為，藉由提高每位新進員工的錄用門檻，團
隊會變得愈來愈強大，並產生更強大的成效。抬桿者不能是
招募經理或招募人員。抬桿者被賦予特權，可以否決任何雇
用，也能推翻招募經理的決定。

　　亞馬遜的首批抬桿者是由達澤爾、史賓吉和弗拉斯特里
卡親自挑選，依據其面試技巧、評估人才的能力、能否堅持
高標準、在同儕和招募領導人中的信譽，以及領導能力來進
行挑選。

　　這麼多年來，這項計畫遇到相當多的阻力。有無數次，
招募經理迫切想要達成貝佐斯或其他領導人設定的目標，卻
無法盡快找到他們需要的人選。目光短淺的主管將「抬桿者
有否決權」這個概念，視為阻礙他們前進的敵人。對於許多

剛進亞馬遜、經驗豐富的領導人來說，抬桿者流程起初讓他們感到困惑，很多人會問是否可以破例。這當然是抬桿者流程要面臨的問題之一，因為在亞馬遜幾乎總是用人孔急。據我們所知，這方面沒有任何例外，主管用人都不能走捷徑。優秀的主管很快就明白，他們必須投入大量時間進行這個流程，加倍努力尋找、招募和聘用符合亞馬遜用人標準的人選。在日常工作之外，無法投入額外時間進行招募和面試的主管，就無法在亞馬遜待太久。因為要在亞馬遜工作，就必須願意加班，願意努力並聰明的工作。

　　這個構想奏效了，在亞馬遜二十多年來開發的數百個流程中，抬桿者流程也許是最廣泛使用、也最持久的流程。

　　抬桿者招募流程分為八個步驟：

1. 職務說明書
2. 審查履歷
3. 電話面試
4. 內部輪番面試
5. 書面意見
6. 匯報和招募會議
7. 資歷查核
8. 從通知錄取到就職

職務說明書

　　沒有定義明確、撰寫清楚的職務說明書，就很難進行正確的招募，因為面試官必須使用職務說明書來評估應徵者。在亞馬遜，招募經理負責撰寫職務說明書，抬桿者會審查職務說明書的描述是否足夠清晰。好的職務說明書必須**陳述明確，並凸顯重點**。雖然有些要求是所有職缺的共同標準，譬如符合亞馬遜領導原則，但大多數要求則因工作不同而異。比方說，業務經理的職務說明書可能詳細指定業務類型（是在內部或外部）、該項業務與企業相關或是跟交易有關（譬如：前置時間較長的高價值交易，或一通電話就成交的較低價值交易），以及該職務的職級（譬如，資深經理、處長或副總裁）。軟體開發工程師的職務說明書可能指定應徵者必須具備以下能力：設計或編寫適用於可用性高、可擴展、又易於維護的電腦系統程式碼。其他工作的職務說明書，可能指定應徵者必須能與供應商成功協商，或有能力管理跨部門團隊。針對新職位撰寫職務說明書時，參與輪番面試的成員通常會先跟招募經理和抬桿者一起開會，審查職務說明書並要求釐清問題。通常，這個過程會展現招募經理無法確認的職務層面。

　　而且，大多數招募經理都迫切希望招募流程盡速啟動，

就算沒有這種審查流程也無妨。但是，如果沒有這種審查流程，他們取得的職務說明書往往不夠清楚，或早已過時。這種錯誤將很難彌補。如果職務說明書並未明確陳述職責和所需技能，招募流程勢必會遇到麻煩，甚至遭致失敗。進行電話面試和當面面試的面試官需要職務說明書的明確資訊，這樣他們才能問對問題，蒐集所需資訊以便做出決定。我們參與過許多匯報會議，職務說明書撰寫不清就會讓面試官之間產生分歧，導致面試官要找具備某種技能的人選，跟招募經理的期望有所不同。當公司快速成長，需要更多不同職務的人才加入時，情況就變得更具挑戰性。

審查履歷

當職務說明書制定完成後，就該集中精力找出可以參與面試的應徵者。招募人員（通常是亞馬遜員工、但不一定每次都是）和招募經理透過人脈，或使用職業社群網路平台領英（LinkedIn）尋找適當人選，並審查公布職缺後蒐集到的履歷。招募人員依據履歷與職務說明書指定條件的符合程度，挑選最有價值的應徵者。如果招募人員挑選的應徵者符合招募經理的期望，表示職務說明書詳細明確。如果選出的應徵者不在目標範圍內，表示職務說明書可能需要修改。舉

例來說，在我們轉型過渡到自治團隊（在第3章中有更多介紹）時，希望減少招募負責協調角色的職務人數，增加有創造和發明等能力的人才。所以，我們必須在職務說明書中加入這些要求，並用具體的措詞說明。在職務說明書完成修訂前，我們收到許多應徵者的履歷，他們具備「在不同團隊之間協調」的能力，而這些履歷就會被摒除在外。

電話面試

從眾多履歷中選出應徵者後，招募經理（或被指派負責的技術主管）跟每位應徵者進行一小時的電話面試。在電話面試時，招募經理向應徵者詳細介紹該項職務，並設法跟應徵者建立融洽關係，讓對方描述自己的背景和選擇加入亞馬遜的原因。一小時面談中，約有四十五分鐘是由招募經理詢問應徵者，必要時請應徵者回覆問題。招募經理事先想好要提出的問題，旨在蒐集應徵者過去行為的實例（「說說你在某個時候……」），並專注於亞馬遜領導原則。通常，電話面試的最後十五分鐘保留給應徵者提問。

在詳細的電話面試後，招募經理依據目前蒐集到的資料，決定是否傾向於聘用應徵者。如果決定傾向於聘用，就邀請應徵者參加內部面試。有時招募經理無法做出明確

決定，但仍邀請應徵者參加內部的輪番面試，希望這樣做對招募決定有幫助。但這是一大錯誤。在大多數情況下，有問題的應徵者最後都不會被錄用，而且這個流程會浪費很多時間。招募經理不該讓應徵者進入這種耗時又昂貴的輪番面試，除非他們在電話面試後傾向於聘用應徵者。很多變數（職務、招募經理、篩選應徵者履歷的數量和品質）會影響應徵者通過電話面試及受邀參加內部面試的比例，但平均來說，通過這個階段的比例占四分之一是合理的。亞馬遜追蹤並報告應徵者通過整個招募流程的人數和錄取率，並使用這些數據更改流程，以及指導、培訓招募人員和招募經理。這是一個運作良好的招募流程的特徵。

內部輪番面試

內部輪番面試需要五到七個小時才能完成，而且需要幾位人士參與，這些人當然還有很多職責和工作在身，所以這個步驟必須仔細規畫、準備和執行。招募經理設計輪番面試，決定面試官人數，以及面試官扮演的角色和來自哪些領域，還有其職級和應代表的專業知識類型。通常，最有效的輪番面試包括五到七位面試官。亞馬遜發現，面試官人數超過這個人數時，成效往往會遞減，如果參與的面試官人數太

少，通常對應徵者的了解會產生歧見。不論面試官的確切人數多寡，輪番面試始終包括招募經理、招募人員和一名抬桿者。

參與輪番面試者必須具備一些重要條件。首先，每個人必須接受適當的培訓，了解公司的面試流程。亞馬遜開設半天課程，讓面試官了解面試流程，以及如何進行面試（後續會詳細介紹）。在培訓之後，面試官跟經驗豐富的資深面試官搭配，至少共同進行一次實際面試，接著就能單獨作業。

其次，輪番面試的參與者最多只能比應徵者職級低一級，也不能是應徵職位的直屬部屬。員工往往希望公司在聘請他們的主管時，自己能有發言權，如果將他們排除在招募流程外，可能會讓他們感到沮喪。但讓直屬部屬面試未來的主管，這樣做是錯誤的，因為這樣做會讓應徵者在面試時感到不自在，直屬部屬將知道應徵者的弱點，以及其他員工在匯報流程中對這些弱點的看法，可能對團隊的未來運作造成問題。而且，如果直屬部屬不傾向於錄用應徵者，但公司卻錄用那位應徵者，這種做法也不會有任何好的結果。

早期，在抬桿者流程還未制定之前，我們有一位老同事就參與招募自己的主管。他在書面意見上強烈反對錄用那位應徵者，但那位應徵者還是被錄用了。然後，招募人員還讓那位新主管過目同事寫的負面意見。後來，那位老同事跟新

主管第一次開會時，新主管故意把那些文件放在桌子上，好像在跟他下戰帖。用那位老同事的話來說，整個情況「超級詭異」。後來，那位主管在一年內就離職了。

　　亞馬遜內部輪番面試有兩個與眾不同的特色，也就是行為面試法（Behavioral Interviewing）和抬桿者。

1. 行為面試法

　　同前所述，在亞馬遜成立初期，並沒有太多正式的指示或準則來教導大家如何進行面試，而是由主管和面試官提出自認為有意義的問題。

　　後來，大家都清楚面試流程中最重要的目標就是：評估應徵者過去的行為和工作方式是否跟亞馬遜領導原則相符。主管和面試官很快就了解到，用應徵者的基本資訊（教育和就業的細節），無法準確預測應徵者能否依據亞馬遜領導原則工作的能力。

　　我們使用相當常見的方式來評估應徵者的特定工作技能，譬如說，要求軟體工程師在白板上編寫軟體程式。但是在評估應徵者的表現有多麼符合亞馬遜領導原則時，我們採用一種名為行為面試法的技術。這種做法涉及到將十四項領導原則中的一項或多項，分配給面試小組的每個成員，然後由他們根據自己分配到的領導原則來提出問題，設法取得兩

種數據。首先，面試官希望應徵者提供詳細的例子，說明自己對於親自解決艱難問題做出什麼貢獻，或是以前遇到日後可能會在亞馬遜面臨的工作情況時有何表現。其次，面試官想知道應徵者如何實現自己的目標，及其做法是否與亞馬遜領導原則相符。像「談談你的職業生涯」或「說明你的履歷」這種開放式問題，往往只是浪費寶貴的時間，無法讓你取得想要的特定資訊。因為在被問到這類問題時，大多數應徵者都會藉此機會，提起自己職業生涯的豐功偉業。

但是針對領導原則提出的問題，譬如，面試官負責了解應徵者是否符合「堅持高標」這項原則，就會這樣問：「能否舉一個例子說明，當你的團隊建議推出新產品或提案，你覺得他們的計畫不夠好，你會推遲他們的計畫？」

應徵者回答後，面試官會進一步調查。每個後續問題旨在獲取特定資訊，確認應徵者在以往事蹟所扮演角色的重要性。有些應徵者將自己的成就和團隊的成就混為一談，或誇大自己在完成團隊的成就上扮演要角的重要性。比較謙虛的應徵者則保守陳述自己扮演的角色，因為他們不想讓人覺得自己在吹牛。在這兩種情況下，最重要的是面試官應仔細探究真相。

亞馬遜面試官以首字母縮寫為STAR（找出新秀的意思，STAR代表狀況〔Situation〕、任務〔Task〕、行動

〔Action〕、結果〔Result〕）的做法，往下追查資訊，包括：

「是什麼狀況？」

「你的任務是什麼？」

「你採取什麼行動？」

「結果如何？」

優秀的面試官會繼續提問，直到他們覺得自己清楚了解應徵者及其團隊完成的事情。其他可以揭露這項資訊的問題包括：「如果你被分配從事不同的專案，而不是原先的專案，會對原先的專案造成什麼改變？」以及「進行原先的專案時，最艱難的決定是什麼，誰做出這個決定？」

有些面試官可能側重職務所需的特定專業技能。以面試技術職位為例，譬如軟體開發工程師，面試官可能會要求應徵者編寫軟體程式碼、解決設計問題、開發演算法，或展現相關主題領域的知識。

面試官受過訓練，知道如何掌控應徵者。我們都遇過應徵者可能為了避免回答問題，故意東扯西扯偏離主題。也許應徵者只是緊張，大聲說話是讓自己鎮定下來的方法。在這種情況下，面試官知道要禮貌的制止應徵者再說下去，然後繼續提出下一個問題。

　　我們提到在電話面試時，要跟應徵者建立融洽的關係。在內部面試時，同樣要做到這樣。亞馬遜的面試官要謹記在心，每位應徵者（無論是否符合職缺條件）都是公司的潛在顧客和商機來源。他們會跟朋友和同事分享面試經驗。有時候，這會讓情況變得棘手，尤其是當你確定應徵者不適合該職位或不適合加入公司時，還必須禮貌的完成面試流程。（有關面試流程的技巧，請參見附錄A。）

2. 抬桿者

　　抬桿者參與每次的輪番面試，並確保面試流程遵照公司規定，同時避免不當的招募決定，他們也為其他面試官樹立榜樣。抬桿者除了進行其中一次面試，也會指導其他面試官熟悉面試技巧，在匯報會議中提出探求真相的問題，確保個人偏見不會影響招募決定，並確定應徵者是否達到或超越公司制定的招募標準。

　　抬桿者經過培訓，成為熟悉面試流程中各個方面的專家。亞馬遜有一群資深抬桿者管理這項計畫，這群人稱為抬桿者核心小組（Bar Raiser Core），主要由副總裁和處長（比爾就是核心小組成員）組成。核心小組成員通常參與該計畫多年，參加過數百次面試，並且精通面試、管理匯報、做出決定，以及教導和培訓其他面試官。

　　抬桿者的新人選由現任抬桿者和抬桿者核心小組成員負責挑選。他們經過核心小組的審查，並在臨時批准後參加核心小組成員主持的培訓課程。然後，他們跟抬桿者搭檔，抬桿者會盯著他們並給予指導，而抬桿者核心小組會再次審查新人選的表現。並非全部的新人選都會批准通過。有些人可能無法將訓練付諸實踐，可能沒有足夠的面試技巧，或者可能無法適切的領導並促成匯報會議順利進行。

　　然而要強調的重點是，抬桿者的技能幾乎人人皆可學習，但並非每個人天生就是出色的面試官。不過，在良好的指導和傳授下，人們可以學會有效提出犀利的問題，並繼續深入探索。

　　擔任抬桿者並沒有額外加給或獎金，而且原本要擔負的職責一點也不會減少。擔任抬桿者唯一的公開肯定是，在公司線上的員工名冊中，抬桿者名字旁邊會有一個圖示。不過，抬桿者是令人渴求的角色，因為抬桿者直接參與有助於確保亞馬遜聘用最優秀人才的流程。

　　我們也應該注意，跟亞馬遜的其他流程一樣，抬桿者流程同樣與時俱進。亞馬遜目前擁有將近百萬名員工，為了管理如此龐大的招募需求，現在內部設立好幾個抬桿者核心小組。從這個例子就可以得知，亞馬遜如何從一開始設計流程時，就考慮到日後可以擴大流程的規模。

書面意見

　　如同前面提到甲公司的例子所述，對於有效的招募流程而言，書面意見至關重要，這表示每位面試官必須記下詳細筆記，盡可能逐字記錄。有些面試官列出問題清單，直接在上面做筆記。有些面試官用電腦做筆記，不然就是拿張紙或利用應徵者的履歷背面做筆記。（在會議開始時，你可能想向應徵者解釋你會做筆記及這樣做的原因。）筆記是你在面試蒐集數據的紀錄，你會使用這些筆記撰寫提供給其他面試官的書面意見。如果你不做完整詳細的筆記，抬桿者就會找你談談。

　　書面意見應具體詳細，面試官依據被分配到要處理的領導原則，來記錄蒐集到的例子。面試意見應在面試結束後盡快完成，確保沒有任何重要的事情被遺忘。我們認為明智的做法是，面試完保留十五分鐘，立即完成書面意見。書面意見應該完整清楚，這樣撰寫者不必說明結論，別人過目就能理解。而且在亞馬遜，書面意見並不是可以忽略的流程，想以口頭意見來代替書寫，是完全無法接受的。

　　書面意見包括面試官對應徵者投票。面試官只有四種選擇：推薦錄用、可錄用、不錄用或絕不錄用。沒有「不確定」這種選項。沒有模棱兩可、附帶條件或類似「我傾向於

錄用，但我的面試時段在午餐時間，無法進行完整面試。」或「我先持中立態度，想聽聽其他人的意見再做出最終選擇」這種說法。在某些情況下，面試官可以說：「我傾向於錄用這位應徵者擔任資深經理職務，而不是處長職務。」通常，職務說明書上應明確列出工作的職級，但在某些情況下，招募經理願意錄用幾個不同的職級，這部分應該在職務說明書上註記。為避免產生偏見，面試官可能不會看到或討論其他成員的投票、評論或意見，直到自己交出書面意見為止。

匯報和招募會議

　　完成內部面試，蒐集好書面意見和投票意見後，面試官會聚在一起或透過視訊會議進行匯報，並做出錄用決定。抬桿者負責主持會議，而且招募會議應該盡快舉行，通常在面試完幾天內就要進行。會議開始時，大家先看過所有面試意見。然後，抬桿者會問與會者：「現在，大家有機會看完所有意見，有人想要改變原本的投票嗎？」這樣問是因為由五位面試官輪番面試時，每位面試官只是根據自己蒐集的數據來投票，也就是說，他們是依據五分之一的資料做決定。現在，每位面試官都看完所有面試紀錄和評論，他們有多出四

倍的資訊可以當成投票依據。額外的資訊可能確定初次投票的正確性，或導致投票有所變更。只要結果有效且適當，根據額外資訊更改你的投票，並無須感到羞愧。

　　抬桿者還可以使用另一種方法協助會議進行，那就是在白板上畫兩欄表格，顯示應徵者是否符合領導原則；一欄表示符合，另一欄表示不符合。招募會議不只是計算票數，否則除非贊成與反對的票數相當，才有必要開會。高效能抬桿者使用蘇格拉底問答法（Socratic method），提出可以啟動批判性思考流程的問題，目標是帶領並引導每個人或大多數人對應徵者做出相同的結論。經過抬桿者確認後，招募經理做出總結，決定錄用或不錄用。如果招募經理或抬桿者覺得他們沒有足夠的資訊做出決定，就表示先前的流程失敗（譬如，一名或多名面試官未能依據所分配到的領導原則來正確評估應徵者）。

　　抬桿者行使否決權這種情況相當罕見。我們根據自己的經驗，並對十五年來共進行過四千次面試的面試官們展開的非正式調查得知此事。我們知道抬桿者行使否決權這種情況只發生過三次。其中一次發生在1999年亞馬遜創立初期，另外兩次涉及招募經理剛到亞馬遜工作，還不適應組織的做法。高效能抬桿者分享面試紀錄中的適當例子，並向面試小組提出問題，探究真相，招募經理則協助他們了解應徵者為

何不符合或無法提高團隊的標準。

　　抬桿者流程，尤其是匯報會議，可能需要一些時間才能順利推行。在無數的招募會議上，我們目睹剛進公司不久的招募經理第一次參加由抬桿者主持的匯報會議時，顯得很不自在。他們習慣更傳統的做法，也就是由招募經理或招募人員主持會議。此外，剛進公司的招募經理有一股衝動，想跟與會者推銷應徵者。在亞馬遜，招募經理很快就會知道，會議不是由他們主導，他們不應該跟其他面試官推銷應徵者。面試官的作用是幫助招募經理蒐集數據，並做出明智的決定，而不是阻止雇用。招募經理應該採取的最佳做法是：傾聽、學習、少說話。這個流程旨在防止公司因為用人孔急而急就章，也避免個人偏見對錄用決定產生負面影響，導致團隊浪費時間並多承受幾個月的痛苦。

　　值得注意的是，許多公司沒有匯報會議。相反的，招募人員和錄用決策者審核書面意見，兩人互相討論。亞馬遜匯報會議讓每位面試官有機會彼此學習，並培養自己評估人才的能力。就像我們說過的，「抬桿者」扮演的其中一個角色是，在每次輪番面試中教導和指點其他面試官。如果抬桿者觀察到流程中出現問題，就會即時提供指導和意見，並協助運作重回正軌。在匯報會議上，優秀的抬桿者有時會花更多時間教導面試官，而不是評估應徵者。

資歷查核

現行的抬桿者流程中，比較不強調資歷查核，因為資歷查核的結果很少影響錄用決定。但為求完整說明，我們還是簡單介紹最初在亞馬遜的做法。當面試小組確定要錄用應徵者時，整個流程到此還不算完整。招募經理或招募人員接下來會要求應徵者提供四或五位推薦人。在理想情況下，推薦人包括先前的主管、同事和部屬，以及跟應徵者直接合作多年的其他人士。

然後，招募經理（而非招募人員）致電推薦人，進一步探究和確認應徵者的技能和過去的表現。為取得有效的答案，招募經理經常會問這個問題：「如果有機會，您會再雇用這個人嗎？」另一個問題是：「在您管理或共事的同事中，這位應徵者的百分位數落在哪裡？」

資歷查核電話應確認招募決定，增加招募經理對未來團隊共事者的理解，並依靠這些資訊協助團隊實現重要的工作目標。

從通知錄取到就職

一旦團隊決定錄用應徵者，接下來會發生什麼事？在許

多公司裡，招募經理要求招募人員通知應徵者錄取了。這是
另一個錯誤。招募經理應該親自通知應徵者，並向應徵者推
銷該職務和公司。你可能已經選擇應徵者，但這並不表示對
方也選擇你。你必須假設優秀員工相當搶手，其他公司（包
括目前的雇主）都可能搶著要他（她）。應徵者婉拒錄取，
這種風險始終存在。直到應徵者到公司報到那天，一切都還
不確定。

　　這就是為什麼流程走到這個階段，招募經理和團隊成員
依舊必須參與的原因。要讓應徵者持續對公司保持興趣，也
對即將共事的團隊成員有興趣。他們要花大部分的時間跟團
隊共事，時間可能長達數年之久。團隊還有很多工作可以確
保為錄用應徵者所做的投資是值得的。

　　在發出錄取通知後，團隊成員至少每週與應徵者聯絡一
次，直到對方做出最後決定。聯絡方式可以像一封電子郵件
那樣簡單，讓對方知道團隊對應徵者即將加入的興奮之情。
有時，我們會寄「驚喜包裹」給應徵者，也就是我們認為應
徵者會想看的一堆書或他們最喜歡的幾片DVD。聯絡方式
也可能是一起喝咖啡或共進午餐。重要的是，做法要真誠並
投其所好。

　　最後階段的目標是更加了解應徵者，並找出哪些關鍵因
素會影響他們決定接受錄用。有時，答案會讓你相當驚訝。

應徵者可能對職務和薪酬都很滿意，但他們的配偶或伴侶可能對這份工作的某些方面有所考量。如果你招募的是剛進社會的大學畢業生，家長的意見可能會影響他們的決定。在通知應徵者錄取的對話中，試著發現有沒有什麼問題會影響他們接受錄用的意願，然後尋求解決辦法並解決問題。

請求其他人協助說服應徵者接受錄取可能有用。也許現任員工有人跟應徵者是校友、有人認識克服過類似考量的人，或者有人對於薪酬、工作方式或其他方面有相同的問題，或知道如何處理應徵者考量的其他問題。不要害怕要求公司副總裁或執行長透過某種聯繫參與此事。非招募團隊以外的人員，尤其是組織高層人士寫一封電子郵件或致電應徵者，可能幫助應徵者決定接受錄用。

抬桿者流程的變化

跟本書中討論的許多亞馬遜流程一樣，抬桿者流程也與時俱進。雖然隨著亞馬遜的成長，核心要素仍然存在，但許多團隊已經將這個流程做出部分調整，以解決特定問題。請不要害怕這樣做。

舉例來說，當亞馬遜某個團隊需要雇用幾位軟體開發的基層工程師，他們發現輪番面試後獲得不錄用決定的應徵者

比例，比亞馬遜其他團隊的不錄用比例要高出許多。團隊推論這是因為邀請太多通過電話面試的應徵者參與內部面試。為了測試這個理論是否正確，他們決定在邀請應徵者搭飛機到西雅圖總部面試前，先進行兩次電話面試。不管這種方法是否改善招募流程，但動機是正確的：該團隊根據自己的招募基準跟亞馬遜其他團隊相比，意識到本身的招募流程有問題。

　　另一個例子是，抬桿者流程做出簡單的調整，就取得令人驚訝的有利結果。有一位處長想增加團隊的性別多元化，而且這項做法在後續幾季當中相當成功，以致於引起其他部門的注意。在被問及他們如何做到時，團隊透露的解決方案非常簡單：收到女性應徵者的履歷，就自動列入電話面試。重要的是，這種解決方案並沒有降低招募標準，也不會因為應徵者是女性，即使資格不符也錄用。如果應徵者沒有通過電話面試，一樣無法進入下個階段。

　　這種做法清楚的表明，應徵者的名字暗示性別為女性時，在審查履歷時可能因為性別偏見而受到影響，導致優秀女性應徵者在招募流程初期就遭到淘汰。該名處長獨到的解決方案提供一個很好的例子，說明只要簡單加強招募流程，就可以改善結果，也不會對原先設計流程的核心原則造成損害。這也提醒我們，時時注意那些可能不被察覺、卻對成效

造成破壞的偏見。

抬桿者和多元化

本書完成時（2020年6月），黑人的命也是命（Black Lives Matter）運動以前所未有的方式，將種族主義、多樣性、公平和包容等問題通通搬上檯面，成為全美國熱門討論的話題。如今，以公平包容的方式實現勞動力多元化，已成為任何公司或機構最重要的目標之一。因為據我們所知，並沒有證實有效的流程或藍圖教導我們如何實現這個目標，我們不打算在本書中提供解決方案。但是，我們認為抬桿者流程會是實現勞動力多元化、公平性和包容性這種構成整體長期計畫的要素之一。

抬桿者流程旨在將個人偏見降至最低，並盡可能根據數據，檢視每位應徵者工作的實質表現，及其如何對應到一套原則來做出招募決定。如本章前文所述，在漫無章法的面試和招募流程中，個人偏見自然會發生。在抬桿者流程中，包括在面試前準備一套探討應徵者行為的面試問題，堅持撰寫面試紀錄，重新閱讀面試紀錄（在進行評估前），依據面試紀錄進行匯報，並依據大家都知道的原則做好詳細評估，這些步驟旨在消除個人偏見。在招募流程中，有各種各樣的人

參與其中，也明顯減少無意識偏見發生的機會。

這並不是說抬桿者流程是貴公司實現勞動力多元化的良方。這樣做需要長期且整體的思維，從組織原則開始重新審查招募流程的每個步驟，包括人才搜尋、職務說明書的措詞，以及面試小組、招募原則或標準的制定。如果你想要獲得多元化的勞動力，就需要一個流程確保自己達到目標，而抬桿者會是這個流程的構成要素之一。

選賢育能

亞馬遜抬桿者流程一直協助公司執行亞馬遜的一項關鍵領導原則：選賢育能。事實證明，這是一種可擴展的方式，讓亞馬遜找到和吸引領導人才，協助公司迅速成長，將經營遍及全球。

最重要的是，亞馬遜的招募流程有一種飛輪效果，使用時間愈久，所獲得的報酬就愈多。在理想情況下，招募標準愈訂愈高，到最後，員工應該能跟自己說：「很高興我當年加入這個團隊。如果我今天來亞馬遜應徵工作，我不確定自己會不會被錄用！」

第 3 章

建構組織

可分拆的單一執行團隊

本章重點：

- 為何隨著組織發展，協調時間增加，生產力卻降低？
- 亞馬遜如何透過轉型為「可分拆的單一執行團隊」來解決問題？
- 建立這種團隊，組織需要長年累月的努力，尤其在大型企業更是如此。
- 如何解開依賴關係，讓團隊可以獨立運作？

「讓發明注定失敗的最佳做法就是：一心多用。」[1]

場景： 在會議室裡，貝佐斯和最高領導團隊的幾名成員坐在一邊，對面坐著亞馬遜大型事業部領導團隊，包括事業部副總裁，和其他兩名向他報告的副總裁，以及事業部中的一些處長。大家正在召開事業部季度業務檢討，討論過去兩季一直「進度落後」的提案。有人問：「是什麼阻礙讓你們進度落後？」

X處長（最了解這項新提案的人）： 如您所知，這個提

案有許多變動部分。我們已經找出拖延進度、至今尚待解決的五個問題。這些問題是……

貝佐斯（打斷處長說話）： 在解決這些問題前，誰能告訴我，這個提案最資深的單一領導人是誰？

事業部副總裁（不安的沉默許久）： 是我。

貝佐斯： 但是你負責整個事業部。我要你關注整個團隊的表現，不僅僅是這個提案，還包括其他很多層面。

副總裁甲（試圖為團隊緩頰）： 那麼，該負責任的是我。

貝佐斯： 所以，這是你和團隊每天要做的所有工作嗎？

副總裁甲： 不是的。唯一全職負責這項提案的人是其中一名產品經理，不過我們團隊有很多人也會抽空協助他。

貝佐斯（開始不耐煩）： 那名產品經理是否具備所有技能和權威，並且能動用團隊人力完成這項提案？

副總裁甲： 沒有，真的沒有，這就是為什麼我們打算聘請一位處長負責這項提案。

貝佐斯： 到目前為止，針對聘請新處長進行多少次電話面試和內部面試？

副總裁甲： 嗯，這個職缺還沒公開。我們仍需要完成職務說明書。所以，答案是零次。

貝佐斯：那我們是在開自己玩笑吧。這項提案在新領導人就任前，根本不可能「趕上進度」。這才是提案真正的阻礙。我們就先解決這個問題吧。

副總裁甲趕緊寫一封簡短的電子郵件給招募主管，主旨為「公開負責Ｘ提案的處長職缺……」

＊　＊　＊

對業務開發來說，速度和方向相當重要。在所有條件都相同的情況下，行動更迅速的組織將進行更多的創新，因為這種組織能在每單位時間內進行更多次的實驗。然而，許多公司發現自身要努力對抗官僚作風造成的拖延。這種官僚作風的表現形式為層級批准和分層權責，這一切都跟迅速果斷的進步唱反調。

我們常被問到，亞馬遜如何從不到十名員工成長到擁有近百萬名員工之際，還能對抗這項阻礙，進行如此迅速的創新，尤其是包括線上零售、雲端運算、數位商品、設備，以及無人商店等眾多事業。亞馬遜如何保持敏捷，不會像類似規模的大多數公司為尋求共識而努力，導致經營受到阻礙？

答案就是亞馬遜的一項創新，意即「單一領導人／單一

執行團隊」，個人不會因為相互競爭的責任而受到阻礙，因為單一領導人只負責一個主要提案，並帶領一個可分拆、高度自治的團隊來實現目標。在本章中，我們將解釋這些術語的含義，以及單一領導人／單一執行團隊是如何產生的，為何成為亞馬遜追求創新和高速決策的核心做法？

單一領導人／單一執行團隊模式是反覆摸索、累積經驗的漫長旅程所產生的結果。我們問自己一個難題，然後用大膽批判的思考、實驗和不斷的自我批判來回應，這樣做能協助我們強化成功構想的決心，並將失敗的構想摒除在外。在本章中，你不會找到「頓悟時刻」。亞馬遜從第一個難題走到採用單一領導人／單一執行團隊，幾乎花上將近十年的時間，主要是因為我們必須先解決在公司迅速擴展下，軟體架構和組織結構變得極為龐大，需要將它們逐步替換為支持迅速創新的系統。

公司迅速成長，讓挑戰激增

首先，我們先來說明亞馬遜的成長背景。從1997年到2001年，亞馬遜的營收從1億4800萬美元成長到31億美元。[2]員工人數、顧客人數和幾乎所有方面，都出現類似的成長軌跡。亞馬遜也以驚人的速度推動創新，並迅速從一家

只在美國出售書籍的小公司，轉型為在五個國家擁有物流作業，而且幾乎什麼都賣的跨國企業。

在這個階段，我們開始意識到另一個對公司比較不利的**趨勢**：爆炸性的成長正讓我們創新的速度變慢。我們花更多時間進行協調，花更少的時間投入創造。更多功能意味著需要更多軟體，這些軟體由更多的軟體工程師撰寫和支援，因此程式碼庫和技術人員不斷增加。原先軟體工程師可以自由修改整個程式碼庫的任何部分，可以獨立開發測試，並立即將任何新功能發布到網站上。但隨著軟體工程師人數增加，他們的工作重疊並互相糾結，結果團隊往往很難獨立完成自己的工作。

每個重疊都創造一種**依賴關係**，描述團隊需要某樣東西，但卻無法自給自足。如果我的團隊工作需要你的團隊一起努力，無論是創造某樣新事物、參與或評論，你就是我依賴的對象之一。相反的，如果你的團隊需要我的團隊協助，我就是你的依賴對象。

管理依賴關係需要協調。雙方或多方必須坐下來尋求解決方案，而協調是需要時間的。隨著亞馬遜的發展，我們意識到儘管盡最大的努力，還是花費太多時間進行協調，沒有足夠的時間投入創新。這是因為即使員工人數呈線性成長，員工可能使用的溝通管道數量卻呈爆炸性成長。不論採用何

種形式（後續將更詳細的介紹不同的形式），每個依賴關係都會造成拖延。亞馬遜的依賴關係愈來愈多，就有更多工作被拖延，讓員工挫折不已，也削弱團隊的能力。

依賴關係

時光倒流到1998年3月，當時我（柯林）開始在亞馬遜工作。我以當時的情況為例，說明依賴關係如何激增。當時公司有兩大事業部，一個負責業務，一個負責產品開發。業務部門根據業務職能分為不同的經營組織，包括：零售、行銷、產品管理、物流、供應鏈和顧客服務等等。每個經營團隊都向產品開發部門要求技術資源，主要是跟軟體工程師和包括我在內的技術程式主管這一小群人提出要求。

我在亞馬遜上班的第一個星期就體會到工作上存在的依賴問題。由金・拉克梅勒（Kim Rachmeler）領導的小組，負責較大型提案所需要的專案與計畫管理。這類提案需要多個團隊參與並互相協調，才能達成關鍵的業務目標。該小組進行的專案包括推出音樂（CD）和影片（VHS／DVD）業務，在英國和德國推出新的網站，以及內部一些大型專案。

我的第一個任務是推動亞馬遜聯盟行銷計畫（Amazon Associates Program），當時這項計畫並未受到產品開發團隊

太多的關注。這項計畫允許第三方（通常稱為聯盟會員）在自家網站上放置導向亞馬遜產品的連結。舉例來說，與登山有關的網站可能會提供登山相關書籍的推薦清單，直接點選書籍圖示就可以連結到亞馬遜網站。當訪客點擊聯盟會員網站上的其中一個連結，就會被帶到列有詳細資訊的亞馬遜書籍頁面網址。如果訪客購買該產品，聯盟會員網站業者將獲得一定的費用，意即佣金。亞馬遜是聯盟行銷的先驅之一，當我參與其中時，我們仍在努力了解這項新計畫，以及這項計畫的規模可能變多大。儘管這項計畫正在逐漸發展，但還沒有太多人認為這項計畫將是亞馬遜業務開發的核心。我想這就是為什麼這種任務會交給身為新人的我負責。

　　隨著我對聯盟行銷計畫有更多的了解，我很快察覺到這項計畫可能成為一項獲利可觀的生意。當時已經有三萬個聯盟會員，這項計畫正在迅速發展。聯盟會員憑藉著我們提供的一套基本工具發揮創意，為亞馬遜帶來的流量和營收，占亞馬遜整體流量和營收的百分比日漸增加。我相信聯盟行銷計畫可以為亞馬遜的營收做出更大的貢獻，但這項計畫必須做一些改變，才能發揮更龐大的潛力。

準備開始改變

　　我的首要任務是管理一項旨在改善聯盟行銷計畫具體細節層面的提案，也就是我們用來追蹤和支付佣金的流程。當時，我們只針對聯盟會員網站連結到亞馬遜網站的特定商品支付佣金。我們想改變計畫，為訪客透過聯盟會員網站而購買的所有商品都支付佣金。這樣做是因為聯盟會員網站的連結為亞馬遜帶來許多顧客，他們並未購買原先連結推薦的商品，而是在該次造訪時，決定訂購其他商品。因此，讓聯盟會員取得這些交易的佣金似乎很公平，況且這樣做也加強我們跟聯盟會員之間的關係，並鼓勵他們放置更多連結導向亞馬遜。聽起來這項任務似乎沒有太複雜。我對這項專案的初步評估是，我們將迅速對網站軟體和數據庫進行些微更動來實現這項功能。但是，這大部分的工作將是財務報表結帳、會計和支付軟體的更動，以及負責行銷和溝通的人員要努力向聯盟會員告知和推銷這項功能。

　　但是，我這麼想根本就錯了。我親身經歷亞馬遜存在的依賴問題。而在這種情況下，我們面臨的是技術依賴問題。當時，亞馬遜使用的網站軟體是單體式架構（monolithic），也就是功能存在於名為奧比多斯（Obidos）這個大型可執行的程式中。奧比多斯這個名稱是來自亞馬遜河流經的一個巴

西村落，亞馬遜河在此地的流速最快，因為那個區域最狹窄。隨著奧比多斯軟體規模的擴大，支援特性和功能套件持續擴增就變得日漸複雜，奧比多斯開始展現出不利的一面。亞馬遜網站軟體上數量可觀的程式碼仍在不斷增加，這表示造成障礙的依賴關係不斷增加。實際上，奧比多斯已經成為亞馬遜的瓶頸。

技術依賴問題一：共享程式碼的陷阱

對於聯盟行銷計畫團隊而言，與設計產品、將產品加入購物車、完成訂單和追蹤退貨等諸如此類功能有關的每個團隊，都代表一種技術依賴關係。我們必須跟每個團隊一起協商每一個小步驟，因為我們犯的一個錯誤，可能會影響他們的工作，如果情況更糟的話，還可能產生程式漏洞，導致整個網站當機。同樣的，我們必須挪出時間審查他們對這部分程式碼的更動，以確保我們自己的功能不受影響。

技術依賴問題二：資料庫的守護者

我們面臨的技術依賴問題不只軟體程式碼而已。我們還需要針對亞馬遜所有業務依賴的基本關係資料庫進行更動。

這種資料庫的結構是用來識別已儲存資訊之間的關係，譬如：顧客、訂單和貨件。這個資料庫取名為acb，是亞馬遜網站書籍（amazon.com books）的縮寫。如果acb資料庫當機，公司大部分的業務就會停擺，無法購物、沒有訂單、無法處理物流，直到我們可以還原變更，並將資料庫重新啟動為止。

亞馬遜制定一項重要的保障措施，那就是設立一個指導小組，對acb的每項變更提案進行審查，並批准（或拒絕），然後找出實施變更的最佳時機。這個小組名為「資料庫小組」（DB Cabal），由技術長、資料庫管理團隊和數據團隊負責人等三名資深主管組成。

資料庫小組的評審可說是acb的守護者，他們善盡職責，監督公司這項重要資產。不管是誰想對acb進行任何更動，都必須經過立意良善、但令人緊張的設計審查。有鑑於技術架構的糾結狀態，我們承擔相當高的風險，而且很多事情可能出錯，所以需要這些有技術專業、又細心謹慎的守門人。

要獲得他們的批准，必須證明提案的變更風險低、設計周全且值得去做。審查結束時，資料庫小組可能批准提案，或要求做一些修改。如果是後者，就必須進行修改，再重新等候另一次審查。這當中的週期時間非常慢，因為這個位高

權重的團體通常每個月只召開幾次會議，而且還有很多團隊
提出變更，並等候審查。

　　這項專案順利推動，但我注意到，在我們可以控制自己
命運的領域，也就是財務報表結算、會計和付款等方面的更
動，以及行銷計畫都能迅速採取行動。但在必須針對奧比多
斯和acb進行些微變更時，我們的進展就極為緩慢。怎麼會
這樣？這都是因為依賴關係。

　　技術依賴問題的變化無窮無盡，但是每種變化都將不
同團隊更緊密的綁在一起，讓原本講究快速的短跑賽轉變為
跌跌撞撞的套袋賽跑＊，只有協調度最高者才能抵達終點。
當軟體架構包含大量技術依賴問題，就是所謂的**緊密耦合**
（tightly coupled）＊＊，當你嘗試將軟體團隊的規模擴大為二
倍或三倍時，就會牽一髮而動全身，一有狀況就會讓所有參
與者都遭到波及。亞馬遜的程式碼就是用這種方式設計的，
經年累月下來就更加緊密耦合。

＊　　編注：參賽者將雙腳套入布袋中，雙手握住布袋向前跳躍。
＊＊　編注：指兩個程式模組，以高度相依的方式完成一項工作。因為這兩個
　　　程式模組的相依度高，修改其中一個模組會影響到另一個。反之則為鬆
　　　散耦合（loosely coupled）。

組織依賴問題

我們的組織結構圖也以類似的方式製造額外的工作,迫使團隊努力通過層層關卡,以確保專案獲得批准和確定優先順序,並分配完成專案所需的共享資源。這些組織依賴問題就像技術依賴問題一樣,讓人產生無力感。

我們為每個新產品類別、地理位置和功能(例如:消費電子用品、亞馬遜日本分公司、圖形設計)建立團隊時,組織結構圖就跟著迅速擴大。當公司規模較小時,還可以透過四處詢問、尋求協助(每位員工通常都彼此熟識),或檢查可能發生的衝突。但是當公司的規模變大時,同樣的任務變得冗長而費力。你必須弄清楚自己需要與誰交談,他們的辦公室是否跟你的辦公室在同一棟,以及他們向誰報告。也許你會親自跟他們聯絡,但更常見的情況是你不得不懇請主管幫忙,詢問對方的主管或同事,而這些事情樣樣都要花時間。順利讓你跟你要求聯絡的某個人(或他們的主管)牽上線後,還要讓對方傾聽自己的意見,並願意將資源分配到你的專案。通常,對方同時也在為自己的專案這樣做。無論如何,他們可能都不願意為了你的請求放慢腳步。你往往不得不為特定專案三番兩次的努力,而且最後總是徒勞無功。

如果你的團隊擁有其他團隊需要的資源,你就會收到這

類請求，有時一週內甚至會收到許多請求。你必須根據自己原本的優先事項權衡每項請求，然後根據你對這些專案的重要性做出最佳判斷，決定是否支援或要支援哪些專案。為了讓大家知道這些不斷升高的組織依賴問題對亞馬遜專案增加多少延誤，你不妨想像一下，我們因為這種情況要多花高達五到十倍的心力才能完成專案。跟軟體一樣，我們的許多組織結構緊密耦合，並造成阻礙。

　　過多的依賴不僅會減緩創新的速度，也會造成令人沮喪的次級效應：團隊覺得沒有得到授權。團隊被指派解決特定問題，並依據解決方案衡量團隊績效時，認為自己應該擁有完成這項工作所需的工具和權限。團隊的成功應該是團隊引以為傲的來源，但是亞馬遜過於緊密耦合的軟體架構和組織結構，往往讓負責解決問題的團隊嚴重依賴外部團隊，可是自己對外部團隊的影響又很小。能夠完全控制自己設計的團隊少之又少，許多人都對專案進度的緩慢感到沮喪，因為進度超出自己的掌控。在面臨這麼多結構阻力時，覺得不被授權的員工日漸心灰意冷，無法追求創新構想。

更好的協調反而是錯誤

　　解決依賴關係往往需要協調溝通。而且，當依賴關係持

續增加時，就需要更多的協調，於是人們自然想要透過改善
溝通來解決問題。管理跨團隊協調的方法不勝枚舉，從將協
調溝通變成正式業務、到聘請專門負責的協調人員等做法，
而這些做法我們似乎都考慮過。

　　最後，我們明白這些跨團隊溝通根本不需要做到盡善
盡美，而是需要徹底消除。每個專案都要涉及那麼多個別
單位，這種規定不能改一改嗎？我們不僅使用錯誤的解決方
案，還一直嘗試解決錯誤的問題。我們還沒有找到新的解決
方案，但終於認清問題的真面目：在不同團隊之間進行協調
的成本持續增加。當然，我們的思維出現這種改變是貝佐斯
促成的。在亞馬遜任職期間，我經常聽到他說，如果希望
亞馬遜成為讓員工可以大破大立的地方，我們就必須消除溝
通，而不是鼓勵溝通。當你將不同群體之間的有效溝通視為
「缺陷」，就會開始為問題找出與傳統做法極為不同的解決方
案。

　　貝佐斯建議每個軟體團隊應該建立並清楚記錄一組應用
程式介面（application programming interface，簡稱 API）。
應用程式介面是一組用來建構軟體應用程式和定義軟體組件
應該如何互動的常規、協議和工具。換句話說，貝佐斯的願
景是，我們必須專注於透過明確定義的應用程式介面和機器
進行鬆散耦合的互動，而不是透過電子郵件和會議跟人們進

行互動。這種做法就能讓每個團隊得以自主行動，並加快行動速度。

對組織依賴問題的初步回應

除了前文提到的問題，同時，我們還要面臨優秀的經營構想過剩的問題。的確，有很多想法無法獲得支持或執行，我們每季只能進行幾個大型專案。設法確定要先進行哪些專案就讓我們忙到發瘋。我們需要一種方法來確保自己的稀有資源（主要是軟體工程團隊），專注於研究可以對業務產生最大影響的提案。

基於這種考量，我們制定出一個名為「新專案提案」（new project initiative，簡稱NPI）的流程，負責將亞馬遜的全球專案進行優先排序。「全球」一詞並不是指地域擴張，而是將全球進行的專案根據考量加以比較，決定哪些專案值得立即進行，哪些專案還不急著進行。事實證明，這種對全球優先事項進行排序的做法確實很難。究竟哪個專案比較重要，是為物流中心推動一個節省成本的專案，還是在服飾類別增加一個可能刺激銷售的功能，或是清理不可或缺的老舊程式碼以延長其使用壽命？有很多未知數和許多長期預測要比較。我們可以確定節省成本的程度嗎？我們知道在預期狀

況下，使用這項新功能可以讓銷售額增加多少嗎？我們如何估算重組後的程式碼能產生多少財務報酬，或是如果老舊程式碼開始出問題，導致系統當機，會造成多少損失？每個專案都有風險，而且大多數專案都爭取同樣稀有的資源。

對提案選項進行強制排名

當時，「新專案提案」是我們對全球選項做出明智的排名，並挑選獲勝者的最佳解決方案。沒有人喜歡這種做法，但對我們當時的組織來說，這是必要之惡。

「新專案提案」的運作方式如下：每季開一次會，團隊提交自認為值得進行、但需要外部資源的專案，基本上這表示這種專案的規模都相當可觀。團隊花很多時間準備並提交新專案提案的請求。團隊必須交出「一頁報告」，包含摘要構想、初步估計哪些團隊將受到影響、消費者採用模型（如果適用的話）、損益表，並解釋就策略而言，對亞馬遜來說立即進行專案的重要性。光是提出構想，就要投入相當多的心力。

亞馬遜內部小組將篩選所有新專案提案的內容。如果專案沒有清楚說明，沒有解決公司的核心目標，成本／效益比不合理，或者顯然無法節省成本，就會在第一輪被淘汰。

比較有希望的構想會列入下一輪篩選，進行技術和財務方面
更詳細的審查。這個步驟通常會在會議室即時進行，各個主
要區域的領導人審查專案，要求釐清問題，並估算所在區域
需要投入多少資源完成該項專案。通常，會有三十或四十位
參與者待命，審核及查看整份專案清單，所以會議會進行很
久，真的相當累人。

之後，人數較少的新專案提案核心小組會重新估算專案
所需的資源和投資報酬，然後決定哪些專案得以執行。在核
心小組會議結束後，每個專案團隊領導人會收到一封跟新專
案提案有關的電子郵件。這封電子郵件有三種形式，從最好
到最壞的審查結果分別是：

- 「恭喜，您的專案已獲得批准！您需要協助完成專案
  的團隊也已準備就緒。」
- 「很遺憾，您的專案沒有入選，但好消息是，已批准
  的新專案提案都不需要貴團隊的協助。」
- 「很遺憾，您提出的任何專案都沒有獲得批准，您可
  能指望這些專案來達到貴團隊的目標。不過，其他團
  隊獲得批准的新專案提案需要貴團隊的資源。您必須
  先為這些獲得批准的新專案備妥人力，才能將其他人
  力投入內部專案。祝一切順利。」

選擇優先事項

許多新專案提案都帶有很長的誤差線（error bars），也就是說，潛在成本和預期報酬的範圍過大。例如：「我們預計這項功能將產生400萬美元到2000萬美元不等的費用，並預計將需要二十到四十個月開發這項功能。」估算範圍這麼大的專案，根本很難進行比較。

對於許多專案團隊而言，最困難的工作是準確預測消費者的行為。我們一次又一次的了解到，消費者的行為超乎開發階段的想像，尤其是對於全新的功能或產品。即使用最嚴謹的模型來預測消費者採用的過程，結果還是可能跌破眼鏡，導致長期持續卻未有定論的激烈爭辯。（第二部簡介中談到的Fire Phone手機故事即為一例。當時的情況並非是「這東西不管用，但無論如何，我們還是要推出。」而是我們對這項產品寄予厚望，還投入大量的時間和金錢！）

為了改善假設的情況，我們建立一個回饋循環，衡量團隊的估計與最終結果的符合程度，並增加另一層責任。威爾基保留已批准新專案提案的副本，以便後續將預測和實際結果對照檢查。增加透明性和問責制將使團隊的估算更接近現實，但這樣還不夠理想。在第一次簡報後，可能要等上一年或一年以上的時間，才能衡量專案結果，並得知專案需要進

行哪些調整。

　　總之，新專案提案流程並不受歡迎。如果你跟任何經歷這個流程的亞馬遜員工提到新專案提案，他們可能會跟你做鬼臉或講一、兩個可怕的故事。有時候，你很幸運，你的專案獲得批准，可以順利進行。但更常見的情況是，你的專案未獲批准，你沒辦法專心做對自己的團隊至關重要的工作，而被分配去做另一個團隊的專案，同時還要把原本的工作做好。我們稱為「被新專案提案波及了」，暗指你的團隊實際上一無所獲。

　　新專案提案流程正在打壓士氣。但是弄清楚如何「鼓舞士氣」不是亞馬遜的作風。其他公司會成立「同樂會」（Fun Club）和「文化委員會」（Culture Committee）等團體，以鼓勵專案和提振士氣。他們認為提振士氣是公司必須解決的問題，所以透過公司贊助的娛樂活動和社交互動來提振士氣。亞馬遜提振士氣的做法是，吸引世界一流的人才，創造讓這些人才擁有最大自由度的環境，讓他們發明和打造出取悅顧客的事物。但是，如果每季的新專案提案審查會扼殺你的最佳創意，你就無法提振士氣。在第6章，我們會討論亞馬遜的信念：專注於可控制的投入指標，而非產出指標，這麼做可以驅動有意義的成長。從某方面來說，士氣是一種產出指標，而自由的發明和創造則是一種投入指標。只要清除阻撓

發明和創造的障礙，士氣問題自然迎刃而解。

問題是：「我們該怎麼做？」這並不是說新專案提案的參與者（或是資料庫小組）達不到標準，或有邪惡的動機。他們都既頂尖又有才華，而且認真工作，努力對抗層出不窮的依賴問題。如果你面臨指數型成長的挑戰，以相同大小但反向的力量正面迎擊，最後只會讓成本呈指數型的成長，這種做法只是讓你陷入僵局。我們必須找到某種方法來阻止挑戰的浪潮。後來我們終於明白，做到這一點最有效的方法，就是認清我們一直依據的假設是不正確的。亞馬遜最終藉由從源頭切斷依賴關係，發明解決這個問題的做法。

兩個披薩團隊

貝佐斯看到短期最佳解決方案還不足以奏效時，建議不要為了管理依賴關係尋找更好的新方法，而要我們找出如何消除依賴關係的做法。他說，我們可以將軟體工程師重組為人數較少且獨立自主的團隊，只在無法避免時才與其他團隊聯繫，就能將依賴關係降至最低。這些基本上獨立自主的團隊可以並行運作。而且，這些團隊無須將協調做到更好，反而可以減少協調，將更多時間投入創新。

現在最困難的部分是，我們如何才能進行這種構造上

的轉變？貝佐斯指派資訊長達澤爾解決這個問題。達澤爾
向公司全體員工徵求意見並加以彙整，然後提出一個定義明
確、後續讓人們談論多年的模型：**兩個披薩團隊**（two-pizza
team）。之所以如此命名，是因為團隊的規模不超過兩個大
披薩可以餵飽的人數。隨著成百上千的兩個披薩團隊就緒，
達澤爾相信我們將以驚人的速度進行創新。這項實驗將從產
品開發組織開始進行，如果奏效就擴及整個公司。達澤爾將
兩個披薩團隊的定義特徵、工作流程和管理規範列出如下。

兩個披薩團隊必須：

- **規模小**。人數不超過十個人。
- **自治**。不需要跟其他團隊協調，就能完成自己的工
  作。隨著新採用的服務導向軟體架構（service-based
  software architecture）就緒，任何團隊都可以輕鬆參
  考其他團隊發布的應用程式介面（後續會再詳述這種
  新軟體架構）。
- **以定義明確的「適應函數」**（fitness function）**進行評
  估**。這是一系列加權指標的總和。譬如：負責在產品
  類別增加選項的團隊，可能依據下列指標接受評估：
  （1）在此期間新增多少不同品項（占權重的50％）。
  （2）這些新的品項售出多少單位（占權重的30％）。

（3）這些不同品項獲得多少頁面瀏覽量（占權重的 20％）。

- **即時監控**。團隊在適應函數的即時分數，將顯示在記載所有兩個披薩團隊分數的記分板上。

- **為業務負責**。團隊將為自己關注領域的各個方面負責，包括設計、技術和業務成果。這種典範轉移消除了人們經常聽到的藉口，譬如：「業務部門要求我們這樣做，是他們弄錯產品了。」或「要是技術團隊確實並準時做到我們要求的事情，我們就能達成目標。」

- **由一位跨領域的高階領導人領導**。領導人必須具備深厚基礎的技術專長，懂得聘用世界一流的軟體工程師和產品經理，並且擁有卓越的經驗做出商業判斷。

- **自給自足**。團隊的工作讓團隊得以自給自足。

- **先獲得最高領導團隊批准**。兩個披薩團隊的建立都必須先經過最高領導團隊批准。

跟亞馬遜的任何重大創新一樣，這項計畫僅僅是開始。它的某些宗旨歷久不衰，有些部分則不斷發展，有些部分則在幾年內淘汰掉。這些適應過程最重要的部分值得在此詳細探討。

拆解龐然大物

「自治」聽起來很簡單，不是嗎？實際上，我們為了讓這些團隊擺脫一開始就將它們緊緊束縛的困境，所付出的努力真是難以衡量。我們必須對原本撰寫、建構、測試和部署軟體，以及每週七天、全天候運作的儲存數據和監控系統等種種做法加以改變。其中細節很多，也很有趣，但大多超出本書討論的範圍。不過，其中一項重要工作值得稍加詳述，因為這項工作對我們來說非常重要，又極難實現。

就在兩個披薩團隊以一種更快、更靈活的結構取代一個大型組織，好讓我們能夠實現達澤爾的「團隊自治」願景時，亞馬遜大多數軟體架構的重組卻遲遲未進行。在2006年，亞馬遜技術長華納・沃格斯（Werner Vogels）接受吉姆・格雷（Jim Gray）的採訪時，回憶起另一個關鍵時刻，並說：

我們經歷一段認真自省期，並得出結論，服務導向的軟體架構能讓我們迅速獨立的建構許多軟體元件。附帶一提，服務導向在許多年後才蔚為風潮。對我們來說，服務導向意味著使用業務邏輯來封裝數據，而且只能透過發布的服務介面取用數據。不允許從外部服務直接取用

資料庫，不同服務之間也不共享數據。[3]

　　對於非軟體工程師而言，解封裝數據就有許多事情要做，但基本想法是這樣：如果多個團隊可以直接取用共享軟體程式碼或資料庫某些共用的部分，就會放慢彼此的速度。無論他們是否被允許更改程式碼的運作方式，或更改數據的組織方式，還是只是建構使用共享程式碼或數據的事項，如果有人做出一項更動，每個人都承擔風險，管理這種風險需要花費大量時間進行協調。解決方案是封裝，意即將程式碼的某個區塊或資料庫的特定部分，指定一組團隊全權負責。任何人想從那個指定區域取得，必須透過應用程式介面提出記載清楚的服務請求。[4]

　　想像這是一家餐廳。如果你餓了，不會直接走進廚房煮你想要吃的餐點。你會請服務生拿菜單來，然後從中挑選你要吃的餐點。如果你想要的東西不在菜單上，你會詢問服務生，服務生會向廚師提出請求，但並不保證你會得到想要的東西。這個特定區域內部發生什麼問題，就由全權負責的單一執行團隊解決，只要他們不改變資訊交換方式。如果有必要進行更改，負責人會發布修改後的一套規則（以餐廳為例，如有必要就提供一份新菜單），所有相關人員都會收到通知。

　　這個新系統大幅改善原本誰都可以自由更動的舊系統。由於本書篇幅有限，在此只提及這項改善意味著，奧比多斯、acb和軟體基礎架構的許多關鍵部分，在支援亞馬遜持續經營之際將被逐步汰換掉。這需要在開發資源和系統架構規畫進行一項重大投資，並格外小心去確保原本龐大系統持續運作，直到本身尚存的最後一個功能由一種服務取代。我們在建構和部署技術的方式上進行這場革新，可說是一種大膽舉動，也是一項昂貴的投資，涉及許多領域耗時多年小心處理的工作。

　　如今，微服務架構（microservices-based architecture）的優勢大家都知道了，而且許多科技公司都已採用這種做法。微服務架構的好處包括：提高敏捷性，改善開發人員的生產力、可擴展性，以及更有能力解決和恢復停機與故障。此外，利用微服務架構，就可能建立小型自治團隊負責自己的程式碼，這是原本龐大系統做不到的事。轉向微服務架構，消除阻止亞馬遜軟體團隊迅速發展的束縛，讓亞馬遜的組織得以轉型為小型自治團隊。

第一批自治團隊

　　自治團隊是為了提高速度而建立。當團隊都朝著共同

目標邁進，就能在短時間內有長足的進展。但是，如果團隊各有各的目標，偏離常軌的速度也會一樣快。所以，團隊需要接受正確的引導，並具備迅速修正方向的工具。這就是為什麼在兩個披薩團隊建立之前，必須先獲得批准，他們必須至少跟貝佐斯及最高領導團隊經理開一次會，討論團隊的組成、章程和適應函數。

舉例來說，庫存規畫團隊跟貝佐斯、威爾基和我一起開會，確保他們符合下列要求：

1. **團隊的目標明確**。比方說，團隊打算回答這個問題：「針對特定產品，亞馬遜應該購買多少庫存，應該何時購買？」
2. **所有權的界限清楚易懂**。比方說，庫存規畫團隊請教預測團隊，特定產品在某段時間的需求，然後以預測團隊提供的答案，作為採購決定的參考依據。
3. **協議用來衡量進度的指標**。比方說，產品頁面顯示的庫存量，除以產品頁面顯示的總數，占權重的60％，庫存持有成本占權重的40％。

重要的是，在這種會議中並未討論預計設立的團隊如何達成目標的具體做法。那是團隊自己要負責解決的事。

　　這些會議是亞馬遜領導原則「追根究柢」的典型實例。我參加第一批兩個披薩團隊召開的每次適應函數調整會議，討論事項包括預測、顧客評論和顧客服務工具等諸如此類的事項。我們從各個角度質疑每個指標，探討如何蒐集這些數據，以及結果如何使團隊準確的往目標邁進。這些會議清楚的訂定期望目標，並確認團隊準備就緒。同樣重要的是，這些會議還建立貝佐斯和新團隊之間的信任，加強團隊的自治權，因此加快團隊的速度。

　　起初，我們只建立少數兩個披薩團隊，這樣就可以了解哪些做法有效，並在廣泛採用之前，持續讓這個模型更完善。我們很早就學到一個重要課題：每個團隊從阻撓自己的依賴關係開始處理，直到消除這些依賴關係為止，這項工作相當艱鉅，幾乎無法獲得立即的回報。最成功的團隊在成立初期，就將大部分時間用來消除依賴和建立「儀器配置」（instrumentation，我們以這個詞表示用來衡量每項重要行動的基礎設施），然後團隊才開始創新，也就是增加新功能。

　　舉例來說，揀貨團隊負責的軟體可以指導物流中心的工作人員在哪些貨架找到商品。這個團隊剛成立的九個月內，將大部分的時間用在以系統化的方式找出並消除跟上游部分的依賴關係（譬如從供應商那裡收到庫存），以及跟下游部分的依賴關係（譬如包裝和運送）。他們還建立系統，

即時詳細追蹤所負責區域發生的每個重要事件。剛開始這樣做時,團隊績效並沒有太大的改善。不過,一旦消除依賴關係,制定適應函數並檢測本身的系統,這個團隊就成為說明兩個披薩團隊的創新速度有多快、成效有多好的最佳實例。他們成為這種新工作方式的倡導者。

但是,其他團隊卻將消除依賴關係和檢測系統這種乏味的工作一延再延。他們太早將時間用在專心開發新功能,因為他們想盡早獲得一些滿意的進展。但是,他們的依賴關係仍然存在,而且隨著團隊失去衝勁,阻力很快就會顯現出來。裝備精良的兩個披薩團隊擁有另一個強大優勢:他們擅長修正方向,錯誤一出現就被檢測出來並加以處理。在2016年的致股東信中,雖然貝佐斯沒有明確談論兩個披薩團隊,但他還是提到「在獲得想要的70%資訊時,就可以做出大多數的決定。如果要等取得90%的資訊才做決定,那麼在大多數情況下,反而導致速度變慢。無論哪種方式,都必須擅長迅速找出和糾正錯誤的決定。如果擅長修正方向,那麼即便方向偏差,代價可能不像你想像得那麼大。但速度變慢,肯定會讓你付出昂貴代價。」[5]

揀貨團隊的絕佳實例,說明長期思維(前期投資)隨著時間演變會產生複合報酬。後來,團隊就以他們的做法為榜樣。有時候,最好先慢求穩,穩中求快。

　　相信一大堆關係鬆散的自治團隊始終能做出最佳的策略選擇，實現公司更大的策略目標，這樣想當然很好。但即使對最優秀的團隊來說，這種想法有時也是癡心妄想。我們在第1章中介紹的經營計畫1流程，仍是以建構這些自治團隊，讓團隊跟公司策略保持一致，並讓團隊從一開始就瞄準方向，朝年度目標前進。

　　而且，我們開始意識到，對自治的其他限制需要保留下來，每個團隊仍然透過不同程度的依賴關係，跟其他團隊聯繫在一起。當兩個披薩團隊各自精心策畫自己的產品願景和開發藍圖時，不可避免的，依賴關係就會以跨部門專案、或上級交辦且涉及多個團隊的提案呈現。比方說，努力為物流中心開發揀貨演算法的兩個披薩團隊，也可能需要支援讓機器人在倉庫中移動產品的技術。

　　我們發現，把這類跨部門專案當成繳稅很有幫助，團隊必須繳稅來支持公司整體的進步。我們設法將這種干擾降到最低，但無法完全避免。有些團隊自己沒有過錯，卻發現自己要繳的稅比別人多。比方說，訂單管道團隊和付款團隊，幾乎所有新提案都跟他們有關，儘管這些關係並未列在團隊最初的章程中。

有些挑戰仍然存在

在亞馬遜，兩個披薩團隊是經常被談論的話題，但是依照最初的定義，兩個披薩團隊並沒有像其他新構想那樣遍及整個公司。雖然兩個披薩團隊展現出改善亞馬遜工作方式的巨大潛力，但它們也顯現出一些缺點，限制其成功和適用性。

兩個披薩團隊在產品開發方面表現最佳

我們不確定兩個披薩團隊的概念能擴大到何種程度，起初這個概念只是作為產品開發團隊的重組計畫。看到這個概念在加速創新方面獲得初步成功，我們想知道它是否也可以在零售、法律、人力資源和其他領域奏效。結果，答案是否定的，因為這些領域不像產品開發領域那樣，被亞馬遜糾結的依賴關係所牽累。因此，在那些組織中實施兩個披薩團隊無法加快工作進展。

採用適應函數的效果不如預期

兩個披薩團隊本來可以提高產品開發的速度，並利用

特別制定的適應函數作為引導各團隊速度的要素。藉由為團隊指引正確方向並及早發現團隊偏離路線，通知團隊修正方向，適應函數應該能以獨特的方式引導團隊實現目標。我們嘗試一年多，但因為幾個重要原因，適應函數從未真正兌現本身的預期成果。

首先，團隊投入大量時間，努力制定最有意義的適應函數。公式應該是A指標占權重的50％，B指標占權重的30％，加上C指標占權重的20％？或者應該是A指標占權重的45％，B指標占權重的40％，加上C指標占權重的15％？你可以想像在這些辯論中，有多麼容易偏離主題，討論變得不再有用，最後大家都分心了，滿腦子只想辯贏。

其次，這些太過複雜的函數，有些包含七個或更多個指標，其中一些指標還是根據次要指標的數字所組成。隨著時間推移，依照這些數字可能描繪出向上和向右移動的趨勢線，但那是什麼意思？通常，我們很難分辨團隊做對（或做錯）什麼，以及團隊應該如何回應這種趨勢。另外，隨著時間演變，相對權重可能因為經營狀況發生變化而跟著改變，讓歷史趨勢完全難以理解。

最後，我們恢復直接依賴基礎指標的做法，而不是採用適應函數。在經過許多團隊實驗許多個月後，我們發現只要做好前期工作，針對團隊的特定指標達成共識，並同意每項

投入指標應達成的具體目標，就足以確保團隊朝正確的方向前進。原本想將這些指標組合成一個統一的指標，這種想法很聰明，卻根本行不通。

優秀的兩個披薩團隊領導人很少

當初亞馬遜的想法是，建立大量的小團隊，每個小團隊由一位具備跨領域專長的基層主管領導，再納入一個傳統階層式的組織圖。這類基層主管可以在許多方面進行良好的指導並探究問題，包括從技術挑戰到建立財務模型和業務績效。儘管我們確實找到一些出色的基層主管，但事實證明，要找到夠多這類人才其實很難，就連在亞馬遜也是如此。這一點大幅限制有效部署兩個披薩團隊的數量，除非我們放寬限制，不必強迫團隊直接向如此罕見的領導人報告。

相反的，我們發現兩個披薩團隊也可以在矩陣式組織模式中順利運作，每個團隊成員依照自己的職務說明書向部門主管報告，譬如：向軟體開發或產品管理處長報告，這在組織圖上是以實線表示；但他們也向所屬的兩個披薩團隊主管報告，只是在組織圖上以虛線表示。這意味著兩個披薩團隊的主管可以順利領導團隊，即使不具備團隊所需的各領域專業知識。這種功能式矩陣最終成為最常見的結構，只不過兩

個披薩團隊仍各自設計自己選擇的專案，以及將專案優先排序的策略。

有時，兩個披薩不夠

起初，我們都同意較小的團隊會比較大的團隊做得更好。但後來我們察覺到，預測團隊成功的決定因素不在於是否小規模，而在於領導人是否具備適當技能、權威和經驗，為團隊找對人才並進行管理，而且領導人必須專心一志的帶領團隊完成工作。

現在，兩個披薩團隊都擺脫最初對規模的限制，所以需要一個新名字。因為找不到什麼吸引人的名字，所以我們從技客族（geekdom）的術語找起，並選擇電腦科學術語，於是「單一領導人」和「可分拆的單一執行團隊」就此誕生。

更大，但是更好：單一領導人

雖然兩個披薩團隊模式不像我們預期的迅速建立根基，也沒有如我們期望的那樣擴展到整個組織，但這個實驗顯示出足夠的希望，讓貝佐斯和最高領導團隊有耐心和紀律堅持做下去。我們從過程中學習，調整兩個披薩團隊的構想至完

善，最後我們擁有某種能力更強大的團隊。

這起初稱為「兩個披薩團隊領導人」，後來演變成現在所說的「單一領導人」，後者拓展了可分拆團隊的基本模型，可視專案需要的任何規模來實現關鍵效益。儘管兩個披薩團隊在最初取得成功，但現在亞馬遜很少人談論此事。

我們說單一領導人更大、更好，但比什麼更好呢？當然，單一領導人是從兩個披薩團隊逐漸改善而來，但它也比其他替代做法更好嗎？要回答這個問題，我們先檢視一種更常用來開發新事物的做法。

通常，高階主管被指派推動某項創新或提案，就會找其中一名部屬，可能是處長或資深經理幫忙。如果高階主管負責二十六項提案，部屬就負責其中五項提案。高階主管會要求部屬再找下面的部屬，例如專案經理，將專案增加到自己的工作清單中；專案經理將反過來說服工程處長，查看自己的開發團隊是否能將工作擠進開發時程表中。亞馬遜裝置與服務資深副總裁戴夫・林普（Dave Limp）巧妙總結可能發生的情況：「讓發明注定失敗的最佳做法就是：一心多用。」[6]

亞馬遜從慘痛的經驗中學到，缺乏單一領導人可能會阻礙他們實施新提案。亞馬遜物流服務就是一個實例。最初它稱為自助式物流服務（Self-Service Order Fulfillment，簡稱為SSOF），旨在為賣家提供倉儲和運送服務。賣家不必處理商

品儲存、揀貨、包裝和運送，只要將產品寄到亞馬遜，我們就會處理物流。零售和經營團隊的高階主管認為這是一個既重要又有趣的想法，但是真正進行一年多後，並沒有取得太大進展。一直都是「即將推出」，卻從未真正推出。

後來到2005年時，威爾基請當時的副總裁湯姆・泰勒（Tom Taylor）放下其他職責，允許他招募人才建立團隊。唯有這樣，自助式物流服務才得以啟動，最終發展成亞馬遜物流服務。亞馬遜物流服務於2006年9月啟動，並取得巨大的成功。第三方賣家喜歡這項服務，因為亞馬遜提供倉庫空間存放他們的產品，也將倉儲費用從固定成本變成變動成本。亞馬遜物流服務還讓第三方賣方能從參與尊榮會員服務中受惠，後來這項服務也改善買家的顧客體驗。正如貝佐斯在致股東信中所言：「2011年第三季，亞馬遜物流服務代表賣家寄出多達數千萬件商品。」[7]

在泰勒接掌前，努力推動這項服務的領導人都非常優秀，但他們同時要承擔其他職責，沒有時間管理亞馬遜物流服務涉及的無數細節。如果當初威爾基沒有讓泰勒專職負責這項專案，亞馬遜物流服務就很難推出，也會更慢推出。當時單一領導人這個概念尚未在亞馬遜正式成形，而泰勒成為重要的先行者。

單一領導人模式的另一個重要構成要素是可分拆的**單一**

執行團隊，由像泰勒這樣的單一領導人帶領。正如威爾基所做的解釋：「可分拆意味著幾乎可與組織分離，就像軟體的應用程式介面那樣。單一意味著只專心做好一件事，其他事一概不管。」[8]

這種團隊針對特定的特性或功能，擁有明確清楚的所有權，而且可以在最不依賴或影響他人的情況下推動創新。指派單一領導人是必要的，但這樣做還不夠。這不僅僅是組織圖上一項簡單的變化。跟傳統團隊相比，可分拆的單一執行團隊對組織的依賴較少。他們清楚界定本身擁有的界限，以及與其他團隊的利益始末。如同亞馬遜前副總裁湯姆・基拉利亞（Tom Killalea）的巧妙觀察，有一個很棒的經驗法則可以查看團隊是否有足夠的自主權，那就是團隊的部署工作：團隊是否可以無須其他團隊的配合、協調和批准，就能建立並推出變更？如果答案是否定的，那麼其中一個解決方案是，找出一小部分可以自治和重複的功能。

單一領導人可以領導一個小團隊，但他們也可以領導像亞馬遜智慧音箱Echo或數位音樂這種規模龐大的業務開發。比方說，對於亞馬遜智慧音箱Echo和智慧型助理Alexa來說，要不是亞馬遜副總裁葛雷格・哈特（Greg Hart）受命擔任單一領導人，就可能有一個人負責亞馬遜裝置的硬體，另一個人負責軟體，但沒有人專職負責創建和推出亞馬遜智

慧音箱Echo和智慧型助理Alexa。相反的，亞馬遜智慧音箱
Echo和智慧型助理Alexa的單一領導人擁有自由和自治權，
評估這些新穎產品必須解決的問題，決定他們需要什麼以及
需要多少團隊，團隊之間應如何劃分職責，還有每個團隊應
該有多大的規模。同時最重要的是，由於技術依賴問題已經
解決，單一領導人不必再跟許多需要對軟體做出更動的人費
心核對。

收獲

　　我們花了一段時間才想出單一領導人和可分拆的單一
執行團隊等做法。而且這一路上，我們還採用過許多解決方
案，這些解決方案最後並沒有持續下去，譬如：新專案提案
和兩個披薩團隊。但這些經歷都是值得的，因為我們找到一
個方法進行創新，這個方法既健全又合適，可以在亞馬遜存
活至今。這趟旅程也為在亞馬遜經常會聽到的另一句話做出
最佳詮釋：堅持對願景執著，但對細節保持彈性。

　　單一領導人加快速度和推動創新，讓亞馬遜即使在現
今規模如此龐大的情況下，也能保持敏捷並迅速反應。擺脫
過度依賴的障礙，各層級的創新者可以更迅速進行實驗和創
新，產生更完善的產品，並提高創新者的參與度。自主和

當責制更容易建立單一領導人模式，保持團隊專注於正確方向，並與公司策略一致。雖然在建立第一個自治的單一執行團隊之前，這些正面的成果也可能發生，但現在它們已經成為亞馬遜這種獨特、創新的模式下，自然會產生的預期成果。

第4章

溝通交流

敘事與六頁報告

本章重點：

- 亞馬遜會議開始時，大家保持詭異的沉默。
- 在開會時禁止使用 PowerPoint，改用敘事報告。
- 敘事如何產生清晰的思維，並激發可貴的討論？
- 如何撰寫有效的六頁報告？
- 收穫是：「敘事讓資訊加乘。」

　　如果你詢問亞馬遜新進員工，剛進公司工作時，最讓他們感到驚訝的事情是什麼，那麼這件事肯定名列第一：「許多會議剛開始二十分鐘內，大家保持詭異的沉默。」

　　在亞馬遜開會時，大家簡短問候閒聊後，每個人就坐在桌子旁，會議室裡安靜無聲，人人不發一語。為什麼這麼沉默？因為每個人正忙著看完六頁報告，才能開始討論。

　　跟大多數公司相比，亞馬遜更加依賴書面文字來發展和溝通構想，這項差異讓亞馬遜獲得龐大的競爭優勢。在本章中，我們將討論亞馬遜如何及為何從使用 PowerPoint（或任何其他簡報軟體），改為採用書面敘事，以及這種做法如何讓亞馬遜受益，並且也能讓貴公司受惠。

亞馬遜使用兩種主要敘事形式。第一種敘事形式是所謂的「六頁報告」。六頁報告用於描述、評論或提議任何類型的想法、流程或業務。第二種敘事形式是新聞稿和常見問答（PR／FAQ）。這種敘事形式跟新產品開發的逆向工作流程特別相關。在本章中，我們將重點放在六頁報告，在下一章則探討新聞稿和常見問答。

最高領導團隊會議停止使用PPT

在亞馬遜創立初期，我（柯林）的其中一個職責是當貝佐斯的影子顧問，負責管理每週二進行的最高領導團隊會議議程，通常這個會議進行四個小時。大約有80％的時間專注於執行細節，也就是公司在實現最高領導團隊目標上取得什麼進展。在最高領導團隊會議上，我們會選擇兩個到四個最高領導團隊目標，並深入探究進度。這種會議代價很高：為了準備開會，至少消耗公司領導高層每週半天的時間。而且以這類會議做出的決定類型來看，風險也很高。

早期，每次的深度探究討論，都從與最高領導團隊目標相關的團隊開始簡報，說明工作進度。通常，這涉及一位或多位團隊成員口頭陳述，並採用PowerPoint投影片簡報。我們經常發現這種簡報方式沒有達到預期目的，PowerPoint的

格式通常讓人難以評估實際進度，也讓報告無法依照會議規畫進行。簡單來講，這樣深入探究的內容令人沮喪，而且效率低下，簡報者和與會者也都容易犯錯。

　　貝佐斯和我經常討論如何改善最高領導團隊會議的進行方式。在2004年稍早，我們聽完一場特別耗神的簡報後，在搭機出差時剛好有空討論（當時航班尚未提供無線上網服務），因此我們閱讀並討論〈PowerPoint的認知型態：簡報對思考的破壞力〉（The Cognitive Style of PowerPoint: Pitching Out Corrupts Within）這篇論文，作者為耶魯大學教授愛德華・塔夫特（Edward Tufte），是資訊視覺化的權威專家。[1]塔夫特用一句話確定我們一直在經歷並要解決的問題：「隨著分析變得更有因果關係、更多元、更需要比較並依賴證據，而且需要做出決議，」他寫道，「條列式做法就更具破壞力。」這個描述符合我們在最高領導團隊會議上的討論議題：複雜、相互關聯、需要大量資訊進行探究，而且跟決策結果的關聯性愈來愈大。用投影片簡報的線性進行方式無法做好這種分析，因為很難參考不同構想，貧乏的文字也無法完全表達想法，視覺效果無法讓人更有啟發，反而令人分心。PowerPoint沒有讓事情變得簡單、清楚，反而剝奪重要且具細微差異的討論。在我們的會議中，即使簡報者在註解或附件的內容中列出相關資訊或聲音檔，PowerPoint簡

報文稿還是無法完整表達構想。

　　此外，最高領導團隊會議的與會者都是經驗豐富、行程滿檔的高階主管，他們渴望盡快搞懂會議中要解決的問題。他們不管投影片講到哪裡，會先提出問題和直接切入結語的重點。有時，這些問題無法釐清某個要點或讓簡報繼續進行，反而導致整個簡報脫離主要論點。或者，有些問題太早提出，要在後續的投影片中才回答，因此迫使簡報者要同一件事重複講兩遍。

　　塔夫特在這篇論文中提出一種解決方案。「對於嚴謹的報告，」他寫道，「改以文字、數字、數據圖形和圖像的書面資料來取代PowerPoint投影片。清楚說明的書面資料讓觀看者可以根據上下文評估、比較、敘述和重新設計證據。相較之下，數據精簡，容易讓人過目即忘的投影片，往往會使與會者變得無知和被動，而且還會降低簡報者的信譽。」

　　塔夫特針對如何開始行動提供明智的建議。「在大型組織做出這種轉變，需要一個直接了當的執行命令：**從現在開始，公司採用的簡報軟體是Microsoft Word，不是PowerPoint。請習慣它吧！**」基本上，我們就是這樣做。

　　雖然塔夫特的論文不是促使我們改用敘事的唯一驅動力，但這篇論文讓我們的思維更加明確。2004年6月9日，最高領導團隊成員收到一封電子郵件，主旨是：「最高領導

團隊以後禁用PowerPoint簡報」[2]。這則訊息簡單直接，令人震驚。從那天起，最高領導團隊成員在最高領導團隊會議上簡報時，必須撰寫簡短敘事來說明自己的構想。此後，PowerPoint就被禁用了。

我（柯林）就是發送這封電子郵件的人。當然是貝佐斯指示我這麼做，因為在公司裡只有他可以要求進行如此重大的改變。寄出這封電子郵件後，感覺很棒。我們終於找到為最高領導團隊會議提高效率的有效方法，所以我認為這封電子郵件會獲得不錯的迴響。天啊，我錯了。這封電子郵件讓亞馬遜管理高層迅速回應，大家的立即反應幾乎都是「你一定是在開玩笑」。那天晚上和接下來那幾天，我接到一連串的電話和如雪片般飛來的電子郵件詢問這項改變。原定在後續兩週內參加最高領導團隊會議的成員，更是提出強烈抗議。他們必須迅速了解新的敘事流程，並學會有效使用可用的工具。而且一個新構想可能已經醞釀好幾個月，能不能繼續進行就看這次會議的結果。

大家會有這樣的反應，或許我們不該感到驚訝。在2004年6月的這一天前，在亞馬遜的許多會議中，PowerPoint一直是溝通構想的預設工具。而且，許多公司現在仍然這樣做。大家都知道Powerpoint帶來的喜悅和隱藏的危險。想想看，有什麼事情會比聽魅力無比的高階主管發表激勵人心的

演說，並以活潑的文字和花俏剪貼的圖畫製成的酷炫投影片串場，來得更令人振奮？就算幾天後，你記不得那場演說的細節，又有什麼關係呢？而且，聽到雜亂無章、使用單調格式、有一堆密密麻麻文字難以閱讀的投影片，很痛苦吧？或者，更糟糕的是，看著簡報者緊張不安，在播放不同投影片時來回踱步，講話結結巴巴，很折磨人，不是嗎？

不過，以我們的做法來說，使用 PowerPoint 的真正風險在於可能對決策產生的影響。強勢簡報者可以帶領團隊批准一個糟糕的構想。沒有條理的簡報者可能讓人困惑，引發漫無目的又失去重點的討論，反而讓重要的構想無法獲得應有的重視。無趣的簡報可能讓與會者開始發呆，對簡報充耳不聞，甚至開始檢查電子郵件，因此錯過潛藏在低沉單調聲音、和讓人不感興趣的視覺效果下的好構想。

人們需要花時間才能掌握敘事形式。首先，沒有統一的規定去說明敘事報告應該是怎樣的內容。貝佐斯提出一個簡單的解釋，說明做出這項改變的原因：

撰寫出色的四頁備忘錄比「撰寫」二十頁 PowerPoint 投影片更難的原因是，出色備忘錄的敘事結構強迫撰寫者更深思熟慮，也更深入理解什麼比較重要，以及事物之間如何產生關聯。

Powerpoint型態的簡報以某種方式美化構想，削弱構
想的相對重要性，並忽略構想的相互關聯。[3]

　　以現在的標準來評估，當初剛開始提出的那幾則敘事報
告簡直很可笑。有些團隊忽略內容長度限制，但當初我們提
出這種限制是為了讓敘事內容夠簡短，方便在會議上閱讀。
有些團隊滿腔熱忱，覺得自己的構想無法在如此有限的篇幅
中充分表達，就洋洋灑灑寫了三十或四十頁論文。當撰寫者
得知我們認真看待頁數限制時，有些人會盡可能增加頁面可
容納的字數，使用小字體，減少頁面邊距的寬度和單行間
距。我們想要的是重拾寫作的好處，而不是要閱讀十六世紀
那種密密麻麻的文件。

　　我們逐漸選擇一種標準格式。也就是將頁數限制為六
頁，請不要在格式方面耍花樣。可以利用附件附上更多資訊
或提供細節，但不需要在會議中閱讀。

如何撰寫有效的六頁報告

　　六頁報告的差異很大，因此與其嘗試使用完整的樣式
指南（因為不可能做到），我們提供一個範本，假想我們在
最高領導團隊會議上第一次使用敘事報告取代PowerPoint；

也就是說，我們寫了一個關於六頁報告的六頁報告。這個範例的其中一些內容，將大家剛剛看過的內容加以精簡，幫助大家了解我們如何將重要的想法寫成實際的六頁報告格式。（注意：這個範例可以輕鬆放入大小為8.5×11英寸〔21.6×27.9公分〕、字體大小11級、單行間距的六頁紙張中。但由於本書尺寸不同，所以篇幅可能超過六頁。）

錯不在PPT，是我們變心了

我們的決策流程跟不上業務規模和複雜度的快速成長。因此，建議馬上停止在最高領導團隊會議使用PowerPoint，開始使用六頁報告。

使用PPT有什麼問題？

最高領導團隊會議通常以PowerPoint簡報做開場，描述一些在會議上要考量的建議或業務分析。簡報樣式因團隊而異，但所有簡報都有一個共同限制，就是都採

用PowerPoint格式。無論簡報要描述的基本概念多麼複雜或有細微差別,都以一連串分段文字、簡短的條列式清單或圖形呈現。

就算PowerPoint的死忠粉絲也承認,太多資訊其實會破壞簡報。在亞馬遜網站上最暢銷的PowerPoint書籍描述,可依照每張投影片的文字量,將投影片分為三類:

1. 超過七十五個字:密密麻麻的文字,目的是作為文件或白皮書,不適合簡報,最好事先在會議前分發、閱讀。
2. 五十個字左右:簡報者把簡報當成大字報,往往照著簡報內容大聲唸出來,無法引起聽眾注意。
3. 字數更少:用適當的簡報投影片作為視覺輔助,加強簡報者的訊息。簡報者必須花時間製作和演練這些內容。*

一種普遍接受的經驗法則是6×6法則(6×6 Rules),意即每張投影片說明事項不要超過六個,每個

---

* 南希・杜爾特(Nancy Duarte),《視覺溝通:讓簡報與聽眾形成一種對話》(*Slide:ology: The Art and Science of Creating Great Presentations*),(Sebastopol, CA: O'Reilly Media, 2008),第7頁。

說明事項不超過六個字。其他準則建議每張投影片的文字不得超過四十個字，而且整份簡報不超過二十張投影片。具體數字各不相同，但共同點都是限制資訊。整體而言，這些做法表示人們已經達成共識：只有這麼多資訊可以放進PowerPoint裡，而不會讓觀眾感到困惑或分心。這種格式迫使簡報者將構想濃縮，連重要的資訊都被省略。

礙於這種功能性的限制，又需要傳達團隊重要工作的深度和廣度，於是簡報者花相當多的時間刪除內容，直到適合PowerPoint簡報格式為止：**若有不足之處則以口頭補充**。結果，簡報者的公眾演說技巧和圖形藝術專長，對於團隊構想能被理解的程度，產生一種獨特且有高度變異的影響。因此，不管團隊對於製作提案或業務分析投入多少心力，最後提案或業務分析是否成功，都取決於跟手邊問題無關的因素。

我們都看過簡報者在簡報時被打斷和質疑，然後努力說出這樣的話來重新穩住步調：「我們會在後續幾張投影片中說明那個問題。」於是簡報者開始加快速度，觀眾聽得很沮喪，簡報者講得更心慌。我們都想針對重要事項深入探究，但必須等待整個簡報結束，問題才會

得到解答，在幾乎所有PowerPoint簡報中，我們都必須手寫筆記，記錄簡報者口頭提供和實際交流的大部分資訊。通常，光是簡報並不足以傳達或作為探究完整論點的紀錄。

靈感來源

我們大多數人都熟知塔夫特這本開創性的著作（也是亞馬遜暢銷書）《量化資訊的視覺呈現》（*The Visual Display of Quantitative Information*）。在一篇名為〈PowerPoint的認知型態：簡報對思考的破壞力〉的論文中，塔夫特準確的概述我們面臨的難題：

「隨著分析變得更有因果關係，更多元，更需要比較並依賴證據，而且需要做出決議，」他寫道，「條列式做法就更具破壞力。」

這段描述符合我們在最高領導團隊會議上的討論：複雜、相互關聯和需要大量資訊進行探究，而且跟決策結果的關聯性愈來愈大。投影片簡報的線性進行方式無法做好這種分析，因為與會者很難參考不同構想，貧乏的文字也無法完全表達想法，而視覺效果不但無法讓人

更有啟發，反而令人分心。PowerPoint 沒有讓事情變得簡單、清楚，反而剝奪重要且具細微差異的討論。

「對於嚴謹的簡報，」他寫道，「改以文字、數字、數據圖形和圖像的書面資料，取代 PowerPoint 投影片。清楚說明的書面資料讓觀看者可以根據上下文評估、比較、敘述和重新設計證據。相較之下，數據精簡，容易讓人過目即忘的投影片，往往會使與會者變得無知和被動，而且還會降低簡報者的信譽。」

塔夫特繼續寫道：「針對嚴謹的報告，以文字排版軟體取代 PowerPoint。要在大型組織做出這種轉變，需要一個直接了當的執行命令：從現在開始，公司採用的簡報軟體是 Microsoft Word，不是 PowerPoint。請習慣它吧！」我們將這個建議牢記在心，現在請大家聽從他的建議。

禁用 PPT，改用敘事

我 們 建 議 立 即 在 最 高 領 導 團 隊 會 議 停 用 PowerPoint，改以一份敘事報告代替。這些敘事報告有時可能包括讓內容簡單明瞭而必不可少的圖表和條列式

清單，但必須強調的是：只是將 PowerPoint 重新製作為書面文件將不被接受。改採敘事報告的目標是採用一種齊全又完備的簡報，只有以敘事的形式才可能做到。**接受它吧！**

最重要的是想法，不是簡報者

在現今的簡報中，口語表達能力和平面設計專業知識扮演影響簡報成敗的要角。改用敘事方式，讓團隊的構想和推理變成討論重點。整個團隊都可以為精心設計的敘事做出貢獻，並對敘事提供意見並進行修改，直到臻至完善。不用說，明智的決定應該以構想的優劣為依據，而不是以個人表演技巧來判斷。

現在，原本用來製作花俏圖形投影片簡報的時間，可以用來進行更重要的事。我們可以把浪費在演練上台簡報的時間省下來，也減輕許多團隊領導人不必要的一大壓力源。簡報者的口才好不好、個性外向或內向、是大學剛畢業的新進員工，或是擁有二十年經驗的副總裁，這些都不重要。重要的東西都在敘事報告中。

最後，敘事報告容易攜帶又可擴展，而且容易流

通，可以隨時閱讀。你不需要透過手寫筆記或大型演說
的錄音檔來理解其內容。任何人都可以在敘事報告空白
處進行編輯或發表評論。而且，大家可以輕鬆利用雲端
共享報告，對報告進行編修或提出意見。如此一來，報
告本身就能當成紀錄。

對讀者的好處

　　一種有用的比較指標是我們所説的**敘事資訊乘數**
（Narrative Information Multiplier，這要向創造這個術語的
亞馬遜前副總裁吉姆・弗里曼〔Jim Freeman〕致敬。
一個典型的 Word 文件檔，選用 Arial 字體 11 字級，每頁
包含三千到四千個字元。為了比較，我們分析最近五十
個最高領導團隊的 PowerPoint 簡報，發現這些簡報平均
每頁僅包含四百四十個字元。這表示書面敘事所包含的
資訊密度是一般 PowerPoint 簡報的**七到九倍**。如果考慮
先前討論 PowerPoint 的其他限制，這個倍數只會增加。

　　塔夫特估計，人們的閱讀速度是一般簡報者説話速
度的三倍，這表示在特定時間內，閱讀敘事報告能比聆
聽 PowerPoint 簡報吸收到更多資訊。因此，敘事報告可

以在更短的時間內提供更多的資訊。

　　考慮到最高領導團隊成員在一天中要參加多少這類會議，敘事資訊乘數就會乘上好幾倍。轉換為這種資訊更密集的格式，能讓關鍵決策者在特定時間內，吸收比 PowerPoint 做法所能提供的更多資訊。

　　敘事報告還能讓非線性、相互關聯的論點自然展開，這是 PowerPoint 僵固的做法無法做到的。這種相互關聯確立了許多最重要的商機。此外，消息靈通就能做出更有品質的決定，並可以針對簡報團隊的戰術和策略計畫，提供更好且更詳細的意見。如果高階主管有更多資訊，更深入了解有助於公司發展的重要提案，我們就能比其他公司依賴傳統壓縮資訊溝通方法（譬如：PowerPoint）的高階主管，更具有實質競爭的優勢。

對簡報者的好處

　　我們知道，事實證明撰寫敘事報告可能比製作 PowerPoint 簡報更難，但這樣做是有好處的。寫作將迫使撰寫者思考和彙整，比在製作 PowerPoint 時來得更深入。書面撰寫的構想經過深思熟慮，尤其是在撰寫者寫

完全文後，團隊可以對其進行審查並提供意見。將所有相關事實和所有人的重要論點形成連貫且易於理解的報告，這項工作相當艱鉅，而**敘事報告理應如此**。

　　身為簡報者，我們的目標不僅是介紹一個構想，還必須證明構想已經過審慎考量，並進行徹底分析。跟PowerPoint簡報不同，紮實的敘事報告可以（且必須）展現構想的許多不同事實和分析，以及彼此如何相互關聯。雖然理想的PowerPoint簡報可以做到這一點，但經驗顯示，實務上的PowerPoint簡報很少做到這種程度。

　　完整的敘事報告還應該預見可能引發的反對意見、關注和其他觀點。我們希望團隊能做到這樣。撰寫者將被迫預先設想會遇到的聰明問題、合理異議，甚至是常見的誤解，並在敘事報告中主動處理。在敘事報告中，你根本無法美化任何重要主題，尤其是當你知道這項主題將由一群具批判性思考的觀眾加以剖析。雖然乍看之下，這樣講似乎有點令人生畏，但這只是反映我們長久以來對深入而正確思考商機的期待。

　　論文寫作的座右銘「廣泛陳述、支持論點、概括總結」（State, support, conclude），形成提出令人信服論點的基礎。成功的敘事幫助讀者將零星資訊連成一體，

進而創造出一個有說服力的論點，而不是呈現斷斷續續的資訊讓觀眾自己拼湊。要寫出有說服力的內容，就必須增強思想的清晰度。當多個團隊協同合作一個構想時，這一點就更加重要。敘事形式要求團隊保持同步，或者說，如果團隊沒有做到這樣，在報告中就會清楚指出團隊在哪些地方尚未同步。

塔夫特用明確直接的話來總結敘事報告比 PowerPoin 優異的地方：「PowerPoint 變得醜陋且不準確，因為我們的構想明明很蠢，但是 PowerPoint 過度簡化想法，讓我們更容易擁有愚蠢的構想。」

如何以六頁報告召開會議

每次會議開始時，先分發敘事報告。大家閱讀敘事報告的時間，就跟聽投影片簡報的時間差不多。所有出席者都在會議一開始時，大約花二十分鐘閱讀敘事報告。在這段期間，許多人會想做筆記或在資料上加上註解。一旦每個人都表示準備就緒，就開始針對敘事報告展開對話。

我們知道人們閱讀複雜資訊的速度是平均每頁三分

鐘。我們利用這個數字，定義書面敘事報告的長度，如果每次開會時間為六十分鐘，敘事報告長度約為六頁。因此，我們建議團隊尊重敘事報告最多只能六頁的限制。當然，大家有時會覺得很難將完整的報告壓縮到這種大小的篇幅。但事實上，PowerPoint簡報者也會面臨同樣的情況，這是掌控會議時間的一項考量。我們認為六頁就足夠了，但在採用這種做法一段時間後，我們會根據需要進行修改。

結論

PowerPoint只能將我們帶到目前這個階段，我們感謝它的服務，但改變的時機已到。書面敘事報告將以更深入、更強大、更有能力的方式傳達構想，同時增加一個額外的關鍵效益：扮演強制性的功能，形塑更清晰、更完整的分析。六頁報告也具備驚人的溝通效果，因為在閱讀的過程中，簡報者和觀眾之間沒有距離。除了推論的清晰度以外，沒有偏見問題。這種改變不僅強化簡報效果，也使產品和公司得以強化。

常見問答

問：大多數跟我們規模相當的公司都使用 PowerPoint。我們為什麼需要採取不同做法？如果事實證明這項轉變是錯誤的做法，該怎麼辦？

答：簡單來講，我們看到一種更好的方法。亞馬遜跟其他大企業不同，這項轉變可以幫助我們脫穎而出，包括我們願意遵循數據的引導，並尋求更好的方法來做原本熟悉的工作。如果這次轉變行不通，我們會跟往常一樣，盡一切努力精益求精。如果結果表明原先的做法最好，我們就照原來的做法去做。

問：為什麼不在會議開始前分發敘事報告，讓我們可以先準備好？

答：敘事報告可能在快開會前才分發，或許不是所有與會者都有足夠的時間看完文件。另外，由於以敘事報告取代簡報，所以原先聆聽簡報的時間，剛好能用來專心閱讀敘事報告，不會浪費任何開會時間，也讓每個人在問答討論開始前，可以看完要討論的資料。最後但同樣重要的是，這樣做也能讓報告團隊有更多時間來完成和改進報告。

問：事實證明，我的團隊非常擅長PowerPoint簡報，我
們**必須**改變嗎？

答：**是的**。PowrePoint簡報表現出色的一個危險是，
簡報者的台風或魅力，有時可能在無意間讓觀眾無
法認清關鍵問題或疑慮。花俏的圖形同樣可能分散
注意力。最重要的是，我們已經證明即使善加運用
PowerPoint，也無法提供完整敘事可以做到的完備
和複雜度。

問：如果我們將PowerPoint簡報印成文件，並增加一些
延伸評論，加強和擴展資訊內容，這樣可以嗎？

答：不可以。將PowerPoint簡報再製成文件，一樣會凸
顯出弱點。PowerPoint簡報無法做到敘事報告那樣
完備，只不過敘事報告有時不像PowerPoint簡報那
樣花俏。

問：我們還能在敘事報告中使用圖形或圖表嗎？

答：**可以**。最複雜的問題是從數據獲得關鍵見解，我們
希望某些數據最好以圖表或圖形的形式呈現。但是
我們不認為光是使用圖形，就可以製作出期望能從
書面敘事報告中獲得令人信服的完整事實。若有必
要，請將圖形列入，但不要讓圖形占主導地位。

問：六頁內容好像很短，每頁可以容納幾個字？

答：六頁的限制是一種重要的強制性功能，可確保我們只討論最重要的問題。我們還預留二十分鐘閱讀，期望每位參與者都能在那段時間閱讀全部內容。請不要試圖改變文件的邊界或字體大小，將更多內容壓縮到文件中。將更多字塞進六頁報告違反頁數限制，既不利於達到前述目標，也誘使撰寫者納入較不重要的考量。

問：我們如何衡量這個變革是否成功？

答：很好的問題。我們還無法找到一個定量方式去衡量目前最高領導團隊的決策品質，目前也沒有提出任何衡量指標。比較這兩個方法將是一種定性練習（qualitative exercise）。我們建議接下來三個月進行敘事報告的做法，然後調查最高領導團隊，詢問他們是否做出更明智的決定。

六頁報告的結構和內容多變

在上述六頁報告中包括兩個可選擇的部分，亞馬遜許多簡報者都發現這是相當實用的功能。第一個可選擇的部分是，我們提案時依賴的一個或多個關鍵宗旨，也就是導致我們做出這個建議的推理，以及所依據的基本要素。宗旨是為讀者提供一個定位點來評估其餘部分。如果宗旨本身有爭議，更容易直接解決，而不需要從源於該立場的所有邏輯步驟來解決。

第二個可選擇的部分（也許更常用）是包含常見問答。強大的六頁報告不僅會證明所提出的論據有道理，也預料到會出現的反駁、爭論點或容易被誤解的陳述。增加常見問答解決這些問題，可以節省時間，並為讀者提供有用的焦點，以及檢查撰寫者的思考是否周全。（有關其他常見問答和宗旨範例詳見附錄B。）

我們還應注意到，有些六頁報告的長度超過六頁，因為在附錄中包含相關數據或文件，在會議上通常不會閱讀這些數據。

六頁報告可以有很多種的形式。前述範例提供一個專門針對「六頁報告」主題所做的示範。通常，我們不希望看到名為「靈感來源」這個部分，雖然這樣寫，在我們提出的這

個敘事報告中很有用。標題和子標題、圖形或數據表以及其他設計元素，都將因個別敘事報告而異。

　　以亞馬遜季度業務回顧為例，六頁報告的格式反而可能是這樣：

- 概述
- 宗旨
- 已達成事項
- 未達成事項
- 下期提案
- 人力分配
- 損益表
- 常見問答
- 附錄（包括以試算表、表格和圖表、實體模型等形式的相關數據）

　　六頁報告可以用來探討你想要呈現給一群人的任何論點或構想，包括：投資、潛在收購、新產品或功能、每月或每季的業務更新數據、經營計畫，甚至關於如何改進員工餐廳食物的想法。要掌握撰寫這些敘事報告的紀律，需要靠練習。初學者可以藉由檢視和學習成功範例，讓自己慢慢上手。

新會議形式

當會議主題包含在敘事報告中，那麼在會議一開始時，所有與會者都在會議室裡閱讀敘事報告的效果最好。起初，這種沉默可能令人不安，但只要開過幾次會，就會變成習慣。雖然不像PowerPoint簡報那樣透過口語溝通，但是撰寫包含大量有用資訊的出色敘事報告，可以在那二十分鐘內將資訊傳達給與會者。

我們先前提到人們平均花三分鐘看完一頁複雜的資料，所以限制敘事頁數為六頁。如果開會時間是三十分鐘，三頁報告則更合適。我們的目標是保留三分之二的時間去討論剛才看過的內容。

不過，閱讀速度因人而異。有些人會查看附錄，有些人不會。有些與會者像比爾一樣在線上共享文件上發表意見，以便所有與會者都能看到每個人的意見。我（柯林）則偏好傳統方式，在紙上寫下意見，這樣我就可以全神貫注在眼前的報告。這也有助於避免確認偏誤，如果我看到其他人在共享文件上增加的即時評論，可能會讓我受到影響。況且，我知道很快就會聽到別人的看法，所以不急著先知道。

每個人都看完報告後，簡報者就起身主持會議。第一次簡報的人往往會說：「讓我口頭講一遍報告重點。」**請抗**

拒這股誘惑，因為這樣做可能浪費時間。書面報告的重點在於，清楚說明原因並避免現場簡報的弊端。與會者已經自己看完論點，簡報者不必重述一遍。

亞馬遜有些團隊會在會議室裡四處走動，請高階主管提供意見，然後針對報告逐行討論。有些團隊則請每位與會者輪流將自己的意見寫在同一份報告上。你只需要選擇一種適合自己的做法，並沒有哪一種方法才正確。

接著，大家開始討論，其實就是與會者向簡報團隊提問。與會者尋求澄清、探究意圖、提供見解和建議改進或替代方案。簡報團隊費心撰寫敘事報告，與會者有責任認真看待。畢竟，這類會議的關鍵目標是尋求關於提議構想或主題的真相。我們希望構想變得超級棒，這可能是我們跟簡報團隊一起努力調整的結果。

在討論階段，重要的是有人代替與會者寫下意見，此人最好是熟知討論主題、而且不是主要簡報者。簡報者通常忙著回答問題，無法同時有效記錄。如果在討論階段，我沒有看到有人做筆記，我會禮貌的暫停會議，並詢問誰要做筆記。掌握並記錄隨後討論的重點相當重要，因為這些意見將成為產出敘事報告流程的一部分。

協作式的意見回饋

　　事實證明，提供有價值的意見和見解，可能跟撰寫敘事報告一樣困難。在職業生涯中，我（柯林）收到最珍惜的兩份禮物是鋼筆，是由我過目並評論過敘事報告的撰寫者送我的。（我通常會在敘事報告上面手寫筆記，會議結束後就交給簡報者。）送我鋼筆的這兩個人都告訴我，我的評論發揮重要作用，讓他們的業務順利發展。我這樣說不是在誇耀，而是為了提供證據證明，當讀者跟撰寫者一樣認真看待敘事報告流程，讀者提供的意見可以產生實質、重大且持久的影響。你不只是針對報告做出評論，也正在幫助形塑一個構想，因此你也成為該項業務的關鍵團隊成員。

　　由於六頁報告的絕佳實例多到不勝枚舉，分散在整個公司內部，而且因為員工都很清楚公司對六頁報告的性質和品質寄予厚望，所以很少有團隊在會議上提出不符合標準的敘事報告。不過，我確實收到一份不合適的六頁報告。撰寫這份報告的團隊用陳詞濫調掩飾難題。我禮貌的將報告退還給他們，並說他們還沒準備好進行討論，大家先休會。我還建議他們多花時間努力改善敘事報告。但是，如我所說，這些情況非常罕見。在大多數情況下，我們都提供有力的意見並給予團隊支持。貝佐斯閱讀敘事報告的能力過人，總能提

出他人無法想到的獨到見解,即使我們看的是同一份敘事報告。開完會後,我問他是怎麼做到的。他以一個簡單實用的祕訣答覆,我至今還牢記在心:他假設自己看到的每句話都是錯的,直到他可以證明那是對的。他是在質疑內容,而不是質疑撰寫者的動機。附帶一提,貝佐斯通常都是最後看完敘事報告的那批人。

　　這種批判性思考的做法對團隊提出質疑:目前這份敘事報告是否正確,或是否存在有待發現的其他基本事實,以及是否與亞馬遜領導原則相符。舉例來說,假設一份敘事報告寫道:「我們的友善顧客型退貨政策,允許顧客在購買日起的六十天內可以退貨,而競爭對手通常提供三十天內退貨。」忙碌的高階主管在大略閱讀時,忙著想下一場會議,所以對這個陳述感到滿意並繼續看下去。但是,有批判思考能力的讀者會質疑撰寫者隱含的假設,意即允許較長退貨時間讓顧客感覺這項政策是友善的。這項政策可能比競爭者的政策更好,但實際上對顧客友善嗎?然後在討論時,這位具批判性思考的讀者可能會問:「如果亞馬遜真的以顧客至上,為什麼我們要懲罰99%的誠實顧客,讓他們等到我們的退貨部門收到退貨物品,並確保物品完好無損,才退款給顧客?」這種假設敘事陳述有問題的思維,讓亞馬遜創造輕鬆退貨政策,該政策規定,即使在亞馬遜還沒收到退貨前,顧

客就應該獲得退款。（這種退款政策，反而讓顧客收到退款卻不將物品退回的比例降低。）這是另一個實例，說明你不需要貝佐斯，就能將這種嚴謹的批判性思考方式應用到貴公司的構想評估會議上。

關於敘事報告，還要注意……

敘事報告旨在增加組織有效溝通的數量和品質，而且這種做法的效益超越傳統方法好幾倍。撰寫這樣紮實的敘事報告，不但耗費心思，也要承擔風險。出色的敘事報告需要許多天才能寫完。撰寫敘事報告的團隊針對主題深思熟慮寫出初稿，開始傳閱並加以審查，然後重複這個步驟修改敘事報告，最後抱著忐忑不安的心對管理高層和同儕說：「我們盡最大的努力寫出這份敘事報告。請告訴我們還有哪些不足之處。」首先，事實證明光是這種開放的心胸就很驚人。

但是如同我們所看到的，這種模式也把責任和期望加到與會者身上。他們必須徹底客觀的評估構想，而不是針對團隊或口才，並且要提出建議改進構想。會議的工作成果最終是簡報者和與會者一起努力完成的，大家都支持這個構想。討論階段的沉默等於認同所呈現的內容，但針對內容進行激烈批判也同樣重要。

　　如此一來，簡報者和與會者就可以跟提案後續成敗、或團隊業務分析正確與否緊密相連。檢視亞馬遜取得的任何重大勝利時，請記住，每次的重大成功都經歷多次敘事報告審查，與會者和團隊都可能做出有意義的貢獻。相反的，對於每個失敗的提案或不正確的分析，也有一些資深領導人看過並表示：「有道理」，或「是的，這應該可行。」無論是哪種情況，如果敘事報告流程發揮最大潛能，成敗我們就能一起承擔。

第 5 章

逆向工作法

以顧客期望的體驗為起點

本章重點：

● 以顧客為起點，逆向倒推工作內容。

● 這種做法聽起來簡單，做起來卻不容易，但這是通往
  創新和取悅顧客的明確途徑。

● 逆向工作的實用工具：在打造產品前，先撰寫新聞稿
  和常見問答。

　　從2004年起，亞馬遜大多數主要產品和提案都具備一
項亞馬遜特有的共同點，那就是都經歷過一個名為逆向工作
法的流程。逆向工作法對亞馬遜公司的成功至關重要，所以
我們以此作為書名。逆向工作法是一種系統化方法，可以審
核想法並創建新產品。逆向工作法的主要宗旨是，從定義顧
客的體驗開始，反覆進行逆向工作，直到團隊搞清楚要創建
什麼產品。其主要工具是書面敘事報告的第二種形式，稱為
新聞稿和常見問答（PR / FAQ）。

　　我們兩人目睹逆向工作法的誕生。在啟動逆向工作法
時，柯林擔任貝佐斯的影子顧問，在後續十二個月內，他參
加向貝佐斯報告的各個會議。比爾的經驗則是在推動這個方

法的初期，透過應用和改善逆向工作法概念，協助開發亞馬遜各項數位媒體產品。

反覆實驗就成功了

擔任貝佐斯的影子顧問，有點像打開消防栓喝水。我（柯林）很早就注意到這項工作有一個驚人的挑戰，就是每天要進行許多次環境背景的轉換。每週貝佐斯（跟我）參與三次定期會議：前一章提到要開四個小時的最高領導團隊會議、每週一次的業務檢討會議（詳見第6章），以及週一早上跟最高領導團隊在辦公室附近的非正式早餐會議。除了這些會議之外，我們每天通常會跟二到四個產品團隊碰面，花一到兩個小時深入研究新產品和功能。偶爾進行零售、財務和經營的狀態更新，再加上一、兩次必須立即關切的緊急事項，通常每週就是這樣忙得團團轉。

產品團隊會議往往占用一週可用的絕大部分時間。貝佐斯和我在跟任何特定團隊開會時都必須跟上進度，所以每個產品會議剛開始的部分，可以視為準備成本。然後我們討論從上次會議以來取得的進展，提出問題並回答問題，以及討論新事項或新問題，並對下次開會前團隊需要解決的問題達成共識。儘管每個人都立意良善，但會議經常容易出錯，而

且效率不彰。有時,「準備時間」會耗掉太多會議時間,比方說:團隊有權利為最近的成就感到自豪,卻讓我們沒有時間聆聽必須知道的重要決定。所以,等到團隊開始討論正題時,已經沒有足夠時間處理真正需要完成的工作。有時,我們也太晚才發現團隊沒有照著貝佐斯的想法去做,偏離上次會議達成的共識。發生這種情況時,每個人都沮喪萬分,更不用說浪費寶貴的時間。

正如我先前提到的,身為貝佐斯的影子顧問,我的職責是幫助他盡可能提高工作效益。我們必須改善這些產品會議的各個階段,也必須在會議開始的準備過程中,迅速準確的掌握正確資訊。然後,我們必須專注於最重要的議題,會議就這樣依序進行。最後,我們必須制定一個清晰的方向,讓團隊在下次會議前有所依據。如果這些事情能夠做到,那對大家來說將是一場巨大的勝利。我們將更有效的解決難題,協助迅速做出更高品質的決定。隨著明智做決策速度增加,貝佐斯就可以有時間跟更多團隊深入討論。

當我試圖協助解決所有問題時,貝佐斯正將大部分的時間投入亞馬遜的數位轉型,以及打造AWS的雛型。

所以我的目標不容易達到,需要好幾個月反覆實驗。貝佐斯嘗試過許多不同的構想,其中有些構想看似瘋狂,譬如:撰寫使用手冊或應用程式介面指南作為專案的起點,這

完全仰賴實體模型和其他做法，以將專案成果視覺化。我記得接到非技術產品經理抓狂的電話說：「柯林，我下週要跟貝佐斯開會。你能傳一份很棒的使用手冊範例給我嗎？對了，我還必須寫一種叫作應用程式介面指南的東西，但我根本不知道那是什麼！」後來，我們並未採用這些實驗格式，當我們意識到這些做法適得其反時，就馬上停止了。

最後，最有效的做法是仰賴亞馬遜「顧客至上」的核心原則，以及撰寫敘事報告這種既簡單又具變通性的方式。這兩個要素形成逆向工作法，藉由撰寫假設產品宣布上市的新聞稿，以及一份常見問答，預先設想會遇到的棘手問題，以顧客體驗為起點，開始倒推工作內容。雖然接下來會以數位媒體團隊的經驗，說明逆向工作法的演變，但其他團隊也經歷類似的過程。匯集這些團隊的經驗，讓我們能持續改善逆向工作法，打造其最終的形式。

實體模型在哪裡？

數位媒體產品上市

2004年，我（比爾）是被選為創建和領導亞馬遜數位媒體組織的領導人之一。我渴望推出擁有數位音樂、電影和電視節目的新商店。我也需要改造電子書商店，這個商店於

2000年上線，當時營業額很小，因為電子書只能在個人電腦上閱讀，而且售價比紙本書還貴。

當時，我認為數位媒體的上市流程基本上跟亞馬遜的其他新業務相同，譬如：玩具、電子產品和工具，只是「擴展類別品項」而已。這些產品的上市流程簡單易懂，團隊蒐集數據以建立品項目錄，與供應商建立關係來確定供應商，接著制定價格，為新類別產品頁面建構內容，然後上市。這項工作並不容易，但我們並不是從頭開始創造新商店或顧客體驗。

後來我才知道創建數位媒體事業的過程截然不同，因為還要創造很多數位媒體顧客體驗，不是只在亞馬遜網站零售類別增加品項罷了。

這個過程的第一個部分如常進行。我們的三人團隊或四人團隊使用久經考驗、當時企管碩士愛用的做法進行規畫：蒐集有關市場商機大小的數據，建構財務模型來預測每個類別的年銷售額，並假設數位產品銷售額所占的比例逐年攀升。我們假設跟供應商拿貨的商品成本，計算毛利率；也根據支援業務運作所需的團隊規模，預測營業利益率。我們概述與媒體公司的交易，草擬定價參數，並描述這項服務如何吸引顧客。我們將所有內容放入製作精美的PowerPoint投影片（當時再過幾個月才改用敘事報告）中，並用Excel試算

表列出許多數據。

我們跟貝佐斯開過幾次會來介紹構想。在每次會議時，他會認真聽我們說的話，也會提出問題深入了解，並研究財務資料。但他似乎從未滿意或被說動。他發現提案只是在描述如何服務顧客的細節，最後，不可避免的，他會問：「實體模型在哪裡？」

貝佐斯指的是視覺表現（visual representation），可以確切在亞馬遜網站上展現新服務的外觀。實體模型應該詳細，顯示從造訪頁面到購買的整體顧客體驗，包括螢幕設計、按鈕、文字與點擊順序等等。為了創造能提供資訊和有意義的實體模型，你必須仔細考慮這項服務將提供的所有要素，會為顧客帶來什麼樣的體驗，以及所有功能會如何在頁面上運作。這需要大量工作來考慮整個業務，還需要更多工作來設計並改善視覺效果。

我們沒有任何實體模型。我們只是想說服貝佐斯給予機會，向他展示這些數位媒體事業可能大有前途，請他撥一筆預算並批准開始建立團隊。只要他一聲令下，我們將會處理顧客體驗和其他細節。但是，如果貝佐斯想看實體模型，那你最好聽命行事。

幾週後，我們再次跟貝佐斯開會，還提出一些粗略的實體模型。貝佐斯仔細聆聽簡報，然後開始針對每個按鈕、用

字措詞、鏈接和顏色提出詳細問題。針對數位音樂,他問我們的服務如何比 iTunes 更好?針對電子書,他想知道電子書要花多少錢?他問顧客是否能夠在平板電腦或手機上閱讀電子書,就像在個人電腦上那樣。

我們像以前一樣的回答。我們還沒有弄清楚所有狀況!我們只需要他的批准,就可以聘請團隊開始與媒體公司協商交易,並推出服務。貝佐斯當然不滿意這個答案,一點也不滿意。他想確切知道我們打算創造什麼服務,以及對顧客來說,這項服務如何比競爭對手提供的服務更好。他要我們在開始雇用團隊、建立供應商關係或打造任何東西之前,先了解這些細節。

顯然,半調子的實體模型沒有更好,也許還比沒有實體模型更糟糕。對貝佐斯來說,半調子的實體模型就是思考不周全的證據。在這種情況下,貝佐斯往往很快以強硬的措詞表達自己的觀點。貝佐斯希望我們知道,不能求快找最便捷的途徑來尋求這個機會。我們必須仔細考慮這個計畫。

我們回去努力工作。愈深入探究,我們就愈清楚知道數位媒體將與亞馬遜的其他事業不同。明顯的區別是,我們不必用棕色紙箱寄包裹給顧客,而是透過網路下載交付產品。那是最不複雜的部分。我們也必須找到絕佳的方式,讓顧客購買後,得以管理、閱讀、收聽或觀看這些數位媒體產品。

這將需要自訂應用程式和硬體。

當我們繼續跟貝佐斯開會時，即嘗試用各種試算表和 PowerPoint 投影片，以呈現和探討我們的構想，但這些做法似乎都不是特別有效。後來有一次會議時，我不記得確切時間，貝佐斯建議下次會議的方法：他要我們把試算表和投影片擺一邊。取而代之的是，團隊每位成員都要撰寫一份敘事報告，在報告中針對數位媒體事業的設備或服務，提出最棒的構想。

在下次會議上，我們所有人都拿出敘事報告。（同前所述，我們是公司內部參與初期實驗、採用敘事報告的幾個團隊之一。當時敘事報告尚未成為亞馬遜的正式政策。）我們分發敘事報告並開始閱讀這些文件，然後彼此討論。其中一個電子書閱讀器提案將使用新的電子墨水螢幕技術（E Ink screen technology）。另一份敘事報告則介紹 MP3 播放器的新外觀。貝佐斯自己也寫了一份敘事報告，提出他稱為亞馬遜小精靈（Amazon Puck）的設備。這個設備放在檯面上，可以回應語音命令，譬如：「Puck，幫我訂一加侖牛奶。」然後，Puck 會從亞馬遜下訂單。

這種流程的重大啟示，並不是關於任何一個產品構想。正如我們在第4章描述的那樣，敘事報告本身就是一大突破。我們已經讓自己擺脫 Excel 的量化需求、PowerPoint 的視

覺效果，以及個人表現的干擾作用。構想必須以書面敘事報告呈現。

寫下我們的構想是一件苦差事。這項工作要求我們要周延準確。我們必須描述功能、價格與服務如何奏效，以及消費者為什麼會想要這項服務。不成熟的構想在書面上比在PowerPoint投影片中還更難以隱瞞，因為無法像口頭簡報那樣，透過個人魅力加以掩飾。

開始使用敘事報告後，我們的會議發生變化。討論的內容更多，細節也更多，因此會議討論更加熱絡，花的時間也更長。我們沒有太關注預估損益表和估算市場占有率。我們花很多時間討論服務和體驗內容，以及哪些產品和服務最能吸引顧客。

經過大量的實驗，加上參與敘事報告實驗的許多團隊在這方面累積的經驗，貝佐斯更進一步推動這個構想。如果我們把該產品概念的敘事內容當成新聞稿，會怎麼樣？通常，在傳統組織中，是在產品開發流程末端才撰寫新聞稿。工程師和產品經理完成工作後，「丟給」行銷和銷售人員，由後者從顧客的角度檢視產品，這時他們往往是第一次見到產品。他們撰寫新聞稿，描述殺手級功能和驚人的好處，旨在創造風潮引起注意，最重要的是讓顧客躍躍欲試，趕緊購買。

在這個標準流程中，工作順序是順向進行。領導人想出一種對公司有利的產品或業務，然後嘗試藉此構想，解決先前未滿足的顧客需求。

貝佐斯相信，這種做法可能導致一些令人不悅結果。為了表達自己的觀點，他以索尼（Sony）作為假設案例。假設索尼決定推出新電視。銷售和行銷團隊已經對顧客偏好和市場趨勢進行研究（但不一定是顧客體驗），而且確定索尼應推出四十四吋電視，售價1999美元。但是，工程團隊在開發新電視方面花了相當長的時間，他們一直把注意力放在畫質，這表示他們追求更高的解析度，而沒有特別關注價格。他們開發的電視光是製造成本就高達2000美元，所以零售價不可能是1999美元。

如果這兩個團隊在流程開始時，透過撰寫新聞稿來溝通，就不得不在功能、成本、顧客體驗和價格等方面達到共識。然後，他們必須逆向倒推，弄清楚要打造什麼產品或服務，而在產品開發和製造過程中會面臨的挑戰，就會一一浮現。

Kindle新聞稿

Kindle是亞馬遜數位媒體事業推出的第一款產品，跟

AWS的幾項產品一樣，是亞馬遜最早使用新聞稿做法開發的產品或服務。Kindle在許多方面都是一大突破。它使用電子紙顯示器，顧客可以直接從這個設備搜尋、購買和下載訂購的商品，無需連接到個人電腦或無線網路。跟當時可以購買的設備或服務相比，Kindle提供的電子書數量更多，而且價格更低。如今，這種功能已經是標準功能。但在2007年，Kindle堪稱開創先河。

不過，Kindle並不是以這種方式開始的。在開發階段初期，我們還沒開始採用新聞稿的做法，也還在使用PowerPoint和Excel做簡報，我們不是以顧客的角度，描述可執行這些功能的設備。我們專注於技術挑戰、業務限制、銷售和財務預測，以及行銷機會。我們正在努力發明一種對亞馬遜有利、而不是顧客有利的產品。當撰寫Kindle新聞稿並採用逆向工作法時，一切都為之改觀。我們專注於對顧客來說很棒的功能，譬如：可帶來絕佳閱讀體驗的舒適螢幕、可輕鬆購買和下載書籍的訂購流程、可選購的電子書籍數量龐大，而且售價低廉。要不是新聞稿流程迫使團隊針對顧客問題發明多種解決方案，我們永遠無法實現顧客體驗所需要的突破。（我們在第7章會講述開發Kindle電子書閱讀器的完整故事。）

當我們愈擅長使用逆向工作流程，就能優化新聞稿，並

增加第二個要素：常見問答。也就是提出問題，當然也附上答案。

　　常見問答部分的演變，同時包含外部問題和內部問題。外部常見問答是預期媒體或顧客會提出的意見。例如：「我可以在哪裡買到亞馬遜新推出的智慧音箱Echo？」或「語音助理Alexa如何發揮功用？」

　　內部常見問答是團隊和領導團隊會提出的問題。例如：「如何製作配備高畫質顯示器、售價1999美元、毛利率25％的四十四吋電視？」或是「如何製作Kindle電子書閱讀器，讓顧客無須跟電信網路業者綁約，就能連接電信網路下載電子書？」或是「為了進行這項新計畫，需要另外雇用多少軟體工程師和數據科學家。」

　　換句話說，在「常見問答」的部分，撰寫者分享從消費者的角度看待計畫細節，並從內部經營、技術、產品、行銷、法律、業務開發和財務等觀點，解決各種風險和挑戰。

　　有關逆向工作法的文件，後來成為所謂的新聞稿和常見問答。

新聞稿和常見問答的功能與優點

　　新聞稿和常見問答流程的主要目的，是從內部和公司

的觀點，轉變為顧客的觀點。顧客經常被推銷新產品，但為什麼這個新產品夠吸睛，足以讓顧客採取行動並購買？在新聞稿中檢視產品功能時，高階主管常問的問題則是「那又怎樣？」如果新聞稿中沒有描述產品確實比現有產品更好（更快、更容易、更便宜），或是能讓顧客體驗逐步改變，那就不值得投資。

新聞稿為讀者提供顧客體驗的重點。常見問答提供顧客體驗的重要細節，以及清晰周全的評估公司打造這項產品或創造這項服務，將花掉多少費用和面臨哪些挑戰。這就是為什麼亞馬遜團隊為新聞稿和常見問答至少撰寫十次草稿，跟最高領導團隊至少開五次會議，反覆討論並改善構想，這種情形很稀鬆平常。

新聞稿和常見問答流程為快速迭代和整合意見打造一個框架，並加強一種以詳細數據為導向、以事實為依據的決策方法。我們發現這種流程可用來發展構想和提案，譬如：新的薪酬政策。同時，這種流程也可以用來開發產品和服務。一旦貴公司學會如何使用這個有價值的工具，就會漸漸上癮，人們開始將這種流程用在所有事情上。

經年累月下來，我們修訂並規範新聞稿和常見問答。新聞稿部分幾乎總是一頁就解決，常見問答最多五頁。寫更多頁或更多字並不會加分。

　　新聞稿和常見問答流程的目的，不是要解釋自己將這項工作做得多出色，而是要分享對這項工作去蕪存菁後的想法。

　　以撰寫新聞稿維生的人，或是做過專業編輯的人，都知道盡可能言簡意賅的重要性，但是產品開發人員未必了解這一點。在採用新聞稿和常見問答流程初期，人們常犯的一個錯誤是，以為寫愈多愈好。他們會寫出冗長的文件，附上一頁又一頁的敘述，並在附錄中穿插圖表和表格。至少從撰寫者的角度來看，這樣做的好處是把所有工作呈現出來，並讓他們不必費心判斷什麼重要、什麼不重要，這些事情就留給團隊決定。但是，就像我們在介紹敘事報告時用到的措詞，限制文件長度是一種強制功能，我們已經看到這種做法培養出更優秀的思考者和溝通者。

　　新聞稿和常見問答的創作，是從提出構想或為專案撰寫初稿開始。當新聞稿具備可以分享的條件時，撰寫者就召開一個小時的會議，由利害關係人審查文件並提供意見。在會議上，以書面文件或電子檔等形式分發新聞稿和常見問答，每個人開始專心閱讀。看完之後，撰寫者請大家提供意見。在會議中，最資深的主管往往最後發言，以免影響他人。

　　當每個人都提供簡短意見後，撰寫者要求逐行逐段提出具體意見。對細節的討論是會議的關鍵部分。人們提出一

些棘手問題，大家針對關鍵構想和表達方式進行激烈辯論和討論。大家指出什麼事情該忽略、什麼事物該補足。會議結束後，撰寫者將包括回饋意見在內的會議紀錄分發給所有與會者。然後，大家進行修訂，並納入針對回饋意見做出的反應。接著將修改後的新聞稿上呈給公司領導高層。於是，就有更多的回饋意見和討論，再來可能需要更多修訂和召開更多會議。

　　無論回饋意見多具建設性又多麼公正，新聞稿和常見問答的審核流程都可能令人備感壓力。因為撰寫者想的和審查者想的總會有差距！需經過審慎考量是否可行的新聞稿和常見問答，往往需要多次修改並與領導團隊開會。負責督導新聞稿和常見問答撰寫者的資深經理、處長和領導高層成為熟練的評估者，也對流程做出貢獻。他們閱讀的新聞稿和常見問答愈多，經由這個流程開發和推出更多產品，就愈有能力確定撰寫者的想法是否有遺漏和缺陷。所以，這個流程會產生一些主要評估者，這個層級的評估者負責審查並加強構想，並能讓有貢獻的個人到執行長等專案相關人員齊心協力。這樣做也增加專案獲得批准和資助的可能性。另外，你應該規畫對新聞稿和常見問答文件進行許多修訂，即使在專案正式開始後，還是能藉由修訂來反映變化和新要素。

範例：藍公司（Blue Corp）宣布推出智慧郵箱每立達（Melinda）

每立達旨在安全接收和保存上網購買的所有包裹和生鮮雜貨。

2019 年 11 月 5 日
喬治亞州亞特蘭大，新聞通訊

今天，藍公司宣布推出智慧郵箱每立達。這個智慧郵箱旨在確保您的線上購物和生鮮雜貨安全無虞並獲得適當冷藏。有了每立達，您不再需要擔心送貨上門被偷或生鮮雜貨腐敗。另外，您的包裹送達後，您會立即接獲通知。每立達配備智慧科技，而且只賣 299 美元。

如今，有 23％的線上購物者表示曾有包裹放在門口被偷的經驗，有 19％的人抱怨生鮮雜貨店送的貨品腐敗。由於這些問題無法輕鬆解決，顧客只好放棄並停止線上購物。

每立達憑藉其智慧科技和隔熱性，讓包裹被偷和生鮮雜貨腐敗不再發生。每立達配備攝影鏡頭和喇叭。當快遞員到達您的住處，每立達告訴快遞員拿起包裹靠近鏡頭。如果條碼有效，郵箱前門就會打開。然後每立達指示快遞員將包裹放入郵箱內，並將郵箱前門關上。每立達底座內置的電子秤可以確認交貨重量與您訂購的商品重量相符。快遞員會收到語音確認，您購買的物品就被安全儲存。接著，每立達會傳一則簡訊給您，讓您知道物品已經收到，並附上快遞員交付包裹的影片。

您回到家並準備取出貨品時，使用內建指紋辨識器解鎖就能打開郵箱前門。每立達可以採集並辨識多達十個已儲存的指紋，好讓您的所有家庭成員都可以使用每立達。

您是否使用Instacart、亞馬遜或沃爾瑪（Walmart）進行線上採買生鮮雜貨？如果是的話，您是否厭倦購買的生鮮雜貨在烈日下腐敗變質？每立達讓您的冷藏食品和冷凍食品保持低溫。每立達的箱子有兩英寸厚，並使用最棒的冷卻器，讓您的生鮮雜貨保持長達十二小時的低溫。

每立達僅需要幾英尺的空間，可輕鬆安裝於您的門

口或門前階梯，您可以選擇各種顏色和表面處理，讓每立達成為您房屋外觀的吸睛處。

「對上網購物者來說，每立達是在安全性和便利性方面的一大突破，」藍公司執行長麗莎・莫里斯（Lisa Morris）說，「在打造每立達時，我們結合許多最新技術，並將售價壓低到299美元。」

「每立達救了我，」經常上網購物、也是Instacart顧客的珍妮特・托馬斯（Janet Thomas）這樣說，「當包裹在前門被偷時，我真的很沮喪，聯絡客服人員取得退款可能很花時間。我每週都用Instacart訂購生鮮雜貨，但貨送來時，我經常不在家。我很高興得知每立達可以讓我的包裹既安全又保鮮。我挑選表面是天然柚木的每立達，它跟我的門廊超搭。」

要訂購您的每立達，只需要造訪keepitcoolmelinda.com或上amazon.com、walmart.com，或洽詢其他知名零售商。

內部常見問答

問：估計消費者對每立達的需求有多大？

答：根據我們的調查，估計在美國、歐洲和亞洲有一千萬個家庭，想以299美元的價格購買每立達。

問：為什麼299美元是正確價位？

答：現今市場上並無可以直接比較的產品。一種類似產品是亞馬遜鑰匙（Amazon Key），它允許快遞員利用智慧鑰匙技術，將包裹送進您家裡、車庫或後車廂。另一個類似的產品是智慧門鈴Ring Doorbell，價格從99美元到499美元不等。我們是依據顧客調查和焦點團體訪談（focus groups）並確保獲利，訂出這個價格。

問：每立達如何辨識包裹上的條碼？

答：我們將支付綠公司（Green Corp）每年10萬美元的費用，獲得授權使用條碼掃描技術。另外，我們需要開發一個應用程式介面，這樣我們就可以將每立達顧客帳戶跟任何電子商務供應商（亞馬遜、沃爾瑪、eBay、OfferUp等）連結，由其提供線上購物商品或快遞貨件的追蹤碼。然後，我們可以用包裹追蹤碼辨識條碼，知道每項商品的確切或估計重量。

問：如果顧客收到電子商務供應商的訂單，但還沒有跟帳戶連結怎麼辦？

答：我們會讓顧客輕鬆連結他們的訂單，因為我們會為
　　　每立達顧客提供瀏覽器外掛程式，可檢測到顧客向
　　　電子商務供應商下訂單，然後就將他們的帳戶和訂
　　　單詳細資訊連結到每立達。

問：為什麼像亞馬遜和沃爾瑪這樣的電子商務供應商願
　　　意跟我們分享這些包裹的運送細節？這對他們有什
　　　麼好處？

答：我們相信可以說服他們，這樣做能提升顧客體驗並
　　　增加銷售。此外，我們將跟他們的業務和法律團隊
　　　緊密合作，確保以符合其嚴格要求的方式處理顧客
　　　數據。另外，我們將提供一個簡單的用戶介面，供
　　　顧客複製追蹤碼，並將每個追蹤碼從電子商務供應
　　　商複製到每立達應用程式。

問：如果顧客一天收到好幾個包裹，該怎麼辦？

答：每立達每天可以接收多次交貨，直到郵箱滿了為止。

問：如果包裹太大，放不進每立達郵箱，該怎麼辦？

答：超過2×2×4英尺的包裹不適用。每立達仍然可以
　　　記錄快遞員並掃描條碼，但包裹就存放在每立達郵
　　　箱外面。

問：每立達如何防止快遞員偷走先前送到並放入每立達

郵箱的物品？

答：有幾種方法。首先是前置攝影鏡頭記錄任何活動或使用每立達的過程。第二種方法是，郵箱底部的電子秤用於檢測包裹的重量，並確認包裹是否與訂購的商品相符。如果一天內要完成多次收貨，每立達知道第一批貨物的重量和下一批貨物的預估重量，因此如果淨重較少，每立達就知道快遞拿走東西，便會發出警報。

問：每立達的預估物料清單（bill of material, BOM）或製造成本是多少？每單位利潤是多少？

答：每立達的製造成本為250美元，這表示每單位利潤為49美元。每立達最貴的零件是外殼和絕緣材料（119美元），還有指紋辨識器（49美元）和電子秤。

問：每立達使用什麼電源供應方式？

答：每立達需要標準的交流電源插座。

問：製造每立達需要多大規模的團隊？

答：我們估計，需要七十七人組成的團隊，每年費用為1500萬美元。製造每立達需要幾個團隊參與，可分為硬體團隊和軟體團隊。在硬體方面，我們需要處理下列事項的團隊：

- 實體外殼，顏色選擇和表面處理（六人）
- 整合各種智慧和機械元件，包括指紋辨識器、相機、自動（開／關）門、喇叭和攝影鏡頭（十二人）

在軟體方面，我們需要一個團隊負責每個新服務器。以下是我們目前對需要的團隊以及每個團隊應有的人數，包括產品經理、工程師、設計人員等的評估：

- 給快遞員的語音命令（十人）
- 指紋採集和儲存（八人）
- 包裹追蹤和物品重量細節（十一人）
- 條碼讀取器（七人）
- 將電子商務帳戶連結到每立達的應用程式介面（十二人）
- 用於帳戶連結的瀏覽器外掛程式和網站介面（五人）
- 適用於iOS和安卓系統（Android）的每立達應用程式（六人）

這個虛構的新聞稿和常見問答案例，旨在說明新聞稿和常見問答撰寫者和讀者應該考慮的種種想法和問題。

每立達這個產品本身既實際又不切實際。包裹被偷和生鮮雜貨腐敗的嚴重問題確實存在（儘管案例裡的調查統計數字是虛構的），而且每立達的各種組件和技術都已存在。同前所述，每立達不切實際，因為幾乎可以肯定的是，成本被低估了（產品太過複雜），以及該產品的整體潛在市場可能很小。

但是，這個案例讓我們得以說明新聞稿和常見問答流程，可以藉由強迫撰寫者考慮並記錄所有要素和限制，包括（但不限於）消費者需求、整體潛在市場、單位經濟效益和損益、關鍵依賴關係和可行性（製造產品會面臨多大的挑戰），來協助評估任何新產品的存續性。要完成出色的新聞稿和常見問答，撰寫者必須清楚考慮並努力解決每個問題，並針對每個問題找出真相且徹底了解。

新聞稿的組成要素

以下是新聞稿的關鍵要素：

標題：以讀者（即目標顧客）能了解的一句話當標題。

「藍公司宣布推出智慧郵箱每立達。」

副標題：描述產品的目標顧客，以及他們將從使用每立達獲得哪些好處。副標題只有一句話，列在標題下方。

「每立達旨在安全接收和保存上網購買的所有包裹和生鮮雜貨。」

摘要段落：寫出城市、媒體通路和建議上市日期。提供產品和效益的摘要。

「2019年11月5日於喬治亞州亞特蘭大，新聞通訊。今天，藍公司宣布推出智慧郵箱每立達。這個智慧郵箱旨在確保您的線上購物和生鮮雜貨安全無虞，並獲得適當冷藏。」

問題段落：在此描述產品旨在解決的問題。確保從顧客的角度撰寫這部分內容。

「如今，有23％的線上購物者表示，有過包裹放在門口被偷的經驗，有19％的人抱怨雜貨店送的貨品腐敗。」

解決方案段落：詳細描述產品，以及產品如何簡單輕鬆的解決顧客的問題。針對更複雜的產品，可能需要好幾個段落做說明。

「有了每立達，您不再需要擔心上網購買的物品被偷⋯⋯」

報價和入門方式：增加公司的報價，以及一位虛構顧客描述使用新產品獲得的好處。說明開始使用有多麼容易，並提供官網產品頁面的連結，讓顧客可以獲得更多資訊並購買產品。

「對上網購物者來說，每立達是在安全性和便利性方面的一大突破⋯⋯」

常見問答的組成要素

跟新聞稿不同，常見問答部分的格式更自由，沒有制式格式。常見問答部分通常不包括視覺效果，但包含表格、圖形和圖表。你必須列出針對新業務或產品的預估損益表。如果你有高品質的實體模型或網頁示意圖，可以列進附錄。

常見問答通常分為外部（以顧客為主）和內部（以公司為主）。外部常見問答是顧客和（或）媒體會針對產品提出的問題。這些問題包括：產品如何使用的詳細問題、售價多少，以及如何購買和在何處購買。由於這些問題因產品而異，是個別新聞稿和常見問答所獨有。關於內部常見問答，有一個更標準化的主題清單，列出必須涵蓋的主題。以下是經常要處理的一些領域。

消費者需求和整體潛在市場

- 有多少消費者有此需求或問題？
- 需求有多大？
- 有多少消費者認為這個問題大到讓他們願意花錢解決？
- 如果是這樣，他們願意花多少錢？
- 使用此項產品的消費者有什麼特徵、是否受到能力或限制條件影響？有多少這樣的消費者？

這些消費者問題將讓你藉由篩選出不符合產品限制的顧客，找出核心顧客。以每立達為例，你會將以下顧客排除在外：

- 前門沒有足夠空間存放產品。
- 沒有門廊或類似的戶外區域連結到街上（譬如，大多數公寓居民）。
- 沒有合適的電源。
- 不適合在門口放置大型儲存空間或郵箱。
- 不會收到很多包裹或需要冷藏的物品。
- 居住區域不會發生包裹被偷的情況。
- 沒有興趣或沒有能力支付299美元來滿足這個需求。

只有少數人會通過這些篩選，並被認為屬於整體潛在市場。

研究這些問題（譬如：在特定區域有多少獨棟住宅？）可以幫助你估算整體潛在市場，但就跟其他研究一樣，會有較大的誤差範圍。新聞稿和常見問答的撰寫者和讀者終究必須根據蒐集的數據，以及對其相關性的判斷，決定整體潛在市場的大小。以每立達為例，這個過程可能會得出這樣的結論：其實整體潛在市場可能很小。

經濟數據與損益表

- 設備的單位經濟效益為何？也就是說，每單位的預期

毛利率和貢獻利潤是多少？

- 產品價格設定的基本原理為何？
- 在人員、技術、存貨、倉庫空間等方面，我們必須先投入多少資金，才能打造這項產品？

針對新聞稿和常見問答的這個部分，最好有一位或多位財務團隊成員一起合作，了解並掌握成本，這樣你就可以在文件中包含一份單位經濟效益的簡化表格和迷你版的損益表。如果沒有財務主管或財務團隊，足智多謀的企業家或產品經理也可以自己完成這項工作。

針對新產品，前期投資是主要考量因素。以每立達為例，需要七十七個人從事硬體和軟體方面的工作，每年的費用大約1500萬美元。這表示產品構想需要有每年賺取超過1500萬美元毛利的潛力，才值得投資。

消費者問題和經濟分析都會對產品的價格產生影響，而這個價格又會對整體潛在市場規模產生影響。

在撰寫新聞稿和常見問答時，價格是關鍵變數。計算價格時，你可能會採用一些特殊假設或考慮因素，算出的價格可能相對較低或出乎意料的高，需要特別指出並加以解釋。一些出色的新產品提案會設定價格上限，迫使團隊在這種限制下進行創新，並盡早面臨艱難的取捨。跟訂定價格有關的

問題，應在常見問答中充分說明和探討。假設你對每立達的研究引導你得出結論，要實現最大的整體潛在市場，需要價格不超過99美元的商品。但根據物料清單計算，製造成本就要250美元。現在，你在提案時有兩種選擇。

首先，更改規格，刪除功能或採取其他措施，將製造成本降低到99美元以下。其次，制定財務計畫顯示產品上市初期的嚴重損失，但同時表明當產品達到經濟規模，製造成本大幅降低，或透過一些額外收入來源（例如，相關服務或訂閱），就能彌補原先的損失。

依賴關係

- 我們如何說服快遞人員（美國郵政〔USPS〕、優比速〔UPS〕、聯邦快遞〔FedEx〕、亞馬遜物流服務、Instacart等）願意使用這項設備，而不是沿用目前或標準的配送方式？
- 我們如何確保快遞人員（他們不是為你工作，也不在你的掌控範圍內）適當的使用每立達用戶介面，不嫌麻煩的將包裹放進每立達郵箱內，而不是像往常一樣，將包裹留在前門？
- 這種做法不是比目前的配送方式更花時間（對快遞人

員來說，時間很寶貴）？

- 為了讓每立達兌現承諾的功能，我們必須依賴哪些第三方技術？

經驗不足的產品經理常犯的錯誤是，沒有充分考慮第三方業者有自己的應辦事項，該利用什麼誘因讓他們願意參與提案的產品或構想，或是可能引發什麼法規或法律問題。

以每立達為例，第三方業者扮演的角色就是一大問題。每立達能否成功，有很大程度取決於第三方業者的參與和適當的執行。沒有正確的包裹追蹤數據，以及擁有該數據的公司和快遞公司快遞人員都願意配合，每立達就派不上用場。另一種替代方式是，顧客自己將每個包裹追蹤碼輸入每立達應用程式中，但顧客不太可能這樣做。即使這樣做了，仍然需要快遞人員願意並能夠使用每立達。出色的新聞稿和常見問答如實且準確的評估這些依賴關係，並描述解決這些依賴關係的特定概念或計畫。

可行性

- 我們必須解決哪些具挑戰性的產品設計、開發等問題？

- 我們必須解決哪些具挑戰性的顧客用戶介面問題？
- 我們需要解決哪些第三方依賴關係？
- 我們如何管理前期投資產生的風險？

　　這些問題旨在協助撰寫者向讀者釐清，開發新產品需要的投資水準和涉及哪種挑戰。這些標準因產品而異，在技術、法律、財務和第三方合作關係和顧客介面或顧客接受度所面臨的挑戰也各有不同。

　　以每立達為例，工程挑戰或許比較好處理，因為不需要開發新技術，用戶介面也很熟悉。第三方依賴關係是每立達能否順利運作的最大挑戰。

產品構想是否可執行？

　　值得一提的是，我們在亞馬遜工作期間，大多數新聞稿和常見問答從未進入實際產品上市的階段。這表示產品經理將投入大量時間探索無數的產品構想，卻無法讓構想通過。原因可能出在資源激烈競爭，每年在亞馬遜內部有成百上千份新聞稿和常見問答，爭奪資金和資源。不管資金是來自像亞馬遜這種大公司內部，或來自創投公司的投資者，只有最優秀的新聞稿和常見問答能脫穎而出，並優先取得資源。大

多數新聞稿和常見問答無法批准通過，這是一項功能，而不是缺陷。在還沒有投入寶貴的軟體開發資源前，先花時間想想產品的所有細節，然後確定不開發哪些產品，就能保留公司資源去打造能對顧客和公司產生最大效益的產品。

　　書面新聞稿和常見問答的另一個最大好處是，讓團隊能夠真正了解特定的限制和問題，以及它們如何阻礙新產品構想的可行性與一致性。在這個階段，產品團隊或領導團隊必須決定是否繼續進行這項產品提案，解決透過新聞稿和常見問答找出的問題和限制，並開發讓產品可行的解決方案，或是將產品提案擱置一旁。

　　以每立達為例，撰寫者和團隊當然會得出這項結論：基於許多原因，每立達不是一個可行的產品。無論產品價格是多少，整體潛在市場可能都太小。就算大多數顧客熟悉該項產品的功能，但使用起來可能太麻煩。再加上由亞馬遜和沃爾瑪提供數據可能不切實際，或是快遞員嫌麻煩不使用該產品。無論這項設備的整體潛在市場最後能發展到多大，但製造成本太昂貴，只賣299美元根本無法讓公司有利可圖。

　　這個流程讓產品團隊和公司領導團隊獲得徹底了解這項設備的機會，也明白什麼事情不要做，而不是什麼事情要做。清楚知道哪些事情不要做的原因，就跟清楚知道自己正在做什麼一樣重要。

在完成新聞稿和常見問答流程後，如果領導團隊仍然對產品有信心並希望落實產品構想，這個流程將能讓他們徹底了解哪些問題必須解決，才能繼續前進。也許可以透過併購或合夥關係解決問題，也許隨著時間演變，新技術出現就能解決問題，或是技術成本可能大幅降低。也許公司基於產品的整體潛在市場很大且獲利可觀，認為目前的問題或限制是可以解決的，所以願意承擔解決方案的風險和成本。

我們在使用新聞稿和常見問答流程解決產品構想中的問題時，貝佐斯經常提到最後一個考量。在我們進行的審查中，團隊可能發現一個不知如何解決的難題，也不知道我們是否可以解決。這時，貝佐斯會這樣說：「如果解決這些難題可以創造龐大的價值，那麼我們就不該害怕解決難題。」

總之，請切記，新聞稿和常見問答是一份即時文件。一旦獲得領導團隊的批准，仍然可以編修和更改（這個流程應由領導團隊主導或與領導團隊一起審查）。我們無法保證出色的新聞稿和常見問答中呈現的構想，將繼續發展成為實際的產品。誠如我們所言，只有一小部分的新聞稿和常見問答會批准通過。但這不是一個缺點。實際上，這是逆向工作流程帶來的一大好處，是一種經過深思熟慮，以數據為依據的方法，決定何時以及如何投資開發資源。產生和評估絕佳構想，就是逆向工作流程帶來的實質利益。

第6章

衡量指標

管控投入而非產出

本章重點：

- 為什麼隨著公司不斷成長，衡量指標日益重要？
- 指標的生命週期。
- 投入指標和產出指標之間的差異。
- 確保衡量指標不受偏見影響。
- 在業務檢討會議中使用衡量指標。
- 審核會議主要會遇到的陷阱。

我（柯林）跟貝佐斯曾經參觀一家財星五百大企業，並跟執行長在他的辦公室私下會面。在那次會談中，助理衝進辦公室遞給執行長一張紙條。執行長看了一眼，向我們揮揮手自豪的說：「我們公司的股價今天早上漲了3角！」他的心情大好，好像股價上漲是他一個人的功勞。

我們開車前往下一個會議地點時，貝佐斯說：「股價上漲3角，跟那位執行長根本沒關係。」我同意貝佐斯的話，並補充說：如果那天早上的股價沒漲多少，助理把很多紙條丟進垃圾筒也沒什麼好訝異。要是股價下跌3角，這種情場景還會出現嗎？我們將在本章探討的深入課題是：亞馬遜所

說的「產出指標」為何？執行長和公司通常都沒有能力直接控制產出指標。重要的是，專注於「可控制的投入指標」，意即你可以直接控制、且最終將影響產出指標（像是股價）的活動。

企業往往會關注到錯誤的訊號，或者即使掌握充分數據，也沒有能力洞悉關鍵業務的趨勢。在本章中，我們將說明如何選擇和衡量指標，讓你可以專心做好能推動事業往有意義、又有利的方向發展的活動。我們將檢視亞馬遜如何選擇衡量指標，並專注於可控制的投入指標。如果這些指標管理妥當，可以讓公司獲利成長。我們將討論亞馬遜如何呈現和解析數據，並說明嚴謹的指標權責如何推動當責制。我們還將分享在重視錯誤指標時學到的一些慘痛教訓，以及為什麼我們有時即使充分利用數據，還是一籌莫展。同時，我們也將說明公司若將注意力集中在錯誤的數據趨勢上，會發生什麼狀況。最後，我們會描述一些常見的陷阱。

跟前幾章介紹的主題不同，對於亞馬遜如何使用衡量指標來經營事業，這方面並沒有單一劇本或一套書面規則可循。我們討論的資料依據的是自己在亞馬遜工作的親身經驗，以及跟過去和現任亞馬遜資深領導高層的討論。

密切觀察業務動態

我們大略提過亞馬遜成長時遇到的困難。亞馬遜成立不久後就迅速成長，貝佐斯無法再用自己的眼睛視察所有流程的各個部分。第一手經驗和直接觀察被管理階層的代理人和制式報告取代。一些業務關鍵資訊（譬如新顧客數量和依類別劃分的銷售額）可以輕易取用和蒐集。但其他類型的資訊只能透過一系列臨時報告來得知。在這種情況下，我們很難迅速可靠的回答這個問題：「目前的業務趨勢如何？」

亞馬遜創立初期的故事令人著迷，而且每個指標的演變都有自己的故事，但我們現在直接將時間跳到2000年，亞馬遜締造27億6000萬美元的年營收，公司也以數據導向文化盛名在外。在第四季，我們的淨銷售額比去年同期成長44％。在亞馬遜，每天都有一場「戰情室」會議，資深領導人會分析三頁的指標簡報，找出我們為了順利因應可能會在假期中破紀錄的需求，應該採取哪些措施。這種簡報的一個關鍵組成部分是未交付訂單（backlog），也就是取得的訂單總和減去已出貨的訂單數量。未交付訂單指出，我們確保顧客在假期前收到禮物所需的工作量。這將需要大量人力全力以赴。公司許多員工被徵召到物流中心和客服中心工作。柯林在肯塔基州坎貝爾斯維爾（Campbellsville）的物流中心上

夜班，從晚上七點上班到早上五點半，並住在最佳西方飯店
（Best Western Hotel）遠距辦公，繼續進行他平常的工作。比
爾留在西雅圖，確保影音商店順利運作，每天晚上開車往南
行駛二‧五英里，在亞馬遜位於西雅圖的物流中心工作。

　　這種緊急狀態持續一段時間。如果我們過度承諾並接受
太多訂單，就會毀掉顧客的假期。如果我們承諾太少並停止
接受訂單，基本上是在告訴顧客去其他地方滿足假期需求。

　　假期逼近了，但我們做到了。那個假期過後不久，我
們舉行一次事後檢討，每週業務檢討會議（Weekly Business
Review，簡稱WBR）就是這次檢討的產物。每週業務檢討
會議的目的是提供更全面的觀察，以了解業務動態。

　　多年來，事實證明每週業務檢討會議非常有用，而且
在整個公司廣泛採用。我們接下來會說明每週業務檢討會議
如何建立及實施，讓亞馬遜得以每週持續改善。每週業務檢
討會議具有可分化為小規模但模式仍相似的特性，使我們可
以輕鬆用於各種情況，從小團體到數十億美元的企業都沒問
題。小團隊、各個業務部門，以及整個線上零售業務都有自
己的每週業務檢討會議。我們在此除了討論每週業務檢討會
議有何優點，也會指出在設計和執行時會犯的一些錯誤，包
括我們鑄下的大錯。儘管在本章中，我們將重點放在每週業
務檢討會議上，但相同的原理和技術也可以應用到任何需要

查看數據、以便協助做出明智決策之處。

衡量指標的生命週期

當零售、經營和財務團隊開始建構亞馬遜最初的每週業務檢討會議時，他們借重六個標準差（Six Sigma）的核心工具DMAIC，六個標準差是知名的流程改善方法。DMAIC是定義（Define）、衡量（Measure）、分析（Analyze）、改善（Improve）和控制（Control）的首字母縮略字。[1]如果你決定為自家業務實施每週業務檢討會議，建議你也可以依照DMAIC步驟去做。步驟順序很重要。依這種順序發展衡量指標的生命週期，可以防止很多挫敗並重做的可能，讓你更快實現自己的目標。

定義

首先，你必須選擇並定義要衡量的指標。選對指標將提供清晰、可操作的指引。選錯指標則會無法明確陳述公司正在做的所有事情。唐納德・惠勒（Donald Wheeler）在《理解變異》（*Understanding Variation*）中解釋：「在改善任何系統前……你必須明白投入會影響系統的產出。你必須能夠更

改投入（可能還有更改系統），才能實現預期的結果。這將需要持續的努力，保持一致的目標，並營造以持續改善為經營理念的環境。」[2]

亞馬遜將這個理念牢記在心，將大部分心力放在領先指標（我們稱之為「**可控制的投入指標**〔controllable input metrics〕），而不是落後指標（**產出指標**〔output metrics〕）。投入指標追蹤諸如選項、價格或便利性等事項，亞馬遜可以透過將物品增加到目錄、降低成本以便降低價格，或將掌握庫存以更快配送產品給顧客等行動，來控制這些因素。產出指標則是訂單、收入和利潤之類的東西，產出指標很重要，但長遠來看，往往不能以可持續的方式直接操控。投入指標衡量的是妥善完成、能為產出指標帶來理想結果的事項。

在談到亞馬遜最近推出的提案時，我們多次聽人說道：「在亞馬遜可以做到，因為亞馬遜不在乎利潤。」事實根本不是那樣。利潤對亞馬遜和其他任何大企業來說一樣重要。其他產出指標，譬如：每週營收、顧客總數、主要訂戶，以及（長期而言）股票價格，或更準確的說，每股自由現金流*，對亞馬遜都至關重要。早期的批評者誤以為亞馬遜很重視投入指標，對利潤不感興趣，他們聲稱亞馬遜注定會失敗。但後續幾年亞馬遜的驚人成長讓這些人跌破眼鏡。

飛輪：以投入帶動產出

2001年時，貝佐斯在一張餐巾紙上畫了下面這個簡單圖表，說明亞馬遜的良性循環，也稱為「亞馬遜飛輪」（Amazon flywheel）。

這張草圖受到吉姆・柯林斯（Jim Collins）的經典著作《從A到A+》（*From Good to Great*）中提及的飛輪概念所啟發。飛輪這個模型說明，一組可控制的投入指標如何驅動一個關鍵產出指標。在這裡的關鍵產出指標指的就是成長。在這個封閉循環系統中，當你將能量注入任何一個構成要素或所有構成要素時，就會讓飛輪旋轉得更快：

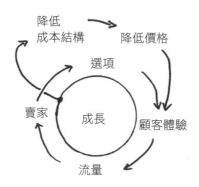

---

* 　譯注：指企業在不動用外部籌資的情況下，用自身經營活動產生的現金償還貸款、維持生產、支付股利以及對外投資的能力，因此每股現金流是一個評估每股收益「含金量」的重要指標。

由於這是一個循環，因此你可以從任何投入開始。舉例來說，顧客體驗指標可能包括：出貨速度、選擇範圍廣、產品資訊豐富、易於使用等等。請看看我們改善顧客體驗時會發生什麼事：

- 更棒的顧客體驗帶來更多流量。
- 更多流量吸引更多賣家尋找買家。
- 更多賣家產生更多選項。
- 更多選項可以提升顧客體驗，循環就此形成。
- 這種循環推動成長，進而降低成本結構。
- 較低的成本可以降低價格，改善顧客體驗，然後飛輪就轉得更快。

亞馬遜飛輪掌握讓亞馬遜零售業務成功的主要層面。因此，每週業務檢討會議中討論的所有指標都可以歸類為飛輪組成要素之一，這一點應該並不令人意外。實際上，每週業務檢討會議簡報的第一頁就有這個飛輪圖形。

找出正確又可控制的投入指標

這個步驟聽起來很簡單，但可能很棘手，而且細節很重

要。亞馬遜開始從只賣書籍擴展到也銷售其他類別產品時，我們犯的一個錯誤是，以「提供顧客的選項」這項主題作為投入指標，意即把「亞馬遜提供多少商品出售」列為投入指標。每個商品有自己的「產品詳情頁面」，包含商品說明、圖片、顧客評論、庫存量（譬如：二十四小時內出貨）、價格、以及「購物車」或購買按鈕。我們針對「選項」這個主題，最初挑選的衡量指標之一是新產品詳情頁面的數量，因為我們假設更多頁面表示更好的選項。

一旦我們確定這項衡量指標，零售團隊的行動立即受到影響。他們變得太過專注在增加新的產品詳情頁面，每個團隊增加數十、數百、甚至數千種以前在亞馬遜網站找不到的品項。對於某些品項，團隊必須跟新製造商建立關係，也往往會購買產品作為庫存，存放在物流中心。

我們很快看到產品詳情頁面的數量增加，雖然看似提高選項的水準，但並未讓銷售額（產出指標）有所成長。分析顯示，團隊雖然拚命增加可銷售的品項數量，有時卻買進需求不高的產品。這項活動確實對不同產出指標（庫存成本）造成衝擊，而且低需求品項占用物流中心應保留給高需求物品存放的寶貴空間。當我透過每週業務檢討會議，發現團隊選擇錯誤的投入指標，我們改用能反映消費者需求的指標。經過多次每週業務檢討會議，我們問自己：「如果我們努力

改變目前定義的選項指標，會產生理想的結果嗎？」當我們
蒐集更多數據並觀察業務，這個特定的選項指標隨著時間逐
漸演變：

（1）產品詳情頁面數量，我們將此修正為第（2）點。
（2）產品詳情頁面瀏覽量（如果顧客不查看產品詳情頁面，
　　　就不會獲得新的瀏覽量），所以再修改為第（3）點。
（3）有庫存產品詳情頁面的瀏覽量比例（如果增加品項卻沒
　　　有庫存，顧客也無法購買），最終確定為第（4）點。
（4）有庫存且能兩天內出貨的產品詳情頁面瀏覽量比例，
　　　最終將這項指標稱為「快速出貨庫存」（Fast Track In
　　　Stock）。

　　從以上這幾個針對指標反覆嘗試的過程中，你會發現
一種模式，這是這項流程的重要組成部分。關鍵是，要不
斷的測試和討論。比方說，貝佐斯擔心快速出貨庫存指標
太狹隘。威爾基則認為這項指標能對零售業務產生系統性
的改善。他們同意先採用這個指標一段時間，結果就如威爾
基預期的那樣。快速出貨庫存加上庫存持有成本，為團隊提
供可行又正確的投入指標，就能增加可帶動銷售額的品項。
確立指標後，就可以訂定標準，並根據標準來衡量團隊。比

方說，我們決定在每個類別中，希望有庫存可立即出貨的產品，占產品詳情頁面瀏覽量的95％。

這些新的投入指標讓各類產品團隊的工作和行為產生重大變化。他們將重點轉移到檢查其他網站和零售店，並分析亞馬遜搜尋紀錄，確定各類別有哪些產品是人們經常搜尋，卻在亞馬遜網站無法找到。藉此發展出「分級排名」（stack-ranked）或優先聯絡的製造商和優先取得品項清單，這些品項對消費者來說最重要。各類產品團隊不再專注於依靠增加龐大品項，現在他們可以改為增加對銷售影響最大的品項。這聽起來很簡單，但是投入指標不正確或過於粗糙，就可能徒勞無功，無法在產出指標看到改善。正確的投入指標可以讓整個組織專注於最重要的事情。在尋找每個正確的投入指標時，都會發生這種反覆修正的過程。

注意：我們在本章中提出的大多數例子都是擁有大量資源的大企業。但是DMAIC方法和每週業務檢討會議流程具有顯著的可擴展性。你的投資水準應該與你擁有的資源相當。

如果是非營利組織，請找出適量的關鍵指標，能可靠的顯示組織的表現。譬如，貴組織多常與捐助者聯繫，這個頻率對貴組織獲得的捐助資金有何影響？

人們犯的一個重大錯誤就是，連開始都沒有。大多數每

週業務檢討會議起初沒有什麼成效，接著會經歷重大變化，並隨著時間演變而持續改善。

衡量

設計工具去蒐集所需的指標數據，聽起來可能相當簡單，但就像選擇指標這件事一樣，我們發現要找到正確的蒐集工具同樣很花時間和精力。在第2章中，我們討論到了解並消除面試流程中的偏見有多麼重要。對衡量指標而言，去除偏見同樣重要。跟貝佐斯直接報告的領導高層各自經營不同的事業部門，本來就對選擇指標和蒐集數據有偏見，他們會選擇能顯示所屬單位往有利趨勢發展的數據。畢竟，想成功是人類的天性。

在2000年代初期，貝佐斯和財務長華倫・詹森（Warren Jenson，2002年由湯姆・斯庫泰克接任財務長）明確指出，讓財務團隊發現並報告公正的事實有多麼重要。貝佐斯、詹森和斯庫泰克都堅信，無論業務開發是好是壞，財務團隊都應「公正客觀，只能基於數據揭露的事情據實以告」。這種追求真理的思想瀰漫在整個財務團隊，而且這一點非常重要，因為這樣能確保公司領導階層取得未經掩飾、不帶成見的資訊，可供重要決策時使用。在衡量時，有一個

獨立人士或團隊參與，可以協助你找出並消除數據中的偏見。

確定使用哪些工具後，下一步是蒐集數據並以可使用的格式呈現。通常，你需要的數據分散在不同的系統中，可能需要一些軟體資源，加上正確的編輯、整合和展示。在這個階段，千萬不要妥協，要大膽進行投資。如果不這樣做，可能就看不見某些業務重要的方面。

在開發蒐集數據的工具時，請確保這些工具能正確衡量你想要衡量的事項。深入了解數據究竟如何蒐集，有助於發現潛在問題。

以「庫存」指標為例，這項指標試圖回答這個問題：「我的產品中，可以在顧客下單後立即出貨的比例有多少？」有很多方法可以定義和蒐集與庫存品項有關的數據，譬如：

- 我們每天晚上十點對目錄進行快照，確定哪些品項有庫存，並依據過去三十天的產品銷售狀況，對每個品項進行加權。也就是說，如果產品A在過去一個月售出三十件，產品B在過去一個月售出十件，但要計算庫存衡量指標時，這兩個產品都缺貨，那麼產品A對庫存指標的影響將是產品B的三倍。
- 我們將軟體增加到執行以下操作的產品頁面。每次顯

示產品頁面時，我們在指標「已顯示產品頁面總數」
中加一。如果該產品在顯示時有庫存，我們在「已顯
示庫存產品頁面總數」指標中加一。一天結束時，我
們將「已顯示庫存產品頁面總數」除以「已顯示產
品頁總數」，取得當天的整體庫存指標。舉例來說，
假設目錄中總計有一百萬個產品詳情頁面，其中有
八十五萬個產品詳情頁面的產品有庫存。然後依據需
求加權當天的庫存比例為85％。而且，顧客看過比較
多次的產品，比顧客看過比較少次的產品，對指標的
影響更大。

這些指標各自以不同的方式衡量庫存，對同一企業在同
一時間產生完全不同的結果。第一個指標可能因為公司收到
大量庫存的時間，而讓數據產生偏離。如果公司大多在晚上
補貨，那麼商品如果賣完了，就可能缺貨一整天，但在蒐集
庫存數據前，卻已經補完貨。結果，對公司來說庫存績效看
起來不錯，但顧客實際體驗卻不是那樣。如果熱門商品缺貨
很長一段時間，就對這項指標的影響降低，因為這項指標是
追蹤該品項三十天的銷售數量並進行加權。

第二個指標雖然會花更多蒐集費用（至少在短期內是這
樣），卻可以更準確的表示當天的顧客體驗。它從顧客的角

度出發，掌握顧客造訪亞馬遜時，查看過的商品有現貨的比例。第一個指標是向內檢視並以經營為主，而第二個指標是向外檢視並以顧客為主。藉由將指標和顧客體驗相呼應，以顧客為起點，逆向倒推工作內容。

　　一個常被忽視的難題是，確定如何審核指標。除非你有定期的流程，個別驗證指標的有效性，假設隨著時間推移，可能有狀況讓指標數字產生偏差，如果指標很重要，就要找一種方法進行個別衡量或蒐集顧客的體驗，看看資訊是否跟你正在檢視的指標相符。最近一個例子是依據地區測試新冠肺炎（COVID-19）。僅僅將所在地區陽性檢驗結果數字，跟人口大小相當的其他地區陽性檢驗結果數字相比並不夠。你還必須查看每個地區進行的人均檢驗數字。由於各地區的陽性檢驗結果數字和人均檢驗數字將不斷變化，你必須持續更新衡量數字。[*]

分析

---

[*]　如果你跟本章開頭提到的執行長一樣，仍然堅持助理每天早上將印有公司股價的紙條遞給你，那麼你應該要求每天在同一時間印出股價，並堅持在紙上蓋上日期與時間。你可以偶爾查看自己蒐集的股價紙條，並查看紙上蓋的時間是否如你要求。我們不建議你這樣做，但這樣做總比原先的做法更好！

　　不同團隊對這個階段有許多不同的說明，包括：減少差異、讓流程可以預測，讓流程在掌控中，這只是其中幾個例子。但是，分析階段跟全面了解驅動指標的因素有關。直到你了解影響流程的所有外在因素，你才有辦法實施積極的變革。

　　這個階段的目標是從數據中辨識訊號，然後找出根本原因並加以解決。為什麼物流中心某個班別可以每小時揀選一百件物品，但另一個班別每小時卻只揀選三十件物品？為什麼大多數頁面在一百毫秒內就能顯示，但有些頁面卻需要十秒才能顯示？為什麼跟其他平日週間相比，週一的每筆訂單聯繫次數總是比較多？

　　當亞馬遜團隊遇到驚訝或困惑的數據問題時，會努力不懈直到發現根本原因。在亞馬遜，針對這些情況使用最廣泛的技術可能是錯誤更正流程（Corrections of Error，簡稱COE）。這個流程以豐田公司（Toyota）開發的「五個為什麼」（Five Whys）方法為基礎，這個方法目前在全球已有許多公司採用。當你看到異常時，就要問為什麼會發生異常，並反覆再問一次「為什麼？」直到找到真正罪魁禍首的根本原因。錯誤更正流程要求有重大錯誤或問題的團隊寫一份報告描述問題或錯誤，並藉由詢問五次「為什麼」，深入探究為何問題會出現，以便找出根本原因。

查理‧貝爾（Charlie Bell）是AWS資深副總裁，也是亞馬遜的經營大師，他對此做出巧妙詮釋：「當你遇到一個問題時，你在最初二十四小時內查到問題根本原因的可能性幾乎為零。因為事實證明，每個問題背後都有一個非常有趣的故事。」

最後，如果你堅持找出真正的根本原因並消除它們，你就能夠預測、掌控和優化流程。

改善

一旦你對自己的流程如何搭配一套強大的指標來運作有深入的了解，你就可以花心思改善流程。比方說，如果你可以每週穩定達到95％的庫存率，那麼你就可以問：「要達到98％的庫存率，我們需要做哪些改變？」

如果你已經完成前面三個步驟（定義、衡量和分析），那麼採取行動來改進指標的成功機會就更大，因為你會對訊號做出回應，而不是對雜訊做出回應。如果你沒有進行前三個階段就立即跳到改善階段，你會使用不完整的資訊，而且你可能尚未完全了解流程，還有你採取的行動不可能產生預期的結果。在接下來介紹的這個例子裡，我們會說明亞馬遜一個大型部門忽略完成前三個步驟的重大影響，最後導致許

多謬論，無法產生有意義的結果。

在進行每週業務檢討會議一段時間後，你會發現指標不再產生有用的資訊。在那種情況下，就可以將這項指標從簡報中去除。

控制

最後一個步驟是，確保你的流程正常運行，績效不會隨著時間推移而降低。當你對推動業務開發有基本的了解，常見的情況是，每週業務檢討會議成為有例外狀況才召開的會議，而不是討論每個指標的常規會議。

在這個階段可能發生的另一件事是，你會發現可以自動化的流程。一旦流程被徹底了解，決策邏輯可以用軟體或硬體編碼來做，就具有自動化的潛力。在亞馬遜，預測和採購就是流程自動化的兩個例子。經過多年的合作，各類產品買家和軟體工程師大量嘗試錯誤，終於將亞馬遜包含數億種產品的目錄進行自動預測和採購。現在，自動化流程的準確性甚至比大型採購團隊手動執行還更加準確。

每週業務檢討會議：運作中的指標

在亞馬遜，每週業務檢討會議是將指標付諸實踐的地方。首先，我們會談到數據簡報（主要是圖形），旨在讓大家關注最需要注意的地方。然後，我們描述會議本身，每週業務檢討會議是為了取得最大成效而設計。最後，我們會提醒大家，每週業務檢討會議可能遭遇的失敗。

簡報

每次會議均以電子檔或書面形式分發簡報，其中包含圖表、表格的每週快照，以及偶爾針對所有指標加上附註。在這本書中，我們使用「簡報」一詞表示整個數據包（data package）。自從每週業務檢討會議簡報出現後，數據視覺化軟體有長足的進展，而且在價格方面有很多不錯的選擇，小型組織可以選擇免費軟體或平價軟體，大型企業可以使用更先進的工具。實際上，現今許多組織不會只進行一次每週業務檢討會議簡報。相反的，個別部門依靠一種虛擬簡報，讓他們可以取用這些數據視覺化工具，產生所屬區域的資訊。我們將在後續篇幅中介紹一些示例圖。現在，我們先說明亞馬遜簡報獨有的特性：

- **簡報是以數據導向的全面觀點來檢視事業**。雖然組織結構圖上顯示的部門看似簡單獨立，但商業活動通常不是這樣。簡報是對業務每週的活動進行一致且全面的審查，並呈現出來，旨在追蹤亞馬遜的顧客體驗。這種從一個主題到另一個主題的流程，可以揭露出看似獨立活動之間的相互關聯。

- **主要由圖表、圖形和數據表組成**。有這麼多指標需要進行審查，書面敘事或附註將削弱從頭到尾讀完的效率。後續我們將討論一個值得注意的例外，也就是如何處理軼事。

- **你應該查看多少個指標？**沒有神奇數字或公式可以解答這個問題。提出正確的指標需要時間，而且你應該設法持續改善指標。隨著時間演變，你和團隊應該根據各個指標發出的訊號強度和品質，修改、增加和刪除指標。

- **把出現的模式當成關注重點**。個別數據可以訴說有用的故事，尤其是在跟其他時期相比的時候。在每週業務檢討會議中，亞馬遜分析趨勢線會凸顯出事業受到挑戰的地方，不該等待季度或年度結果出爐之後才發現挑戰並解決。

- **圖表將結果與上一個期間進行比較**。使用指標是希望

公司業務隨著時間推移，往更好的趨勢發展。要注意的是，確保前期結構是為了提供同類比較，以免凸顯像假期或週末這種可預見的錯誤變異。

- **圖表顯示兩條或更多時間線，譬如：過去六週以及未來十二個月。** 短期趨勢線可以找出重要的小問題。這些問題在長期趨勢線中往往很難發現。

- **軼事和異常報告也要列入簡報。** 人們經常提到亞馬遜每週業務檢討會議簡報的一個特點是，自由使用兩種工具：軼事和異常報告，意即對超出某個標準或狀況的要素做出描述。這兩種工具都可以讓你深入探討案例是否包含與原有模式或習慣模式不符的地方，有時這樣做就會揭露出缺陷、流程中斷或系統邏輯問題。使用軼事和異常報告讓領導人能夠以非常詳細的方式進行大規模的審核。我們發現這種在大型組織中，針對大範圍問題進行標記、評估、檢查、深入探討並尋求具體解決方案的能力，是亞馬遜的獨到之處，但對於大企業和小公司來說都有幫助。我們會提供一些實例說明。

會議

　　每週業務檢討會議內部發生的事情，通常是公司外部無法看到的關鍵執行細節。運作良好的每週業務檢討會議的定義是，密切關注顧客，深入探究複雜的挑戰，以及堅持高標準和卓越經營。大家可能想知道，什麼層級的高階主管可以將焦點轉移到產出指標？畢竟，公司及管理高層的表現往往是由產出指標（譬如：營收和獲利）判斷。貝佐斯很清楚這一點，特別是他曾在華爾街投資公司工作一段時間。簡單的答案是，不管什麼層級，管理高層都不會轉移焦點。是的，管理高層知道他們的產出會來回變動。但如果他們不繼續專注於投入指標，就無法掌控能創造產出成效的工具，也失去公司是否運作得當的可見度。因此，在亞馬遜從有貢獻的個人到執行長，都必須熟知投入指標，以便了解組織是否將產出最大化。

　　簡報通常是由一位財務人員負責。或者更準確的說，簡報中的數據經過財務部門證實準確無誤。但是，由於會議上有好幾個人各自負責簡報的特定部分，所以沒有人「主持」會議。撇開有數百億營收和好幾個大型事業部的大企業不談，大多數公司召開每週業務檢討會議時，由執行長、財務長列席討論。與會者應包括執行團隊及其直屬主管，以及為

簡報特定部分負責的人員。現在虛擬會議技術發達，可以讓更多人參與會議。亞馬遜讓更多基層人員參與每週業務檢討會議，藉由允許他們觀察經驗豐富領導人的討論和想法，可以增加他們對業務的參與度，並讓他們更進一步成長。

值得注意的是，在亞馬遜，就連最資深的領導高層也審查每週業務檢討會議的所有指標，包括所有投入指標和產出指標。衡量指標和有關顧客體驗的軼事，清楚說明資深領導人將「追根究柢」這項領導原則徹底體現。他們仔細檢查指標中出現的趨勢和變化，審核事件、失敗和顧客軼事，並考慮是否應以某種方式更新投入指標，以改善產出。

每週業務檢討會議是亞馬遜落實衡量指標的重要展現。除此之外，亞馬遜還在各方面善用衡量指標。亞馬遜的每個工程、經營和事業部門都制定自己的指標儀表板和報告。在許多情況下，衡量指標會受到即時監控，每項關鍵技術和經營服務都會收到「警報」，確保即時找出故障和運作中斷的地方。在其他情況下，團隊仰賴每小時或每天針對衡量指標進行更新的儀表板。每週業務檢討會議和流程的與眾不同之處在於，讓亞馬遜能夠驅動飛輪，一年轉得比一年快，最後就產生卓越的成果。

使用一致且熟悉的格式來加速解讀

出色的簡報使用一致的格式，包含圖形設計、涵蓋時期、用色和符號集（當年／前一年／目標），並且盡可能讓每頁包含的圖表數量相同。有些數據自然被列進不同的簡報，但細節則以標準格式呈現。

因此，亞馬遜每週以相同的順序檢視同一組數據，取得對整體業務現況的了解。團隊在發現趨勢方面累積專業知識並加快審查節奏，異常現象更加凸顯，會議效率也隨之提高。

專注於變異，不浪費時間在預期事項上

人們喜歡談論所屬領域的事，尤其是當成效符合預期、甚至超出預期時更是如此。但是每週業務檢討會議的時間很寶貴，如果一切正常，請說「這部分不需要審查」並繼續討論。每週業務檢討會議的目的是，討論異常狀況及其處理方法。現狀就無須詳述。

業務負責人為指標負責，並做好解讀變異的準備

亞馬遜業務負責人依據定義的指標，追蹤本身業務是否成功。在每週業務檢討會議中，業務負責人（而非財務團隊）必須為結果與預期的差異做出清楚的說明。結果，業務負責人很快就可以發現趨勢。他們每週在每週業務檢討會議前檢查簡報，並討論打算採取什麼措施解決變異。

我們從慘痛經驗中學到這個教訓：我們看到指標負責人在一群人面前展現他們的指標，大家顯然在會議前都沒看過這些數據。那可是一大錯誤，浪費其他人的時間，必定會招致在場資深領導人的質疑。在每週業務檢討會議召開時，每個指標負責人都應該徹底分析自己負責的指標。

有時，即使做好充分準備，也會遇到無法立即找出正確答案的問題。在這種情況下，指標負責人應該表示：「我不知道。我們仍在分析數據，並會盡快回覆。」這樣回答比胡亂猜測或憑空杜撰要好。

區分經營討論和策略討論

每週業務檢討會議是用來分析前一週績效趨勢的戰術經營會議。在亞馬遜，每週業務檢討會議不是在討論新策略、

更新專案或即將推出的產品。

盡量不要威嚇（不是在審訊）

可以探究需要更多關注、有意義的變異，並指出何時未達到高標準。況且，要成功就必須營造一個讓大家不害怕去談論所屬業務出現問題的環境。亞馬遜的一些團隊比其他團隊更能體現這一點。而且坦白說，這是公司可以改善的地方。有時，每週業務檢討會議可能演變為徹頭徹尾的敵對環境，特別是在出現重大錯誤，導致評論將重點放在簡報者而不是問題上。雖然短期來說，恐懼可能是促使人們解決問題的好動機，但最終將導致更多問題。

對大家來說，錯誤應該是一種學習經驗。如果人們害怕指出自己的錯誤，因為會在同儕面前感到丟臉，那就會盡可能在日後的會議上隱瞞這些錯誤，這是人性使然。被掩飾的變異會讓大家失去學習的機會。為了防止這種情況，應將錯誤視為負起責任、了解根本原因並從經驗中學習的機會。坦承錯誤會有一點緊張，這是不可避免且合理的，但我們認為最好建立一種不僅可以認錯，還能鼓勵公開討論錯誤的文化。

會議可以迅速換場

　　我們參加許多行政會議，看到最資深領導團隊的寶貴時間被浪費掉，譬如，換人簡報時，指標儀表板不容易下載等諸如此類的事。為了讓這些轉換迅速無縫接軌，你必須做好前置工作。每週業務檢討會議是亞馬遜最昂貴且最有影響力的每週會議，每一秒都很重要，必須在召開會議前先做好規畫，並讓會議發揮效率。

指標圖的剖析

　　每週業務檢討會議可以輕鬆包含數百個圖表，並善用一致的方式來呈現大量數據的好處。在下面這個說明圖表（圖6.1）中，包含不同功能業務領域裡不同類型的指標，說明這種做法的靈活性。

縮放：每週指標和每月指標並列在同一圖表上

　　同上所述，在亞馬遜，我們通常將連續六週和連續十二個月的數據並列在同一個x軸上。這樣做的效果就像在靜態圖表中增加「縮放」功能，了解較短時間內的狀況，還能同

圖6.1

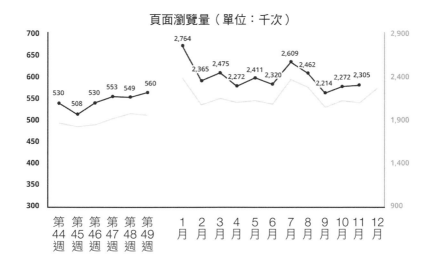

上週瀏覽量　　　　560　　　　本季至今的瀏覽量　5,221
與上上週比較　　　2%　　　　 與去年同期比較　　12%
與去年同期比較　　14%　　　　本年至今的瀏覽量　27,113
本月至今的瀏覽量　644　　　　與去年同期比較　　15%
與去年同期比較　　14%

時看到每月圖表，以及「放大」的版本。在此，我們提供一個跟實務中類似的雙圖檢視。（圖表不包含實際數據，僅供說明。）

　　這個圖形衡量企業的頁面瀏覽量，並在小篇幅中提供大量數據：

- 灰線表示前一年度，黑線表示本年度。
- 左圖（即前六個數據點）顯示對過去六週的追蹤。
- 有十二個數據點的右圖顯示對去年每個月的追蹤。
- 這種內建的「縮放」功能，藉由將最近的數據放大來增加清晰度，並提供去年十二個月的圖表以了解趨勢的發展。

　　在圖表底部，我們列出其他關鍵數據點，其中大多數是將一個時期與另一個時期進行比較。

為什麼關注與去年同期相比的趨勢

　　這個說明圖表跟每月業務檢討實際出現的圖表類似，將每月營收與去年同期營收相比。如同圖6.2所見，看來我們的表現比計畫的更好，而且逐年成長。

圖 6.2

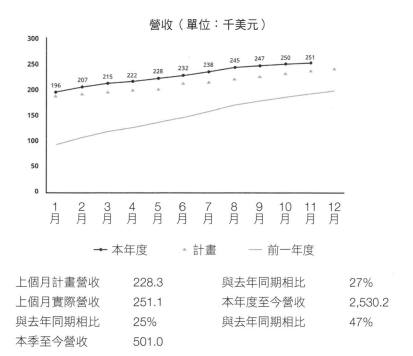

營收（單位：千美元）

上個月計畫營收	228.3	與去年同期相比	27%
上個月實際營收	251.1	本年度至今營收	2,530.2
與去年同期相比	25%	與去年同期相比	47%
本季至今營收	501.0		

　　這個圖表好像沒什麼問題，所以讓我們討論下一個項目，對吧？也許不是這樣。圖6.3是由圖6.2增加一條趨勢線，對應右側y軸，以虛線繪製與去年同期相比的成長率。

　　如果沒有這條虛線，你可能不會注意到本年度和前一年度的趨勢正在逐漸會合。在原本的基礎指標外，增加與去年同期相比的成長率，是發現趨勢的好方法。在這個例子中，從一月起與去年同期相比的成長率其實已經減少67%，而且沒有平穩的跡象。目前，這項業務乍看之下或許沒問題，但麻煩就迫在眉睫。加強後的圖表透露出被更簡單圖表掩飾、需要採取行動解決的問題。

產出指標顯示結果，投入指標提供指引

　　這個圖表還有另一個熟悉的課題：產出指標（我們上面繪製的數據）遠比以投入指標產生的趨勢更不具參考價值。以這個例子來說，我們發現成長趨緩的原因是新顧客獲取率下降。但這些圖中的任何內容都無法提供任何線索，讓我們找出這個原因。如果你只關注「營收」這項產出指標，通常就不會發現新顧客效益已經減速一段時間了。但是，如果你檢視投入指標，譬如「新顧客人數」、「新顧客營收」和「現有顧客營收」，你將更早檢測到訊號，也更清楚知道必須

圖6.3

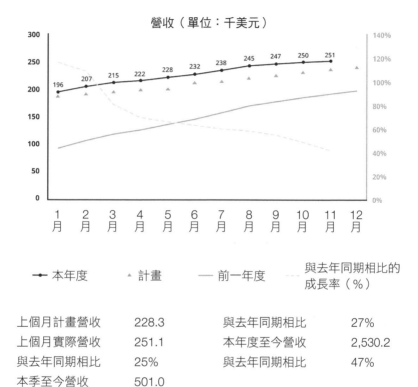

營收（單位：千美元）

	本年度	計畫	前一年度	與去年同期相比的成長率（%）

上個月計畫營收	228.3	與去年同期相比	27%
上個月實際營收	251.1	本年度至今營收	2,530.2
與去年同期相比	25%	與去年同期相比	47%
本季至今營收	501.0		

採取行動。

並非每個圖表都跟目標進行比較

　　每週業務檢討會議的一些圖表並未包含目標，但這樣做通常是適當的。如果指標的目的是發現趨勢或凸顯流程何時失控，或者我們根本沒有目標（譬如，安卓系統用戶相較於iOS用戶的百分比），那麼針對目標繪製圖表根本沒有必要。

數據結合軼事講述整個故事

　　當數值數據跟現實生活中的顧客故事結合，就變得更加強大。「追根究柢」這項領導原則指出：「領導人在各個階層運作，了解細節並經常稽核，當衡量指標和聽聞的事情有出入時，就要抱持質疑態度。他們必須對所有工作都瞭若指掌。」

　　亞馬遜運用多種技術，確保負責經營服務的團隊能得知顧客軼事。「顧客心聲」（Voice of the Customer）這個流程就是其中一個例子。客服部門定期蒐集並總結顧客意見，並在每週業務檢討會議期間報告，儘管未必每週都會這樣報告。而且，客服部門選擇的意見未必反映最常收到的投訴，因為

該部門可以自由選擇要報告什麼。在每週業務檢討會議上看到這些故事時,往往讓人感到痛苦,因為這些故事凸顯出我們讓顧客失望。但這些故事總是提供學習經驗,也為我們提供改善的機會。

顧客心聲的一個故事跟一次偶發事件有關,我們的軟體在信用卡預先授權時,重複刷了幾筆一美元費用,通常每筆訂單只會預先授權一次。顧客不用支付這筆一美元費用,這類預先授權會在幾天內失效,但在那幾天內,還是計入信用卡消費額度。通常,這不會對顧客產生太大影響。但是,一位顧客寫投訴信表示,她在亞馬遜網站上買了東西,然後去幫孩子買藥,刷卡時卻被拒絕。她要求我們幫忙解決這個問題,讓她可以為孩子購買所需藥物。起初,在調查她的投訴時,我們發現一個罕見案例錯誤:讓顧客信用卡餘額超過額度。許多公司會認為這類投訴是例外,因此不值得關注,因為他們假定這種情況很少發生,而且修復成本太高。在亞馬遜,這種投訴會定期受到關注,因為這種情況會再次發生,也因為調查經常發現相關問題需要解決。起初看起來只是個罕見情況,結果卻發現茲事體大。這項錯誤也在其他領域引發問題,但我們起初在其他領域並沒有注意到。我們迅速為這位顧客和其他受影響的所有顧客解決這個問題。

這些故事提醒我們,我們所做的工作確實直接影響顧客

的生活。目前已有程式可以針對亞馬遜第三方賣家和AWS
的企業客戶取得類似軼事。

異常報告有多種形式，但以下這個跟貢獻利潤
（Contribution Profit，簡稱CP）有關的例子，應該可以說明
異常報告的基本概念及其實用性。利潤貢獻被定義為：銷售
一件產品並扣除產品相關變動成本後產生的增加金額。本質
上，就是公司在產品出售後剩餘的錢，用於支付業務的固定
成本，在理想情況下，還可以對利潤產生貢獻。一個跟利潤
貢獻有關的異常報告，列出前一週某類別十大利潤貢獻值為
負數的產品（未產生利潤的產品）。深入探究十大利潤貢獻
值為負數的產品，通常每週都不一樣，可以揭露非常有用的
資訊，了解哪些問題需要採取行動解決。以下是審查十大利
潤貢獻值為負數的產品可能找到的一些發現：

- 因為我們購買太多特定物品，占用物流中心的寶貴空
  間和資金，必須降價促銷，導致利潤貢獻為負值。進
  貨是由自動採購系統發起，因為系統被輸入錯誤的數
  據。
  採取行動：調查錯誤輸入數據的來源以更正系統。
- 利潤貢獻為負值，原因是手動採購訂單的錯誤導致標
  錯價格。採購者在採購訂單上輸入的訂購數量太大，

由於他們缺乏培訓，所以並未遵循正確流程更正數據。

採取行動：利用這個事件好好教育員工。

- 由於錯誤的成本分配，導致利潤貢獻為負值。財務系統無法正確分配特定類別的成本。

  採取行動：修正成本分配制度。

- 利潤貢獻為負值，因為物流供應商運送特定商品收取的費用多出兩倍。供應商依據目錄中該商品不正確的尺寸和重量資訊來收取更高的費用。

  採取行動：修正目錄數據並提出計畫，建立機制防止目錄中其他商品發生相同錯誤。

- 利潤貢獻為負值，因為該商品以低價出售，但運費卻很昂貴。這類商品的實際例子包括白板和院子裡用的耙子。

  採取行動：評估這些產品是否應該列入庫存或出售，或是應該進行其他更動，譬如：更改供應商或更改預設的送貨方式。

當數據和軼事同步時，就形成一種強大的組合，當兩者存在差異，檢查兩者就相當重要。

也許這方面最有力的軼事就是貝佐斯自己。儘管這件事

不是發生在每週業務檢討會議，但卻值得一提。亞馬遜有一個名為「顧客聯繫」（Customer Connection）的計畫，一定職級以上的公司員工被強制要求加入。儘管這些年來，這項計畫的細節有所改變，但前提仍然維持不變。亞馬遜的員工每兩年有幾天要擔任客服人員。員工從客服人員那裡獲得一些基本培訓，包括接聽電話、觀看電子郵件並在聊天室跟顧客互動，然後直接處理一些顧客聯繫。一旦他們了解工具和政策，就在某人的監督下執行客服人員的部分工作或全部工作。（我接到其中一通電話是，顧客說鄰居的狗咬壞亞馬遜寄來的包裹。顧客還主動提出要把沒被咬的部分寄給我們，證明自己所言不假。）

在亞馬遜，每個人都要參與這項計畫，連貝佐斯也不例外。在我擔任貝佐斯的影子顧問時，他剛好要再次參加顧客聯繫計畫，我們每天通勤一小時到位於華盛頓州塔科馬（Tacoma）的客服中心。貝佐斯在跟顧客講電話時，對顧客特別好，只是有時他太過慷慨。他給一位顧客全額退款，但依據政策只能退還運費。

培訓的第一天，我們先聽客服人員處理幾通電話。在一通電話中，顧客抱怨她買的戶外家具送到時已經損壞。客服人員請她提供產品編號。當顧客尋找產品編號時，客服人按下靜音鈕，然後跟我們說：「我敢打賭，她指的是這張戶外

休閒椅，」並且指著亞馬遜網站上的產品。果然，顧客從送貨單上唸出產品編號，就是客服人員先前推測的那個產品。貝佐斯跟我都揚起眉毛一臉驚訝，但不想打斷通話。

　　客服人員解決問題並結束通話後，貝佐斯問：「妳怎麼知道顧客要說這個？」客服人員回答說，這種情況經常發生在亞馬遜剛開始銷售的產品上。因為包裝不當，家具在運送過程中常被碰撞或產生凹痕。

　　貝佐斯最近正在學習豐田公司品質管控和持續改進的做法。豐田公司的汽車裝配線使用安燈繩（Andon Cord）這種方法。組裝中的汽車沿著裝配線移動時，每個員工要增加一個零件或執行一項工作。當任何員工發現品質出問題時，有權力拉下吊繩，停止整個裝配線。接著一群專家蜂擁而上，來到拉下吊繩的工作站，解決問題並開發解決方案，讓錯誤永遠不會再發生。

　　亞馬遜也有類似情況，只是沒有使用安燈繩。客服人員知道一個問題，但是沒有辦法改善流程。所以，他們能做的就是讓步，跟顧客道歉，再寄一個新產品給顧客。我們有一個流程讓各類別經理查看每月績效，包括哪些產品的退貨率較高和顧客服務查詢數較高。所以，這個問題最終會檢測出來並加以解決。但這可能要花幾週時間，在此之前，還會造成許多顧客不滿。

在下一通電話打進來前，我們思考如何解決戶外家具損壞問題，貝佐斯脫口而出說：「我們的客服中心需要安燈繩。」沒有裝配線要停止，但客服人員有權在控制螢幕上點擊「紅色大按鈕」。一旦點擊這個按鈕，會發生兩件事：「加入購物車」和「一鍵下單」這兩個按鈕將從產品頁面消失，因此顧客無法購買該產品。而且，類別經理立即接獲通知，他們採購的其中一項產品已無法購買，除非他們調查並解決問題。

我們花了一些時間，才將貝佐斯的想法付諸實踐。我們必須設計工具移除「一鍵下單」或「加入購物車」等按鈕，並提醒內部相關團隊，安排必要的呈報基礎架構，同時培訓客服團隊如何及何時按下紅色大按鈕。有人擔心客服人員會太頻繁按下紅色大按鈕，而影響產品銷售。畢竟，產品定期銷售對公司正常經營至關重要。

事實證明，這種擔心是沒有根據的。客服人員並沒有太常按下紅色大按鈕。原來，亞馬遜版的安燈繩授權給適當人員，他們是直接與顧客交談的第一線人員。一旦發現重大問題，他們才會按下紅色大按鈕。事實再度證明，為員工提供解決問題的正確工具，並依靠員工的良好判斷力，是一個有力的組合。亞馬遜就廣泛使用這種做法。

這個故事已經被講述很多次，並證明軼事能解釋數據並

擁有令人難忘的力量。

***

現在，儘管每週業務檢討會議的流程很有效果，但這種做法也可能因為幾種方式而偏離常軌，包括：會議管理不當，專注於正常變化而不是訊號，以及用錯誤的方式查看正確的數據。

陷阱 1：災難會議

由某位資深領導人（現已離開亞馬遜）管理的大型軟體團隊，每週業務檢討會議都像災難現場。每週業務檢討會議流程有兩個重要目標：學習和為問題負起全責。但在這些方面，這個團隊的每週業務檢討會議卻錯失良機，並浪費大家許多時間。

一個問題是與會者名單愈列愈多，我們不得不繼續尋找更大的會議室，容納更多與會者。同樣的，我們嘗試追蹤的指標數量不斷膨脹，有時這樣做是為了改善現況，但大多數情況下卻讓現況更加惡化。

這些會議真的讓人很不愉快，缺乏基本規則和禮節，大

家不斷插嘴並互相抨擊。有任何異常就引發爭執，以帶有指責的問題炮轟簡報者。對話品質迅速下降，因為很多人開始插嘴，而這些意見根本沒有建設性，只是在炫耀或討好。更糟糕的是，這些偏離主題的冗長發言只是消耗時間，大家只是在自己負責部分遭到抨擊前，一直講些沒有用的話。

參加這種會議很折磨人。「贏得信任」這項領導原則之所以存在，有部分原因是要防止這種行為發生。這項領導原則指出：「領導人專心聆聽，坦率直言並尊重他人。他們懂得自我批評，即便這樣做很彆扭或尷尬。領導人不認為自己或所屬團隊的體味聞起來是香的。他們會用最高標準來衡量自己和所屬團隊。」但是在早期時，這些會議清楚的說明我們未能實現這項領導原則。原本立意良善的會議旨在改善軟體系統從這週到下週的運作狀況。但整個會議卻變了調，從一群聰明人探究問題，轉變為憤怒的暴民互相攻擊，折磨那些有所作為的人，並剝奪他們想要成功的意志。

我們應該怎麼做？同前所述，即使每週業務檢討會議沒有人主持會議，但有不同人員負責簡報不同的內容，最資深人員應該負責為每週會議定調並制定基本規則。以軟體團隊的例子來說，最資深人員應將與會者限制為業務負責人和關鍵利害關係人，並將待審核指標限制在一組特定的必要指標，不相關的指標應該從簡報中刪除。那個軟體團隊的領導

人和所有與會者都應該努力審查。整體來說,我們應該已經意識到,要衡量的許多領域都還未受到控制且不可預測。許多團隊省略DMAIC的前三個步驟(定義、衡量、分析),試圖直接從改善階段著手。他們最後只是在圖表上追逐趨勢,徒勞無功。我們應該委婉的提出有建設性的建議,請他們做一些必要工作,將指標從雜訊轉變為訊號。

最後,我們應該認清,新團體第一次實施每週業務檢討會議必定毫無章法,需要反覆實驗。而且,我們應該確保與會者可以自由談論所犯的錯誤,並受到積極鼓勵這樣做,允許其他人從他們的錯誤中學習。這些會議的關鍵在於,在極高標準及讓人安心談論錯誤的氣氛之間,營造一種平衡。

一位亞馬遜人甚至還記得那些災難會議,儘管那是發生在十五年前的事。他說:

你其實是在尋找願意被徹底檢視的團隊,在大家面前坦承:「我搞砸了。這是不對的。問題出在這裡。」但我記得一位領導人竟然說:「哪個人的判斷這麼差?是誰幹的?」

這些話存在的問題是,大家甚至沒有做出回應就被定罪並判刑。那位領導人應該先不做評斷,而不是馬上抨擊。他應該開始了解實際發生什麼事。人們只是設法

做對的事,大家沒有試圖破壞業務,而且大家並不痛恨顧客。他們對自己打造的東西有責任感。

從那時起,我們變得更加成熟,立足於自由,擺脫恐懼。當然,每次我們完成很棒的事情,當然會給予獎勵。而且,團隊愈能自我挑別,在言語上自我批評,我們也會嘗試給予更多的獎勵。如果團隊掩蓋問題又不查看顧客體驗,就要質問團隊棘手的問題。

這段往事道出令人震驚的兩件事。首先,經過這麼多年後,事實仍然生動的證明惡劣的環境會留下不可磨滅的印記。其次,這個團隊從這些早期的失誤汲取教訓並進行調整,最終建立更好的流程。

陷阱2:雜訊讓訊號變模糊

儘管這聽起來矛盾,但數據變化很正常,而且不可避免。因此,區分流程中某些根本變化產生的正常變化(雜訊),或是流程中的缺陷(訊號),就相當重要。試圖將正常範圍內的變化賦予意義,充其量只是浪費精力,弄不好會造成危險的誤導。當有人自豪的解釋他們如何耗費心力,讓本週的關鍵指標提高0.1%,把討論更重要事項的寶貴時

間浪費掉，這種狀況很不妙。更糟糕的是，同一指標下降0.1%時，大家很容易浪費時間找出根本原因並「解決」那些只是正常變化、但根本無須處理的事情。

　　在亞馬遜，無論是有貢獻的個人或是管理數千人的高階主管，了解正常變化是指標負責人的責任。許多統計方法，譬如：XMR管制圖（XMR control chart）[3]，就能凸顯流程何時失控。但是對我們而言，經驗和對顧客的深入了解，往往是過濾背景雜訊，找出訊號的最佳方式。在大多數情況下，指標是由負責人每天審查，再經過每週業務檢討會議，因此預期波動變得熟悉，異常變化就凸顯出來。

＊ ＊ ＊

　　亞馬遜的指標方法體現「顧客至上」這項領導原則。顧客至上的重要性，從亞馬遜更注重投入指標、而非產出指標，就能明顯看出。查看亞馬遜的投入指標會發現，這些指標通常描述顧客關心的事情，譬如：低價格、眾多可用產品、快速出貨、無須客服聯繫，以及快速的網站或應用程式。許多產出指標，譬如：營收和自由現金流，通常出現在公司的財務報告中。顧客不在乎那些。但如同我們在本書開宗明義的指出，亞馬遜擁有不可動搖的堅定信念，認為長遠

來看，股東的利益將與顧客的利益達成一致。可控制的投入指標是以定量（探究數據）和定性（軼事）的方式，衡量組織滿足顧客關切事項的程度，以便讓產出指標趨向公司期望的方向。

　　每週正確評估業務並努力改善每個業務，必須願意公開討論失敗並從失敗中學習，而且要持續想方設法讓顧客滿意。

第二部

發明機器

　　現在，讓我們來看看亞馬遜之道的運用，以證明亞馬遜之道的要素能夠產生結果。誠如貝佐斯在2015年致股東信所言：「我們想成為一家大公司，也想做一部發明機器。我們希望規模能帶來卓越的顧客服務能力，並具有新創公司的迅捷、靈活及願意接受風險。」[1]亞馬遜有很多驚人的成就和突破，像是尊榮會員服務Amazon Prime和影音串流平台Prime Video，以及Kindle和Alexa等硬體（Kindle也是服務），同時，還有一些做法，如抬桿者招募流程、逆向工作法，還有雲端運算服務AWS、聲控智慧音箱Echo、語音助理Alexa，這些都和仔細依循第一部列舉的原則有直接關連。

　　當然，貝佐斯還在那封信寫道：「就失敗而言，亞馬遜是全世界最好的地方。（我們失敗的經驗可多呢！）失敗和發明是雙胞胎。不管你要發明什麼，都必須實驗。如果你早就知道會成功，那就不是實驗。大多數的組織都擁抱發明，然而要發明，若不能熬過一連串失敗的實驗，就無法成功。」因此，對亞馬遜來說，雖然有些發明計畫慘遭滑鐵盧（如智慧型手機Fire Phone），還是有價值的。其他產品的迭代也是，如早期的影音下載服務Amazon Unbox收攤之後，改為影音串流平台Prime Video，搶占全球串流影音市場大餅，而亞馬遜拍賣平台Amazon Auctions和zShops（讓第三方賣家使用亞馬遜的平台，在亞馬遜的「商店」賣東

西）雖然宣告失敗，卻發展出營收數千億的亞馬遜拍賣市集 Amazon Marketplace。在亞馬遜的故事裡，這些「失敗」是不可或缺的，既是後來成功的前奏，也是還在進行實驗的證據。

當然，如果你沒有發明的預算，那就別做。然而，就算預算有限，如果你有耐心、克勤克儉，經過一段時間的努力還是可能成功。**亞馬遜之道**意味著把眼光放長、放遠，抱持顧客至上的價值觀來看待發明，並依循領導原則和透過種種做法來貫徹執行。貝佐斯曾寫道：「著眼長遠能提升既有的能力，讓我們去做原本想不到的事。把眼光放遠，能以顧客為中心，做到顧客至上。如果我們能夠找出顧客需求，確信這樣的需求是有意義而且久遠的，就能耐心去做，一做就是好幾年，最後就能找到解決方案。」[2] 這裡的關鍵字是耐心。很多公司進行一項計畫，做了兩、三年，如果沒看到成績就放棄。亞馬遜總是會堅持個五、六年，甚至七年，同時設法調控投資，不斷學習、改進，直到獲得動力和受到接納。

另一個關鍵字是：節儉。如果花錢建立一支團隊大軍、設立商展攤位，或是把行銷活動搞得轟轟烈烈，卻不能帶來更好的顧客體驗，那還是省省吧。追求發明是長長久久的事，如果不節儉，錢很快就會燒完了。我們最初開創亞馬遜音樂服務 Amazon Music 和影音串流平台 Prime Video 的時

候，並不是砸大錢，而是細水長流似的投資。多年來，都是由小團隊負責，努力提升顧客體驗，限制行銷花費，同時緊盯著損益表。一旦有了明確的產品計畫和願景，知道如何讓這些產品帶來幾十億美元的生意，使幾千萬甚至幾億的顧客為之風靡，我們才會放膽投資。多年的耐心和小心翼翼的投資，為我們帶來巨大的回報。

發明不一定能解決每一個問題。例如，亞馬遜在最初發展時並沒有開發硬體產品。我們計畫進軍電子書時，才決定開發電子書閱讀器 Kindle。理由是，只有堅持做出產品差異化，發明才有如虎添翼之功。在亞馬遜成立初期，亞馬遜資料中心的硬體是否具有特色，以及性能是否高超不是那麼重要，重要的是顧客體驗：讓顧客獲得便捷、愉快的書籍網購經驗。至於 Kindle，正如我們在第 7 章的描述，由於已經有人在銷售電子書，讓我們的顧客擁有很棒的電子閱讀器，並可以自由操控這部機器，這種電子閱讀器就有了真正的價值。讓顧客感受產品差異化，這點經常是我們發明的關鍵原因。

然而，昨天是對的，今天不見得也是對的。其實，今天亞馬遜已經開始打造資料中心所需的電腦硬體。為亞馬遜雲端運算服務資料中心量身訂做的電腦硬體有兩大好處，不但可降低成本，也可大幅提升電腦硬體的穩定性，因此能以更

低廉的價格和更可靠的服務品質，讓雲端運算服務的顧客感
到信任。

　　我們在發明時，以顧客需求作為驅動力，著眼長遠，並
耐心的去做，和一般公司截然不同。很多公司會採取「技能
導向」的傳統做法，也就是利用既有的技術和能力來追求新
的商機。雖然這種做法也有成效，但有一個根本問題：公司
缺乏驅動力，永遠無法駕馭新的技術、開發新的能力、雇用
新類型的領導人，或是創立全新的組織。如貝佐斯所言，亞
馬遜的逆向工作法，也就是以顧客需求作為起點，而不是從
公司的需求或能力開始；這就好比「一開始鍛練肌肉，總是
會不舒服和尷尬，但請別在意。」

　　在本書第二部，我們將詳述亞馬遜的四大天王：電子
閱讀器 Kindle、尊榮會員服務 Amazon Prime、影音串流平台
Prime Video 和雲端運算服務 AWS。當然，亞馬遜還有很多
亮點，本書未能仔細著墨，如亞馬遜物流中心、聲控智慧音
箱 Echo、語音助理 Alexa、Kindle 自助出版等。

　　我們不打算用一整個章節來討論一個失敗案例，然而
還是值得在這裡簡單提一下。亞馬遜精心打造的智慧型手
機 Fire Phone 銷量慘淡，最後卻成了一個無用的東西。這款
手機的產品發表會可說是亞馬遜新品上市最盛大的一場。手
機最大的特點就是「動態視角」（dynamic perspective），讓

使用者在移動手機時，可透過不同的視角和角度，在螢幕上
看到不一樣的畫面內容，因而產生3D的動態感覺。這是因
為亞馬遜在這款手機螢幕正面的四個角落，都加上一個廣角
小鏡頭及一個陀螺儀來追蹤使用者的動作。為了這款手機的
3D效果、幾個創新的小地方及手機的標準特色和功能，共
有一千多人投入這個計畫，目的是希望提升顧客經驗。這款
手機約有三十多個app，包括真人技術支援熱線按鈕，一鍵
就可接通顧客服務、無限量的雲端照片庫、時鐘、日曆、音
樂播放器、Kindle等。

這麼酷的手機在2014年6月上市。到了2015年8月就黯
然退出市場。這到底是怎麼回事？

首先，儘管已有新聞稿和常見問答的說明，Fire Phone
仍未解決一個重要的顧客問題，也沒能創造美好的顧客體
驗。我（比爾）在2012年剛得知這個計畫時，不禁納悶：儘
管3D很酷，但為什麼手機要做3D？下面是這款手機上市當
天發布新聞稿中的一段內容：

2014年6月18日／西雅圖／美國商業資訊
亞馬遜公司今天發表首款自有品牌智慧型手機Fire。
Fire是全世界唯一擁有動態視角和物件識別器功能
（Firefly）的手機，由於這兩種技術上的突破，使用者

得以透過全新的鏡頭來看世界，並與之互動。動態視角使用新的感應系統，來回應使用者拿手機、看手機、移動手機的方式，這是不可能從其他智慧型手機得到的經驗。Firefly則可迅速辨識實體世界中的東西，包括網路、電子郵件信箱、電話號碼、QR碼、條碼、電影、音樂及數以百萬計的產品，只要你按一下手機側邊的按鈕，就可馬上化為線上的具體行動。[3]

其次，這款手機價格高貴。亞馬遜的指導原則之一是節儉，而且我們已向世界表明，我們是一家物超所值、打破商業模式的公司。對顧客而言，核心原則就是價格低廉。現在，這支Fire Phone綁約價為199美元（與行動網路業者綁約兩年），跟蘋果的iPhone一樣。現在，199美元聽起來很便宜，但那時的手機有補貼，價格也低得多。我們後來把價格砍半，合約價只要99美元，甚至祭出99美分的價格，等於免費贈送。但這並不重要，因為這支手機根本就沒人要。

最後，Fire Phone太晚打入市場，而且只有一家行動網路業者，也就是AT&T。那時，有四家行動網路業者販售iPhone，這些業者也賣其他品牌的手機。貨架上可供選擇的產品很多，市場競爭激烈。

如果Fire Phone以低於iPhone的價格切入市場，功能酷

炫，附贈一年價值99美元的尊榮會員服務Prime，能在市場上存活下來嗎？或許吧。

重點是，這麼做也許能提高成功的機率，並不能保證一定會成功。貝佐斯本人深入參與Fire Phone的開發。Fire Phone的新聞稿和常見問答是他和兩位計畫領導人伊安・傅里德（Ian Freed）及卡梅倫・詹斯（Cameron Janes）一起寫出來的。他和團隊相信他們在創造一款顧客會喜愛的手機，而且說服自己，但是他們錯了。即使是最好的流程也只能改善決策品質，沒有任何流程可以為你做決策。

其實，儘管Fire Phone一敗塗地，貝佐斯並沒有懷疑創造這款手機的流程。他寫道：「我們都知道，如果你用力一揮，也許常常揮棒落空，但是也可能擊出全壘打。」在棒球場上，全壘打頂多讓你拿下四分，但在商業領域，全壘打可能讓你得到無限多分。最關鍵的一點是，我們要了解，少數大贏家願意為許許多多的失敗或些微的成功買單。

在Fire Phone退出市場後，有一次記者問貝佐斯Fire Phone失敗的事。他答道：「如果你認為那是大失敗，我們正在研究更大的失敗，我可不是在開玩笑！」[4]發明的規模和錯誤必須和組織同步增長。如果不是這樣，發明可能微不足道，起不了作用。

隨著公司規模的擴大，要讓發明機器不斷運轉，會變

愈來愈難，其中一個障礙就是「一體適用」的決策。貝佐斯在2015年致股東信中寫道：「有些決策影響很大，而且是不可逆的，或是幾乎沒有逆轉的機會，就像是單向門，這些決策必須有條理、小心翼翼、緩慢的進行，經過深思熟慮和諮詢。一旦你通過那項單向門，萬一你後悔了，也不能回頭。這就是我們所謂的第一類決策。但是大多數的決策不是這樣，是可以改變、逆轉的，這就像雙向門。如果你發現決策不理想，你不必一直忍受下去。這就是第二類決策。你可以重新打開雙向門，走回原來的地方。判斷力高的個人或小團隊能夠迅速做出這樣的決策。」尊榮會員服務Prime就是雙向門式的決策。如果這個訂閱、免運費和快速到貨的特殊組合服務不成功，我們還可以回頭修改，直到盡善盡美。其實，我們並非一開始就用Prime來解決這個問題，在此之前已有運費超省方案（Super Saver Shipping）的雙向決策，也就是訂單超過25美元就可享境內免運費寄送，這個方案最後演化成Prime。反之，Fire Phone則比較像是單向門的決策：在這款手機退出市場之後，亞馬遜並沒有轉身說：「好吧，既然如此，我們來試試另一款手機。」

　　為了管理單向門決策，大公司往往會發展出一種決策過程，正因為糟糕的決策會帶來大問題，甚至災難。這個過程通常很緩慢、繁瑣，甚至想要規避風險。由於大公司通常

會採用這個過程，幾乎也不假思索的用在雙向門決策上，結果，組織步調變得愈來愈慢、傷害創意、扼殺創新，以及拉長開發週期。

這就是為什麼亞馬遜就像剛成立的新創公司，重視速度、敏捷、願意接受風險，同時堅持最高標準。自公司成立之初，這種心態就是亞馬遜之道的一部分。貝佐斯在1999年寫道：「在每一個計畫，我們必須致力於持續不斷的改進、實驗和發明。我們想要做先鋒，這就是亞馬遜的DNA。這也是件好事，因為沒有這種開拓的精神，我們就不能成功。」[5]

第 7 章

電子書閱讀器 Kindle

本章重點：

- 比爾心不甘情不願的接下新任務。
- 亞馬遜向數位領域發展是逆向工作法的一個例子。
- 亞馬遜能做硬體嗎？
- 外包，還是自己來？
- 打造能夠掃除閱讀障礙的裝置。
- Kindle上市及歐普拉的金口加持。

亞馬遜資深副總裁（一副不以為然的樣子）：你到底打算在Kindle投資多少錢？

貝佐斯（平靜的轉向首席財務長，笑了一下，聳聳肩）：我們有多少錢？

2004年1月，經理史蒂夫‧凱瑟爾請我（比爾）去他辦公室開會。他將在會議中扔下我在前言中描述的「震撼彈」。過去四年，史蒂夫在亞馬遜步步高升，已成為全球媒體零售部門（書籍、音樂、影音）的副總裁，現在又被提升為資深副總裁，直接向貝佐斯匯報（成為最高領導團隊的一

員），並將負責建立新的數位媒體業務。他希望我跟他並肩作戰，一起領導數位媒體團隊，工程組織則由席格爾（H. B. Siegle）負責。貝佐斯支持這麼做，並對我們寄予厚望。

　　我本來是美國媒體零售部門的主任。當時，這個部門的營收占全球營收的77％，[1]可謂亞馬遜第一大部門。我以為史提夫升上資深副總裁之後，我就可以接他的位置，擔任全球媒體零售部門副總裁。我的生涯終於要起飛了。沒想到，事與願違，現在主管要我幫忙，跟他一起去公司最小的一個事業單位。當時，亞馬遜數位媒體的業務包括新推出的書籍全文檢索服務（Search Inside the Book）和電子書團隊（大約五人），藏身於史提夫領導的媒體零售部門，年營收只有幾百萬美元，根據當時的電子書市場來看，似乎沒有多少成長的前景。於是，我們這個小團隊（包括史蒂夫・凱瑟爾、席格爾和我）脫離零售部門，創建亞馬遜的數位媒體部門。

　　後來，聽史蒂夫解釋貝佐斯的想法，我的感覺不同了。史蒂夫告訴我，貝佐斯認為亞馬遜已經來到一個重要的十字路口，現在是採取行動的時候了。雖然實體媒體的業務仍在成長，不過我們都知道，媒體業務已轉向數位化，實體媒體終究會衰退，重要性會下滑，也不再是顧客唯一的選擇。那年，也就是2004年，蘋果賣出一百三十萬部iPod，這幾乎是前一年的四倍；而線上數位音樂檔案的分享與下載迅速蔓

延，已使音樂CD銷售額下挫。似乎實體書籍和DVD早晚也會衰退，被數位下載取代。

貝佐斯覺得我們必須立即採取行動。他一旦下定決定，就會力行「崇尚行動」的原則。

對我的職涯來說，這意味著太空船最好的座位，不然就是窩在一個小部門好幾年，永遠無法升空。我將發現，通往數位世界的成功之路是一條漫長、充滿挫折、困難的道路，可能踏出的第一步就錯了，並且飽受失敗的折磨。然而，正如前述，我們並不期待會有什麼不同。有時候，我們會對要打造什麼產品及該怎麼做吵得臉紅脖子粗。我們是否該把焦點放在書籍、音樂，還是影片上？我們該建立一個訂閱服務系統，透過廣告讓用戶免費使用，還是讓用戶隨選付費？或者免費、付費並行？我們該打造自己的裝置，或是跟製造商合作？還是收購其他公司，以加速進入數位世界？在整個組織中，有些領導人及某些董事會成員都曾質疑我們為何要在數位媒體投入這麼多時間、精力和金錢。正如你們將看到的，攻占數位媒體與在網路上銷售實體商品，所需的技能完全不同。

但是我們（數位媒體團隊的領導人和成員）堅持不懈。我們已做好砍掉重練的心理準備，不時改變戰術、端出更好的策略。我們有一個不變的長期目標，也就是開創巨大的數

位媒體業務，投資在消費者喜愛的新服務（及裝置）。貝佐斯不斷的對我們耳提面命，無論做什麼都要不斷努力，以發現能打動消費者的經驗。

我們在數位領域努力多年之後才站穩腳跟，並占有一席之地。

史蒂夫第一次找我談數位業務，過了幾天後，我已經接受自己要扮演的角色。幾個月後，我晉升為副總裁。歷經一、兩次組織變革之後，身為數位媒體副總裁的我在亞馬遜數位音樂及影音集團施展全力，直到2014年底離開這家公司。在這十年間，我催生出Kindle電子閱讀器、平面電腦Fire Tablet、電視機上盒Fire TV、尊榮影音串流服務Prime Video、亞馬遜音樂串流服務Amazon Music、亞馬遜影視製作部門Amazon Studios、聲控智慧音箱Echo及語音助理Alexa技術。

在建立亞馬遜數位業務的漫長征途中，我們證明一點：在一個已經卓然有成的企業裡，要建立新業務、完成轉型，需要無比的耐心和意志堅定的領導人，才能熬得下去。我們剛踏入數位領域時，完全是新手，最後能成為業界翹楚，原因不外乎堅守亞馬遜之道的原則和想法，包括遠見卓識、長期思維、顧客至上、不怕長時間被誤解，以及勤儉節約。每一家公司每季都得拿出財報、每天都必須面對股票市場的波

動，在這龐大的壓力之下，很少公司能堅持那些原則。當時，很多公司擁有的資金比亞馬遜要來得多，也想建立數位王國，卻宣告失敗。即使你的公司只是小蝦米，競爭對手是大鯨魚，堅持上述原則也能使你打敗對方。

數位轉型

　　知道要投資數位媒體、獲得新能力的，不只是亞馬遜。1999 年 6 月數位音樂分享平台 Napster 問世，隨即掀起一股瘋狂旋風。Napster 爆紅告訴所有的人：消費者的需求已從實體媒體轉向數位媒體。

　　2003 年秋天的一個下午，貝佐斯、柯林和狄亞哥・皮亞森蒂尼（Diego Piacentini）在賈伯斯的邀請下，離開亞馬遜西雅圖辦公室，前往庫珀蒂諾的蘋果園區與他會晤。皮亞森蒂尼曾是蘋果副總裁，跳槽到亞馬遜擔任全球零售資深副總裁。賈伯斯和一位蘋果員工歡迎我們的來到，帶我們到一間看起來很普通的會議室。裡頭擺了台 Windows 個人電腦和兩盤外帶壽司。那時，已過了晚餐時間，我們就音樂產業的現況聊一下，一邊夾起盤子裡的壽司狼吞虎嚥。賈伯斯拿餐巾紙擦擦嘴巴之後，就切到正題，講述這次會晤的真正目的，並宣布蘋果剛開發出第一個可用於 Windows 電腦的應

用程式。他平靜且胸有成竹的告訴我們，儘管這是蘋果第一次為Windows電腦開發程式，他有把握，這將是有史以來最棒的Windows應用程式。接著，他親自展示即將推出的Windows版iTunes給我們看。

賈伯斯一邊展示，一邊說道，這個應用程式會如何顛覆音樂產業。在此之前，如果你想從蘋果那裡購買數位音樂，你得有一部Mac電腦。當時，在家用電腦市場，不到10％的消費者擁有Mac電腦。Windows是蘋果的死對頭，蘋果破天荒為其開發軟體，顯示他們多麼看重數位音樂市場。現在，任何人只要有電腦，都能從蘋果購買數位音樂。

賈伯斯說，CD唱片遲早會像卡式錄音帶，化為時代的眼淚。不但成為垃圾，銷售量很快就會急遽下滑。他又說了一句，不知只是陳述事實，或是想要激怒貝佐斯，讓他在衝動之下鑄成大錯。他說：「亞馬遜很有可能變成世界上最後一個購買CD的地方。這門生意利潤高，但規模很小。由於CD難找，物以稀為貴，你們必然可以高價賣出。」貝佐斯沒上鉤。我們是客人，客隨主便，聽他說說就好。但我們心知肚明，獨家販售古董CD聽起來不是有吸引力的商業模式。

雖然這次會議可能對貝佐斯的思想帶來衝擊，但只有貝佐斯自己能這麼說。我們只能說，後來貝佐斯做了什麼，以及沒做什麼。很多公司老闆也許會立刻動員公司上下，啟動

專案以對抗來自敵人的威脅，並發布新聞稿宣稱該公司的新服務將會獲得最後的勝利，接著建立數位音樂服務。貝佐斯沒這麼做，他花了些時間消化那次會議，並且擬定計畫。

　　幾個月後，他指派史蒂夫・凱瑟爾獨挑大樑，負責數位業務。由於凱瑟爾直接向他匯報，兩人就可一起合作，讓數位媒體的願景和計畫得以成形。

　　換句話說，他的第一個行動不是決定「做什麼」，而是「找誰」以及「怎麼做」。這是個無比重要的關鍵。貝佐斯不是馬上決定要做什麼產品。反之，他經過一番思考，發現這是個大機會，但涉及層面相當複雜，如要成功，必須注入很多心力。於是，他先把焦點放在團隊的組成，決定誰是最好的領導人，以得到好的成果。

　　儘管數位轉型是必然的趨勢，沒有人能預測這股浪潮何時會襲來。沒有人想太早進入，有產品而沒有市場，又有什麼用？也沒有人想要錯過時機，趕不上別人的腳步。我們知道，我們必須思索在這新的典範中，最佳的顧客體驗為何，並且想方設法創新以擺脫困境。我們本身具有的DNA，包括以顧客為中心、長期思維和發明，就是最好的資產。

　　像沃爾瑪、邦諾書店這樣的零售業者，甚至包括亞馬遜的網路媒體業務，還有其他媒體巨人，如迪士尼（Disney）、環球音樂（Universal Music）、華納（Warner）

和蘭登書屋（Random House），都是實體媒體製作或發行的要角。微軟、蘋果、Google、網飛（Netflix）、沃爾瑪、三星（Samsung）、索尼、華納等許許多多的公司，未來幾年將投入幾十億美元在數位媒體上。這些公司都清楚的看到變革即將到來。有些比較占優勢的公司已躍躍欲試，想要搶得先機、大展身手。有一些公司的投資已有成績（如YouTube、Hulu、Spotify及蘋果接觸的數位業務），還有很多公司則只能壯士斷腕、宣告失敗（如微軟的音樂播放器Zune、索尼的電子書E-Reader、邦諾的電子書閱讀器Nook、線上音樂服務PressPlay、MusicNet等。）那時，亞馬遜沒有幾十億美元可投入數位媒體，因此我們要和上述的大公司競爭，就得靠勤儉節約原則。

貝佐斯對歷史的教訓念念不忘，經常提醒我們，消費者的需求是會變的，如果一家公司不改變或不願改變、適應，就會注定失敗。「你不想變成柯達（Kodak）吧。」他口中的這家相機底片大廠，就是因為錯失數位轉型的機會而慘遭市場淘汰。我們不會像柯達那樣坐以待斃。

從概念上來說，我了解並接受這個歷史教訓。我不明白的是，為什麼我和史蒂夫必須被調到新的工作崗位，建立一個全新的組織。既然我們一直負責媒體業務，何不同時兼顧數位媒體？畢竟，我們的合作夥伴和供應商是同一批人。媒

體必須來自某個地方，這個地方就是媒體公司：也就是圖書
出版商、唱片公司和電影製作廠。我已經和這些公司建立合
作行銷關係，大可利用我們團隊的知識與長處，在同樣的組
織之內發展數位業務。否則，亞馬遜將由兩個不同的部門跟
原來的合作夥伴和供應商合作。

　　但貝佐斯認為，如果我們把數位媒體當成是實體媒體業
務的一部分來管理，就不會優先考慮數位媒體。無論如何，
公司大抵是由實體媒體業務支撐起來的，主事者難免會大小
眼，仍以實體媒體為重。史蒂夫告訴我，把數位媒體做起來
對貝佐斯來說非常重要，他希望史蒂夫心無旁鶩，把心思全
部放在數位媒體上。因此，史蒂夫希望我能跟他一起打拚，
開創這個新業務。

　　這個變化就是亞馬遜單一領導人／單一執行團隊的第
一個重要例子。在史蒂夫擔任數位部門領導人之前，數位媒
體業務最資深的主管是職位比史蒂夫低四級的產品經理。在
未來幾年，這個級別的人不可能開發新產品和領導新計畫。
由於貝佐斯極度重視數位部門，希望這個部門日後能成為亞
馬遜的業務引擎，他需要史蒂夫這樣的人才，也就是經驗豐
富、效能十足的副總裁（現在他已被拔擢為資深副總裁），
直接向貝佐斯匯報，數位媒體部門就由他當主帥。接著，他
將找一群資深主管，建立團隊，每一位主管都將單獨負責數

位媒體業務的某個層面，如硬體、電子書、音樂、影片等。

　　最後，我終於明白這種組織方式的重要性。如果我們得一面經營線上的實體媒體業務，一面開拓數位業務，就不能在數位領域全力衝刺。我們在打造電子書閱讀器和服務時，對重塑顧客體驗就不會有轉型式的創新想法。如此一來，我們提供的顧客體驗，只是把實體和數位拼湊起來的東西。我們必須從零開始。

　　面對這突如其來的職務調動，我本來大失所望，沒想到這個變動對公司而言是最好的安排，也成為我的生涯亮點。

亞馬遜數位媒體及裝置的創建階段

　　為了摸索電子書、音樂和影片銷售的細節，我們大約花半年的時間研究數位媒體的情況，領導團隊每週跟貝佐斯開一次會，進行腦力激盪，討論無數的想法和概念。

　　我們也和媒體公司（圖書出版商、唱片公司、電影製片廠）會面，討論電子書及數位影音的現況和未來。目前已有電子書，但出版商沒在這上面投資，當然也不看好電子書的發展。電子書目不多，而且和精裝書一樣貴。由於盜版迅速扼殺CD業務，而且蘋果已透過iTune販售數百萬歌曲給數百萬的iPod用戶，唱片公司希望我們能快點打進數位音樂市

場，這樣他們就能有更多零售商，而不是只能跟蘋果打交道。

當時，還沒有數位電影和電視劇集。由於內容生產者有風險趨避的傾向，擅長從現有的運作獲得最大的現金流，拙於創造新的經營方式。因此，他們對節目或影片授權給亞馬遜這樣的數位服務供應商不感興趣。

2004年12月，史蒂夫、貝佐斯和我去加州環球市（Universal City）的希爾頓酒店參加數位音樂產業舉行的音樂2.0會議。由於貝佐斯是1999年度《時代雜誌》年度風雲人物，當時，他已為商業界和媒體界所熟知。如此赫赫有名的執行長會在這樣的會議現身，當然是不尋常的。因此，不管我們走到哪裡，周圍都有竊竊私語的嗡嗡聲。一直有人來跟我交流，希望我能幫忙牽線，讓他們有機會跟貝佐斯談談。

我們聽了幾個人的演講，其中一個是環球音樂資深主管肯賴瑞・斯威爾（Larry Kenswil），他講述的是數位音樂業務的現況。當時，數位音樂業務分為兩大陣營：一個是像Napster的免費檔案分享服務；另一個則是像蘋果，以一首歌曲99美分的價格讓iPod使用者下載。肯斯威爾希望有更多大型科技公司加入數位音樂的行列，畢竟這意味著能為環球音樂帶來更多營收。他顯然知道我們在觀眾席上，因為他有些評論顯然是衝著貝佐斯說的。他說，亞馬遜怎麼還沒踏入數位音樂領域？太不可思議了。他希望我們趕快加入。

　　第一年，我們必須做一個決定。要建立一個業務部門？還是買下一家已在這個領域經營的公司？我們跟貝佐斯開了很多次會議，我和史蒂夫針對自己推出音樂產品或是可能收購的公司提出看法。每次開會，貝佐斯都對抄襲的想法表示不屑，一再強調，無論我們想要打造什麼樣的音樂產品，都必須提供真正獨特的價值給消費者。他經常描述每一家公司在開發新產品和服務時，必須從兩種基本方法做選擇。一種是亦步亦趨，緊跟著成功的產品，迅速推出近似的產品，另一種方法則是為消費者打造全新的產品。他說，雖然這兩條路都可以，但他希望亞馬遜是一家致力於創新、發明的公司。

　　為什麼呢？就數位業務來說，這個產業的變動要比大多數的產業來得快。如果採取亦步亦趨的策略，等我們做出跟對手類似的產品或服務時，對手或其他人早就做出更好的東西。在我們做出不同的東西之前，既有服務的回收期將不夠長。蘋果的音樂服務進化得很快，從 iPod 到 Mac，甚至能無縫同步到 iPhone 和 iPad，可見就數位媒體而言，想要亦步亦趨，結果一下子就會被拋在後頭，連人家的車尾燈都看不到。貝佐斯明白表示，儘管在數位媒體會議上有人對他拋出誘餌，但他不會上鉤。這不是亞馬遜的做事方式。他很清楚，要學蘋果做 iPod 或 iTune 的類似產品，只是畫虎不成反類犬。他也不想利用公關機器先聲奪人，向大眾宣布亞馬遜

已打進數位業務。他選擇的是超越音樂類別的發明之路，把焦點放在電子書和電子閱讀器，從這裡作為探索數位世界的起點。他用這種做法再次強調他的信念，也就是真正的發明會為顧客和股票帶來更長遠的價值。

我和團隊很快就了解，發明要比亦步亦趨的跟隨對手來得困難。如果你想緊跟著對手，你的路線圖很清楚：你研究對手做了什麼，然後照著做。發明則沒有這樣的路線圖。

發明很辛苦，你得仔細評估，並捨棄很多選擇和想法。因此，我們思考要走上哪一條路，看是要自行建造或收購，並和數位媒體界的很多公司進行無數次的會談。如此一來，我們就可了解可能的收購選擇。再者，這些公司的創始人和領導人曾面臨種種產品開發挑戰，他們願意分享自己的經驗和見解，也可使我們迅速掌握數位媒體界的各個層面。同時，我們已開始為數位媒體產品撰寫新聞稿和常見問答，並和貝佐斯一起檢閱和討論。這兩個流程互相加強，到了2004年底，我們的想法和願景更清晰了。接著，我們把焦點放在這樣的願景上，著手設計組織、組建團隊。

貝佐斯請史蒂夫掌管數位部門時，他也改變了公司高層的組織結構。在此之前，史蒂夫必須向全球零售資深副總裁皮亞森蒂尼匯報，皮亞森蒂尼再向貝佐斯匯報。現在，史蒂夫直接向貝佐斯匯報，可見貝佐斯很重視數位部門。

　　這種做法有兩個很大的好處。首先，這意味著史蒂夫只
要專心在數位業務，公司的其他業務或運作，他都不必管。
他擁有自主權和權力，可一肩挑起數位部門。其次，這意味
著皮亞森蒂尼及其同僚不用插手管數位部門的事。他們只要
負責做好零售、市場業務及物流中心網絡。此外，貝佐斯在
這時候做出一個明確的選擇。他將挪出大部分的時間與史蒂
夫等數位部門領導人合作，確定產品發展的方向，並確保他
們能擁有需要的資源。這表示貝佐斯會減少監督零售和市場
的時間，並把更多的自主權交給皮亞森蒂尼和威爾基這樣的
領導人。

　　貝佐斯能做出這些改變，正是因為第一部介紹的種種
亞馬遜流程。例如，六頁報告與最高領導團隊目標讓貝佐
斯得以隨時掌握所有零售和市場重要計畫，有效的給予回
饋意見，即使他現在沒那麼多時間管理這些部門。至於數位
部門（及AWS）的新案子，新聞稿和常見問答流程使他得
以花幾週或幾個月的時間，對每一個案子的細節瞭若指掌。
一旦他和團隊就新聞稿和常見問答的細節有了共識，數位及
AWS領導人知道他們和執行長步調一致，就可卯足全力建立
團隊、推出新產品。這就讓貝佐斯能同時指導、影響多個計
畫。這樣上下一心，不只是因為貝佐斯是執行長，而是因為
我們已有一定的工作流程。任何公司只要有這樣的流程，團

隊就能自動自發，並與領導人的意圖同步。

　　在組織方面，我們採用的是兩個披薩團隊。這個原則是貝佐斯提出的，他認為不論是會議或工作團隊，都不該超出兩個披薩能餵飽的人數。因此，我們的數位團隊是獨立的，不會依賴工程和業務部門，分散他們的戰力。我們和貝佐斯達成共識，知道必須達成的目標，就能自主展現自己的能力。從貝佐斯的角度來看，這意味著他不必要花時間解決團隊資源衝突或依賴的問題。每一個領導人各自負責找人（最少五、六人，不會超過十人），並帶領自己的小團隊達成目標。此外，他也可以看出公司重要計畫是否有足夠的人員去執行。由於這些團隊不依賴其他團隊，貝佐斯就能確知既定計畫是否完成，而不會被其他部門擱置否決。沒有這些新的流程，他就很難在組織公司和時間分配上做出這麼大的改變，結果也就差強人意。在公司面對要打造什麼產品以及資源是否足夠的問題時，這些方法使執行長（或其他領導人）及其組織協調一致。

　　我和亞馬遜其他領導人一樣學會運用這些流程，隨著組織成長，我的掌控範圍擴大了，也能成功完成多個複雜的產品和計畫。拜這些工具所賜，在幾年內，我帶領多個團隊，深入數百個最高領導團隊年度的目標和新產品計畫，並進行評估和管理。

　　我們把兩個披薩團隊應用在史蒂夫及其直屬部屬以下的所有人員。兩個披薩團隊的頂端比較複雜。例如，產品、工程和業務部門是否該向同一個領導人匯報？還是每一個部門該由自己的領導人來掌管，這些領導人再組成一個團隊？

　　我們決定每一種數位產品（書籍、音樂和影片）的業務和技術都由不同的領導人負責。這些領導人再自行聘用專門的人才，如產品管理、行銷和銷售、供應商和內容管理（從出版商、唱片公司或電影製片商取得數位授權內容）。每一個產品類別的總經理都有一個相對應的工程領導人。因此，每一個產品類別都有對應的工程小團隊，負責軟體服務的主要組成部分（如內容擷取和轉換）以及客戶應用軟體。這是基於領導人技能所做的務實決定。例如，我本來沒有管理工程組織的經驗，而我在工程方面的搭檔則沒有業務經驗。這種情況在幾年後有了轉變。

　　在幾個月內，顯然我們將需要更多的資深領導人（他們將直接向史蒂夫匯報）來經營、管理每一個組成部分。2004年初，史蒂夫只有兩個直屬部屬：即負責數位業務的比爾和工程部分的領導人席格爾。到了2005年中，史蒂夫已為每個產品和業務願景的每個部分，雇用多位有專業技能的領導人，也修正組織結構以容納這些人。每次修正，每個領導人的職責都會變得更專精，角色卻更加吃重。在大多數的公

司，領導人的職責遭到縮減，會被認為是一種降級，很多副總裁和董事都是這麼看的。但在亞馬遜，這不是降級，而是一種訊號，代表我們從大處著眼，而且在數位方面進行長期投資。

就我的例子來說，我帶領的業務團隊負責範圍本來包含電子書、音樂和影片，到了2005年，我只要專心在音樂和影片的業務。到了2007年，我負責的範圍又變大了，除了業務，還得領導工程團隊。我負責的範圍每年都有變化，變得愈來愈廣，到難以拆分的程度，或是無法把團隊分解成次團隊。舉個簡單的例子來說：在2004年，影片使用者應用程式的開發本來是由一組「兩個披薩團隊」負責。後來，這項工作變成三組團隊負責：分別開發網頁版、手機和電視的應用程式。後來，手機團隊從一組變成四組（分別負責iPhone、Android手機、iPad和Android平板電腦），而電視團隊也變成五組以上（包括Xbox、PlayStation、內建選台器和節目指南的數位錄影機TiVo、Sony液晶電視Bravia、三星電視等）。一開始，我們只有兩組「兩個披薩團隊」，到了2011年已超過十組以上。

我們的數位媒體領導人有些是來自公司內部，如尼爾・羅斯曼（Neil Roseman）和丹・洛思（Dan Rose），有些則是老鳥歸巢，如艾力克・林沃德（Erich Ringewald）曾在亞

馬遜工作，後來離開了，到了2004年底，我們說服他回來，帶領數位音樂的工程團隊。葛雷格・捷爾（Gregg Zehr）和傅里德等人則是從掌上型電腦Palm、RealPlayer播放器製造商RealNetworks等公司招募過來的人才。到了2005年中，我們的核心領導團隊已經就位。

現在回想起來，我們採用的組織結構並不激進，也與其他公司沒什麼不同。激進的部分是，這些團隊是在當時的零售、市場業務及工程組織之外建立的。我們把眼光放遠，重新招兵買馬，建立一個大型組織，以支持三個具有冒險性質的新業務。

亞馬遜也要做硬體嗎？

在產品發想會議中，我們愈來愈清楚，我們不只需要一個新團隊，也需要新的能力，如硬體裝置。貝佐斯指出數位媒體零售業務和既有的實體媒體零售業的根本差異。我們在實體媒體的競爭優勢，是基於擁有廣泛商品選擇的單一網站。但這不可能成為數位媒體的競爭優勢，因為數位媒體的進入門檻很低，不論是資金充足的新創公司或是知名大企業都可能和我們旗鼓相當。那時，儘管需要時間和努力，只要產品具有廣度和深度，就像其他數位媒體，任何公司都能建

立電子書城或是讓使用者以99美分下載歌曲。他們只是需要不厭其煩的把所有的數位音樂或電子書檔案匯總到一個線上目錄。貝佐斯希望我們的數位媒體在選擇與匯總方面能提供獨特、與眾不同的產品。我們知道，這點我們做不到。

我們實體零售業務競爭優勢的另一個關鍵因素，是能夠一直把價格壓低。回想亞馬遜的成長飛輪，這與我們較低的成本結構有關。與其他零售商相比，我們沒有實體店面。但以數位業務而言，價格結構並不是一個因素。無論你是亞馬遜、Google、蘋果，或是一家新創公司，管理與提供數位檔案的過程和成本基本上是一樣的。沒有任何一家數位媒體公司能透過已知的根本差異來取得競爭優勢，或是以降低數位媒體經營成本，讓消費者享有較低的價格，進而取得長期勝利。

貝佐斯最初請史蒂夫擔任數位部門的領導人時，他在白板上畫了一幅畫（當時還沒有上面的圖示和圖像，我們在這裡附上，以利讀者了解）：

內容創造　　←　　　匯總　　　→　　　內容消費

作者、音樂人、　　　　　　　　　　　裝置與app
影片製作者

　　貝佐斯對史蒂夫解釋說，數位媒體價值鏈有一個重要差異。以實體零售而言，亞馬遜在價值鏈的中央位置運作。我們在單一網站上儲存、匯集大量商品，然後便宜、快速的供應給消費者，從而增加價值。

　　如果要在數位領域成功，由於實體零售增加的價值不能帶來優勢，我們必須從價值鏈中尋找能帶來差異，並為顧客提供良好服務的部分。貝佐斯告訴史蒂夫，這意味著我們必須從價值鏈的中央轉向兩端。一端是內容，也就是價值創造者，包括書籍作者、影片製作人、電視節目製作人、出版商、音樂人、唱片公司和電影製片廠。另一端是內容的銷售和消費。在數位領域，這意味著把焦點放在消費者用來閱讀、觀看或聆聽的應用程式和裝置，如蘋果的iTune和iPod。我們都注意到蘋果短期內在數位音樂的成就，希望能把這些心得用在長期產品的願景上。

　　我們的核心競爭力尚未延伸到價值鏈的兩端。

　　史蒂夫沒讓這點成為障礙。有次開會時，他說，一家想要成長的公司會評估自己已有的能力，問道：「從我們的技能組合來看，下一步能做什麼？」他強調，亞馬遜總是以顧客作為出發點，然後逆向去做。我們會先了解顧客的需求是什麼，然後問自己：「我們具有必要的技能打造顧客要的東西，滿足他們的需求嗎？如果沒有，我們要如何培養或取

得這樣的技能？」一旦我們確定哪些是能為顧客創造價值、以及如何和對手區分的必要條件，就不會讓能力不足成為阻礙，無論如何都得達成重要的最終結果，也就是打造出自己的裝置。

因此，儘管我們對怎麼做硬體一無所知，貝佐斯和史蒂夫還是決定從消費鏈的另一頭開始：硬體，特別是電子書。他們決定這麼做的原因有好幾個。一個原因是，書籍仍然是亞馬遜最大的商品類別，一想到買書，一般消費者就會想到亞馬遜。雖然音樂是第一個轉向數位的，不過蘋果已經搶得先機，具有很大的領先優勢，關於音樂裝置或音樂服務理念，我們還沒辦法提出令人驚豔的新聞稿和常見問答，來跟蘋果的服務和產品媲美。影片還沒數位化，似乎是個機會，然而在那時要創造很棒的影片體驗，顯然還有很多障礙，包括從影片公司那裡獲得授權，以提供電影和電視節目的數位檔案給消費者，而且影片檔案很大，要從網路下載需要很久的時間，再者，消費者要在自己的電視上播放這些影片時，仍有很多不確定性。

基於這些因素，我們決定在電子書和閱讀器上進行大量的人員和資金投資，並建立幾個小團隊來負責數位音樂和影片。

從書籍開始的另一個原因是，當時電子書業務還很小，

而且沒有好的閱讀器，只能在個人電腦上閱讀，在電腦網頁上看書絕不是好的閱讀體驗。我們相信，消費者閱讀電子書會希望像iTune/iPod那樣，有專屬的應用程式搭配專屬的行動裝置，可以閱讀曾出版的任何書籍，內容下載價格低廉，只要完成購買，在幾秒內就可以開始閱讀。我們需要自己發明這種閱讀器，而要開發這樣的產品可能需要好幾年。

　　亞馬遜本來純粹是一家電子商務經銷商，銷售他人製造的零售商品，要變成一家硬體公司，製造、販售自己的閱讀器，這種想法引發很多爭議。在亞馬遜內部，數位領導部門以外的人，都很難接受我們要製造硬體，就連我也是，幾乎公司的每一個領導人和董事會的成員都在質疑這件事。我和其他人一樣，認為這麼做的代價太大（不符合節儉的領導原則！），必敗無疑。經歷這個過程，並且看到結果，我才對於創新如何運作有新的認識。

　　儘管我是史蒂夫的忠實信徒，我們一對一的討論這個問題時，我說出我的憂慮：「我們是電子商務公司，不是硬體公司！」我如此堅持。我認為，我們應該與擅長設計與建造硬體的第三方設備公司合作，專心做我們熟悉的東西：也就是電子商務。我經常跟史蒂夫說，他對硬體根本一竅不通，他開的那部老 Volvo 甚至沒裝汽車音響。

　　在我們一對一的談話中，史蒂夫耐心的解釋為什麼這

是正確決定。為了電子書商店和設備，我們寫了無數次的新聞稿和常見問答，最終結果很清楚：我們需要建立一家和閱讀器深度整合的電子書店。要讓顧客有令人滿意的購書和閱讀體驗，電子書與閱讀器的結合是一大關鍵。透過研究，我們了解依賴第三方雖然在經營和財務上的風險較小，但從顧客體驗的角度來看，風險則大得多。如果要從顧客的需求出發，逆向工作，最合乎邏輯的結論就是，我們必須打造自己的閱讀器。

他提出的第二點是，就像任何走到十字路口的公司，公司長遠的成功和生存，必須以擁有目前沒有的能力為前提，因此公司得擬定計畫來獲得這樣的能力，不管是自己建造或是併購其他公司。我們必須弄清楚，如何獲得在內部打造硬體裝置的能力。如果我們要在價值鏈的遠端創造偉大的顧客體驗，與其他公司有所區別，就不能外包，不能把重要的創新交給別人。我們得自己來做。

我們將自己打造硬體裝置的決定，透露出日後一系列的決定。很多公司決定打入自己不熟悉或沒有能力的領域時，會選擇外包，就像電子商務早期，也就是實體零售業最初創立自己的零售網站時，會與第三方開發商或顧問合作（有時，兩者都找）。這麼做能使他們快速行動，但也比較不靈活，無法創新、做出區隔化，不能持續滿足顧客的需求。將

電子商務外包的零售商缺乏創新和測試新產品的能力，如運費超省方案、尊榮會員服務或是亞馬遜的物流服務。他們只能從外包商提供的選項中挑選，充其量只能亦步亦趨的追隨創新者。在最糟的情況下，為了競爭，不得不實施端到端的產品體驗（像Prime），從網站到訂單管理系統、物流中心及配送方式。客製化的、整體的、端到端的體驗是不能外包的。

此外，在這種情況下，外包就是一個短視的典型例子，短期決策犧牲了長期的效益。其實，亞馬遜每天都在調整，看能不能做得更好。因此，每天都在拉長自己和競爭對手的距離。外包不見得省錢，但結果必須付出更大的代價。

我們決定自己做硬體還有另一個原因。如果我們把這份工作外包出去，成功打造出第一代閱讀器，相關知識和技術將由外包者取得，而非亞馬遜的人。由於我們需要的合作夥伴通常是為廣大的客戶製造他們特別訂製的硬體。外包者的合作對象很多，不只是我們，這些外包者可能擁有更好的技術，開發出更好的閱讀器，提供給其他公司，包括我們的競爭對手。我們希望獲得閱讀器的智慧財產權。

如果要成功，我們只有一條路，也就是尋找厲害的領導人。因此，史蒂夫開始去找了解產業的專家來帶領團隊，以打造非凡的硬體裝置。2004年9月，史蒂夫聘用了捷爾。捷

爾是矽谷老將，曾是Palm和蘋果的硬體工程副總裁。

亞馬遜在矽谷設立一個分支，由捷爾領導。會選擇矽谷而非西雅圖的原因，是為了利用矽谷的技術人才。相形之下，在西雅圖，這方面的人才沒那麼多，特別是硬體開發。這可說是亞馬遜更上層樓的關鍵一步，也就是從外部去尋找領導人，從而為公司帶來新能力，在公司大本營以外的地方發展卓越中心。今天，亞馬遜的勞動力絕大多數不在西雅圖的總部，但是當時還集中於總部，只有兩、三個遠距發展中心在總部之外，可見對亞馬遜而言，那仍是很新、很冒險的概念。我們認為這種遠距發展中心是達到目的的手段，而非目的本身。我們需要人才，而矽谷人才濟濟。

要捷爾這樣的外來領導人承擔開發閱讀器的重責大任，的確很冒險。我們如何確定他能成為亞馬遜人？畢竟，矽谷文化和亞馬遜文化大大不同。他如何學習、適應亞馬遜獨特的流程，如抬桿者、新聞稿、常見問答和六頁報告？這也是我們在抬桿者流程中會碰到的問題，不管你是大學剛畢業的職場新鮮人或是副總裁，都是如此。我不記得我們在找硬體工程副總裁時面試了多少人，應該不少人，而且這些人大都具有豐富的硬體開發經驗。然而，我們在面試的過程中發現他們不符合亞馬遜的領導原則，要找到符合原則的高階主管真的很不容易。然而，史蒂夫利用抬桿者流程找到他要的人

才。從捷爾到亞馬遜上任至今已過了十五個年頭，他依然在亞馬遜服務，負責多種亞馬遜裝置的開發和上市。

史蒂夫給捷爾的任務是建立一個硬體組織，並命名為一二六實驗室（一代表A，二六是指Z，意指所有曾出版的書，從A到Z都能買到），並挹注相當數量的資金。同時，羅斯曼和菲利克斯・安東尼（Felix Anthony）這兩位經驗老道、讓人信賴的亞馬遜工程副總裁則在西雅圖招兵買馬，建立軟體工程團隊，以打造Kindle體驗及電子書城所需要的雲端和後端系統。之後，傅里德則成為產品和業務組織的領導人。捷爾（硬體裝置）加上安東尼和羅斯曼（雲軟體）以及傅里德（產品與業務）及他們帶領的團隊，就是Kindle成功的關鍵。在公司資源有限時，各個團隊都必須盡可能節儉，眼見新的Kindle部門及其領導人得以雇用大軍，工程師和產品經理加起來約有一百五十人這麼多，其他團隊都羨慕不已。

2005年4月，我們收購一家專門開發電子書閱讀軟體的法國小公司Mobipocket。這家公司的閱讀軟體可用於個人電腦及行動裝置上。我們以Mobipocket的軟體作為第一代Kindle的軟體基礎。如果我們沒有收購這家公司，勢必要招募一個團隊來開發閱讀軟體。Mobipocket創辦人蒂埃里・布雷斯（Thierry Brethes）以及他建立的團隊給我們留下深刻的

印象。我們相信，他們的加入對亞馬遜數位媒體團隊來說可說是如虎添翼。由於Mobipocket團隊只有十個人左右，剛好可作為亞馬遜的一組兩個披薩團隊，全力投入Kindle閱讀器客戶端應用程式的開發。

有了Mobipocket團隊及其軟體，捷爾、羅斯曼、安東尼與傅里德開始與貝佐斯一起規畫第一代閱讀裝置的細節。貝佐斯告訴團隊，以活字排版印刷術製成的書籍已經歷五百年以上的考驗，至今仍沒有多大的改變。他們有一個大膽的目標，也就是改善這項發明，以電子書閱讀器作為書籍的載體，讓讀者能與內容直接連結。讀者一旦開始閱讀，就能直接沉浸於文本之中，忘了自己用的是閱讀器。

在這閱讀器發展的早期，我們決定將它命名為Kindle（這個字有「點燃」、「發亮」之意。）

在2004年至2007年間，亞馬遜已在Kindle計畫當中投入龐大的人力、資金和資源。這個計畫增加了幾十個人，大多數是新招募的人員，包括來自Real Networks的傅里德。對於這項計畫，貝佐斯涉入很深，已不可自拔，因此我們私底下都說他是Kindle的首席產品經理。

我們知道Kindle的發展需要時間和金錢，但到了2005年中，顯然這個計畫所需的時間與投資已經超過預期。2005年，最高領導團隊有一組人馬和財務團隊的成員一起

審查公司的經營計畫1。由於多個計畫的支出暴增，特別是Kindle，與會人士進行激辯。有人直截了當的問貝佐斯：「你到底打算在Kindel上投資多少錢？」貝佐斯平靜的轉向首席財務長蘇庫泰克，笑了一下，聳聳肩，問道：「我們有多少錢？」他以這種方式來表明Kindle的重要性，並向團隊保證，即使我們在這計畫投資這麼多錢，公司沒有風險的問題。在貝佐斯看來，現在放棄未免為時過早。

於是，我們繼續埋頭苦幹。

Kindle成形

我們希望Kindle能給讀者順暢的閱讀體驗，「去除所有閱讀障礙」。Kindle設計過程的關鍵決定就是源於這樣的願景。我們從別人打造的東西汲取靈感，尤其是黑莓機BlackBerry。那時，貝佐斯等亞馬遜高階主管，包括我，都對這款加拿大公司推出的行動無線通訊裝置愛不釋手。不用和電腦連線就可以看電子郵件。黑莓機可說是全世界第一部成功的智慧型手機。貝佐斯用過很多部黑莓機，有好幾支上面都是他在健身時留下的汗漬和油汙。

黑莓機真正吸引我們的是它的持續連線功能。貝佐斯跟每一個人一樣，希望自己的手機永遠在連線狀態，會自動顯

現新郵件。在數位媒體發展的早期，黑莓機是第一部這樣的裝置。那時，要把音樂等內容下載到MP3播放器或其他可攜式裝置，你得用傳輸線把裝置和個人電腦連接起來，讓兩者的內容同步。這個過程就是所謂的「側載」（sideloading），也就是不使用網路，在兩個設備之間建立物理或無線連接，然後傳輸資料。雖然用可攜式裝置把音樂帶著走很方便，但對大多數的消費者來說，側載還是很麻煩。我們從研究得知，一般消費者把iPod和個人電腦連接的頻率，大約一年只有一次。這代表大多數的人從可攜式裝置聆聽的並不是最新發行的樂曲。樂曲一聽再聽，懶得更新，這也就是「iPod煩膩症候群」的由來。

貝佐斯認為這是個機會。他希望Kindle能跟黑莓機一樣：無線，永遠不需要連接個人電腦。他不只想要解決「側載」的痛點，更希望把電子書城裝在這個閱讀器裡，只要購買就能立即享受閱讀的樂趣。為了做到這點，他堅持Kindle必須有3G數據機，以連接無線電信網路（Sprint是我們最初的合作夥伴），購買之後，就可自動下載已上市的電子書。這個功能就是Whispernet無線網路連線。

Whispernet功能在Kindle這個產品中引發一個很大的爭議。這是前所未有的。行動網路業者非常珍視自己與手機用戶的關係，消費者如果使用亞馬遜的電子閱讀器，亞馬遜將

為消費者承擔上網費用，讓消費者免費無線上網，不需要跟行動網路業者簽約。關於這點，貝佐斯非常堅持，指示團隊從Kindle產品設計中找到吸收這筆費用的方法。幸好，這個要求不是那麼困難，畢竟電子書檔案很小，無線下載成本很低。

　　只是這個功能的開發困難重重。與行動網路業者建立關係是一大挑戰。再者，加上3G數據機，Kindle的成本會提高不少。為了突破這點，團隊得費盡千辛萬苦，但是對消費者體驗來說，這的確是值得做的。有了幾乎可即時下載任何書籍的能力，而且不必連接個人電腦，消費者即可無障礙的迅速進入閱讀世界。

　　我們爭論的另一個關鍵特點是電子墨水的使用。電子墨水不久前才由麻省理工學院媒體實驗室（MIT Media Lab）發展出來，1997年E Ink公司（元太科技）正式成立，為一家私人持股公司，主要業務是製造利用電泳顯示技術的電子紙，但是直到2005年，這項技術的商業應用還很有限。儘管貝佐斯和團隊都希望利用電子墨水技術[2]，但我們知道為了這項技術，某些地方必須妥協。首先，電子墨水螢幕是黑白的，因此Kindle不能顯示彩色圖片或影片。此外，翻到下一頁很慢。但與傳統背光電腦螢幕相比，電子墨水螢幕比較不刺眼，在陽光直照下也可閱讀。再者，電子墨水螢幕耗電

量低，續航力強大，基本上每週充電一次即可。由於這些特點，消費者很容易忽略Kindle的存在，忘了自己是在機器上閱讀。

在Kindle設計的迭代過程中，我們不斷評估Kindle的「外形因素」，包括大小、形狀，以及是否容易使用。最初的原型機不過是一塊保麗龍板加上假的螢幕和鍵盤。形狀決定之後，我們則評估塑膠做的模型。這些模型是有重量的，形狀和手感都儘可能接近實際機體。每次評估，貝佐斯總會花幾分鐘用一隻手拿著原型機，再換另一隻手拿，然後用兩手拿著。他說某個原型機不行，通常不是因為線條不夠流暢或設計不夠時尚，而是某個地方會妨礙閱讀。

無線傳輸與電子墨水螢幕這兩個特點，是Kindle成為偉大產品的關鍵證明。無線傳輸代表顧客可以在六十秒內就完成搜尋、瀏覽、購買、下載，開始閱讀一本新書。而電子墨水螢幕的電子紙不像iPad，你可以在泳池畔閱讀，而且因為低耗電量，你可在長途飛行時閱讀，即使連續使用十二個小時也不怕沒電。今天，我們認為這些功能理所當然，但在那時仍是前所未聞。

我們必須處理的另一個問題是可供下載的書目：是否有夠多的選擇非常重要。我們準備推出Kindle時，決定有必要促使出版商把更多的書數位化，當時可以下載的電子書只是

他們所有出版書目的一小部分。我們知道，電子書業務要成功，書目數量必須夠多，至少要有數百萬冊，而理想的情況是，每一本印刷的書籍都有電子書的版本。

我們知道，建立這麼一個龐大的書庫是艱巨的任務，主要是因為出版商系統老舊。他們把新書的檔案交給印刷廠之後，往往懶得留存。這代表成千上萬的書都必須建立數位版本。幸好，在這方面，我們具有一個優勢。亞馬遜早已提供書籍試閱服務，先是「書籍試閱」（Look Inside the Book），後來又加以改進，成為「全文檢索」（Search Inside the Book）服務。我們曾與出版商合作，用人工方式將書籍數位化，所以我們很了解書籍數位化的過程。*因此，我們推出的 Kindle 閱讀器及電子書城，可供選擇的電子書多達九萬本。相形之下，如利用索尼的閱讀器，能下載的電子書只有兩萬本。

接下來，該是考慮定價的時候了。我們的目標是找到一個能驅使消費者購買、閱讀電子書的價格。我們希望電子書能使出版界的業績增加，締造作者、出版商和亞馬遜三贏的局面。在 Kindle 問世之前，電子書的銷售量只有一點點（每年數百萬美元），而且沒什麼成長。我們在 Kindle 提供的暢銷書和新書電子書售價為 9.99 美元，接近亞馬遜的電子書

---

*　譯注：亞馬遜與出版商合作，把書運到菲律賓人工掃描，亞馬遜的團隊再用光學文字辨識軟體，把掃描檔案轉換為文字檔。

批發成本價。Kindle這部閱讀器本身的價格也和成本價差不多。而且，我們還吸收Whispernet的費用。雖然我們銷售的書籍大都是賺錢的，電子書的整體利潤也是正值（出版商曾試圖提高批發價，好逼迫我們調高暢銷書和新書的零售價，但沒能成功，只好讓我們繼續以9.99美元的價格販售），攤開電子書業務最初的損益表來看，短期內恐怕賺不了多少錢。不過為了讓顧客有良好的閱讀體驗，我們砸下重本，就是希望電子書和閱讀器業務能夠起飛。

我們不知道每一本電子書的成本是否可能下降，以及何時可以降低，才能增加獲利，在電子書業務長久耕耘。我們不像出版商只看短期收益，反而是聚焦於顧客的想法和感受，意即對顧客來說，怎麼做才是有意義的，以及如何才能使他們為Kindle怦然心動，把自己心愛的書下載到Kindle裡。我們懷抱著信心，放手一搏，但願有朝一日能降低Kindle和電子書的成本。

2007年11月19日，Kinde正式上市，零售價399美元。這款閱讀器有一個六吋螢幕、鍵盤和容量250MB的記憶體，可儲存兩百本純文字書籍。[3]結果上市不到六小時，庫存即已完售。*我們的團隊必須拚命找尋零件，才能繼續販

---

* 　　譯注：第一批上市的Kindle共有兩萬五千部。

售。雖然Kindle似乎在市場上大受歡迎，但早期評論好壞參半。有些評論者說Kindle不如對手索尼那部價格不到100美元的電子書閱讀器Sony Reader。[4]然而，我們的團隊終於在2008年2月製造出更多的Kindle以重新供貨，Kindle的銷量依然強勁。

然後，歐普拉在節目中對Kindle讚不絕口。

2008年10月24日，她用一整集的節目介紹Kindle。她驚呼連連：「這絕對是我在這個世界上最、最喜愛的新東西了。」[5]由於這位脫口秀女王也是讀書俱樂部節目的主持人，每個月會選一本書向觀眾推薦。Kindle閱讀器在她的金口加持之下，銷售量一飛沖天。

在歐普拉大力推薦之後，原本對Kindle抱持懷疑、拒絕態度或是認為有問題的人，也跟著擁抱Kindle。Kindle大發利市，亞馬遜也成為電子書的龍頭。雖然歐普拉的背書有助於Kindle爆紅，但Kindle的銷售能長期不墜，主要是產品本身夠好。史蒂夫・凱瑟爾幾乎把所有的時間都奉獻給Kindle，之後亞馬遜請他專心打造新一代的Kindle並開發其他硬體裝置。

我們向數位領域進軍的第一個大計畫，即Kindle與電子書圓滿成功。從2005年開始，我已把所有的心力投入到數位影音業務。直到2008年，我們還在摸索，尚未走上成功之

路。由於資源有限,也沒有突破性的想法,加上蘋果已拔得頭籌,要跟他們競爭非常辛苦。我們的數位未來仍在漫漫長路的彼端。

第8章

尊榮會員服務 Prime

本章重點：

- 亞馬遜迫切需要淨銷售額成長，這個任務必須要在十一週內達成！
- 運費方案的成功與演變。
- 控制運送過程中「從點擊到出貨」的部分。
- 對出貨過程和組織的影響。
- 貝佐斯巡店。
- 推出尊榮會員服務 Prime。

2004年10月中旬，亞馬遜有幾個資深主管收到傑夫．貝佐斯寄的一封電子郵件，內容大致如下：

我們不該以零售業務有成長就志得意滿。這是個急迫的問題：我們必須大幅改善配送服務，好讓顧客有更好的體驗。我們需要想出一個運費優惠服務方案。大家一起動手吧，在年底推出這個方案。

當時，我們正處在佳節購物狂潮的風口浪尖上。在公司

老將耳裡，貝佐斯的指示有如「消防演習」或是「執行長的寵物專案」，這是要求全員參與的緊急命令，以實現一個看似草率的決定。「寵物專案」可能使公司偏離長期戰略的軌道，甚至可能帶來更大的問題。

由危機驅動、突如其來的專案與亞馬遜的文化及領導原則背道而馳。從表面上來看，貝佐斯這封電郵正是這樣的案子，但正如我們將在本章看到的，這個專案背後的歷史及引發的創新，其實正是亞馬遜之道的展現。

亞馬遜的尊榮會員服務Prime提供令人難以抗拒、具有顛覆性的顧客體驗，因此成為零售業務成長最大的動力。但是對亞馬遜來說，Prime從發想到推出是個不尋常的過程。這個專案發展到最後階段，才有單一領導人／單一執行團隊。這個專案沒有任務聲明，在上路之後也沒有依循當時萌生的逆向工作法。其實，在推出這個專案時，大多數的亞馬遜人甚至都不看好。

但毋庸置疑的是：我們依然堅守很多亞馬遜的原則，沒有這些原則，就沒有亞馬遜Prime。我們整整花一個月的時間埋首於數據之中，發現顧客需求和物流服務網絡的能力有落差，這才決心推動Prime。（我們的物流服務網絡可是花九年的時間和六億美元的巨資建立起來的。）當時，我們有兩條路可走：

（1）照著原來的路線走。公司仍在成長。物流中心是我們花
　　多年的時間投資、建立的，稍稍調整和改善即可，先使
　　投資報酬率達到最大吧。下一季業績會告訴我們，這個
　　方向是正確的。

（2）兩日到貨、一日到貨及當日到貨必將成為常態。儘管我
　　們建立的出貨系統很不錯，但是還不夠好。我們深信股
　　東的長期利益與顧客的利益是一致的，在這股信念之
　　下，我們應該立即踏上這個新旅程。

　　第一條路是技能導向，也就是利用現有的技能和資產來
驅動商業機會。大多數公司的領導人可能因為選擇這條路而
受到讚揚。危險的是，他們站在一個區域的頂端，由於風險
規避，看不到更高的山峰，而別人可能已經知道如何攀登上
去。

　　而在Prime這個案例中，我們選擇第二條路。我們了解
顧客需求和物流服務網絡的能力有落差之後，就採取大膽的
步驟。這麼做可能要好幾年才看得到成績，而且可能被華爾
街投資人和分析師誤解。但是，一旦成功，我們將能贏得更
多的顧客信賴，為電子商務設下新的標準。由於貝佐斯堅持
走這條路，亞馬遜Prime才有面世的一天。現在，你可能會
想：「可是我們沒有貝佐斯這樣的人。」好消息是，即使你

們公司沒有貝佐斯這樣的人，也能做出這種決定。你們只需要義無反顧的堅持幾個容易了解的原則和流程（雖然有時很難依循），秉持顧客至上的信念，把眼光放遠，重視創新，並隨時掌握細節。我們當中（包括貝佐斯）沒有人確知最後能做出什麼。我們只能堅持依照流程去做，看這流程帶我們到哪裡。在亞馬遜，主要或次要專案的決策和執行，可能有好幾個原因，並以非線性的方式進行，Prime就是一個完美的例子。因此，我們無法平鋪直敘的講述怎麼想出Prime這樣的點子，因為這個故事的發展並不是像一條直線那樣簡單。反之，本章要述說的是很多小小的支流如何匯集、流入Prime這條大河。

回到2004年10月中那天：我們從貝佐斯的電子郵件中得到指示。我們只有十一個星期的時間，而且是在感恩節到新年的出貨高峰期。

在貝佐斯一聲令下，很多團隊成員被要求立刻放下手邊工作，投入這個新的專案，他們不只是吃驚，而且不知道這個專案到底要做什麼，因為他們過去幾個月都沒參與有關這個專案的討論、制定與計算。貝佐斯決定推出這個免運費服務，這個舉動看似大膽，但並非突然或草率。這是基於亞馬遜最基本的驅動力，也就是顧客至上。

2005年2月推出的Prime將被證明是亞馬遜有史以來最

佳的決策。這項服務不只確保亞馬遜可以屹立不搖,在接下來的十年更是亞馬遜出現爆炸性成長的關鍵動力。顧客很開心,因為在下單一、兩天後,甚至幾個小時後,就可以收到訂購的東西。他們因而不去實體店買東西,轉而在網路商店購買。這種轉變也使亞馬遜成為主要受益者。

成長的需求

要明白亞馬遜為何會在Prime下這麼大的賭注,你必須了解我們為什麼要尋求如此激進的點子來刺激成長。我們在2004年10月21日發布的第三季財報顯示,我們的營收年增率為29%,自由現金流則增加76%。很多公司都會以羨慕的眼光來看這樣的成長數字,然而如果細看當時的財務狀況,就會發現一個令人憂心的情況。

在2004年這一整年,雖然亞馬遜的營收持續成長,但是成長率比前一年減少,每一項業務都是如此。銷售收入的產出指標不像我們希望的那樣快速增長。從亞馬遜收益數據當中的補充淨銷售訊息就可看出端倪。[1]當時亞馬遜最大的產品部門,也就是美國媒體業務(包括書籍、音樂CD和影片DVD零售)年增率為12%。一年前,這個業務部門的年增率是15%。從15%到12%,成長率下降20%。其他產品部門

亞馬遜產品部門	第三季（7月1日至9月30日）淨銷售額年增率	
	2003	2004
美國媒體業務	15%	12%
美國電子及其他綜合商品	35%	27%
非美國媒體業務	50%	41%
非美國電子及其他綜合商品	259%	132%

也有同樣的成長遲緩的現象，成長速度比以前要來得慢。

這種成長趨緩的趨勢，對亞馬遜這樣的新公司來說並不是好消息，因為我們要參與的市場不但大到令人難以置信，甚至可說是無限大。2004年美國零售業的成長估計超過3.6兆美元，其中電子商務所占的比例還不到2％。亞馬遜的成長速度已見疲態，但從實體通路（線下）轉向電子商務（線上）的速度正在加快。這代表一件事：如果亞馬遜的成長繼續減速，過一段時間之後，這家公司在電子商務的地位會變得愈來愈不重要。我們決心想辦法扭轉這種趨勢。

要如何才能讓亞馬遜淨銷售額持續成長？如果是一家小公司，只要拿出行動做一件事，或許就有立竿見影之效，馬上提高銷售額，例如為產品增加一種新功能、展開促銷活動、增加一種產品類別或是擴展到一個新的領域。我們若是

一家小公司，也許能策畫一個全店的促銷活動，並在本季結束前推出快閃行銷活動。如此一來，本季財報數字會比較漂亮（至少就營收方面而言），單單一次出擊並無法解決根本問題。到了下一季，我們可能會發現自己再度面臨同樣的問題。

　　一家比較大的公司可能會用一種比較激烈的方式來解決成長緩慢的問題，例如收購另一家公司，讓銷售額三級跳（雖然利潤不一定能夠增加）。但對那時的亞馬遜來說，去併購或收購另一家公司並不是有意義的做法。我們可能收購的電子零售商都很小，收購這些公司，並不能使銷售額出現顯著的變化。收購實體商店一樣沒有意義，雖然可能使顧客數量增加，但我們可不想被實體商店的成本和低效率拖住。再者，上述兩種做法都可能帶來真正的風險，即消耗資源的內部分化。我們需要採取的行動是說服更多顧客在亞馬遜的網站上購物。

　　我們曾短暫考慮過的一個行動是進行全國性的廣告宣傳活動，以建立亞馬遜的品牌形象。2002 年，我們曾在波特蘭（Portland）和明尼亞波利斯（Minneapolis）進行長期的廣告測試。雖然銷售額上升，我們最後還是決定不全面推行。我們估算，如果要進行有效的全國行銷活動，每年得花 5000 萬美元，如果只能換來稍稍提升的銷售額，就不值得做。我們

該把錢放在改善顧客體驗上，這才是更好的投資。

愈來愈多消費者轉向網購，我們要如何提供吸引人的購物經驗，把想要網購的消費者吸引到亞馬遜？在商業界，最高主管辦公室常上演這樣的場景：執行長在財務危機之下緊急把高階主管叫來開會。他跳起來，把拳頭砸在桌子上，漲紅臉並大聲咆哮：「營收成長必須更快！推動營收成長已經刻不容緩！我希望每個團隊都能策畫、推動季末促銷活動，才能有漂亮的銷售數字。」

我得承認，在1990年代末，也就是我們開始討論Prime專案的幾年前，為了解決成長方面的問題，上述場景也曾出現在亞馬遜會議室中。我們嘗試了幾種提案，包括促銷活動（買五送一！）以及用優惠鼓勵顧客購買不同類別的產品。最後，我們了解，這些做法不會奏效，因為寶貴的資源該用在改善長期顧客體驗上，這些做法只是捨本逐末。

結果，我們還是回到亞馬遜的領導原則，那時，對我們特別有幫助的是下面兩條：

顧客至上：領導人以顧客為起點，逆向倒推工作內容。領導人必須盡全力贏得顧客信賴。儘管關注競爭對手，還是要時時牢記顧客至上。

交出成績：領導人專注於自己在業務上的關鍵要素、確保品質達到標準並及時達成任務。儘管遭遇挫折，還是

勇於面對挑戰，絕不妥協。

零售顧客不會關心一家公司的營收多寡，他們在乎的是
能否用血汗錢買到好東西。亞馬遜的顧客最關心的主要是三
件事：

價格：東西是否夠便宜？

選項：可供選擇的商品是否應有盡有，是否夠多？

便利性：商品是否有庫存？能不能迅速出貨？商品是否
容易搜尋？

因此，價格、選項和便利性就是我們的關鍵要素。我們
可以控制這三點。

每週，資深領導人都會審查每一條產品線的價格、選
項和便利性指標。這三個指標只要有任何一個落後，領導人
就會質問負責團隊。就我們最暢銷的商品，如果競爭對手在
上週提供比我們更優惠的價格；如果我們增加的新產品不夠
多；如果我們缺貨或延遲送達；或是我們的網站反應太慢，
團隊都必須擬定計畫來解決問題。例如，在2003年第四季，
我們在美國增加了四萬多種新的美食、六萬項新的珠寶和七
萬種獨特的保健和個人護理產品。在加拿大和法國，我們推
出拍賣市集Marketplace，允許獨立的第三方零售商在我們的

網站銷售產品。我們還在日本推出家居和廚房用品類別。在其他產品類別也增加降價新商品。

這還不夠。我們成長停滯的原因，可能是在價格、選項和便利性這個三角關係中的某個地方。這就是為何我們不得不秉持耐心、努力不懈的找尋新的成長方式。

只有經過一段時間，答案才會比較清晰。我們已經增加商品的選項並壓低價格，但我們還得想辦法提高便利性。關於這點，我們能做的，很可能和商品配送有關。

免運費 1.0：運費超省方案

從事電子商務的每一個人都知道，顧客非常在意運費。在亞馬遜，我們知道這點，因為我們以很多方式蒐集、分析顧客數據。我們對新顧客、舊顧客以及曾網購但未曾在亞馬遜購物的人進行調查。我們詢問他們不想在網路商店下單的主要理由，以及什麼會讓他們更頻繁的上網購物。每次調查，最主要的答案總是一樣：消費者不想在網路商店下單最重要的原因就是，他們不想付運費。

多年來，我們透過很多次測試蒐集到的數據更加證明這點。用免運費來促銷要比任何促銷活動更有助於刺激銷售量。對顧客來說，免運費要比直接打折更有感。換句話說，

如果免運費的折扣相當於10%，與商品打九折相比，免運費帶來的需求上升遠高於打九折，打九折根本沒辦法比。免運費推動銷售。我們只需找到一個可持續的方式來提供免運費服務。

對任何零售商來說，長期依賴促銷活動，可能帶來滑坡效應，特別是只進行一次的促銷活動。嘗過促銷甜頭的顧客不會輕易掏出錢來購買，寧可等到下次有優惠再交易。

貝佐斯在2004年10月發出那封電子郵件，要我們想出運費優惠方案並採取行動時，其實我們早在兩年半前已著手策畫一系列免運費方案，希望在吸引顧客的同時，不會危及公司的財務狀況。儘管我們已有一點進展，離刺激銷售成長還有一段距離。我們第一次嘗試是在2002年初，那時我們推出運費超省方案（Super Saver Shipping），只要符合條件的訂單金額達99美元，就可享受免運費服務。而我們訂立的「條件」是向亞馬遜購買，而非向拍賣市集Marketplace的賣家買東西，因此不會有產品體積太大或過重等不易運送的商品。

運費超省方案可說是Prime的前身。這兩個方案都源於一個果斷的行動，時間被瘋狂壓縮，直到正式問世。這樣的時間壓縮是公司DNA的一部分。你也許還記得亞馬遜的第一份員工職務說明書清楚描述：「應徵者應該在最能幹的人

認為可能做到的三分之一的時間內完成龐大而複雜的任務」。

2001年11月中的一個星期五晚上，行銷部產品經理莎拉·史匹爾曼（Sarah Spillman，柯林未來的太太）正從西雅圖開車前往波特蘭。這個星期，為了即將到來的假期促銷方案，她忙得焦頭爛額，好不容易才可以在週末好好放鬆、休息。她開了三個小時的車，終於快到波特蘭，突然手機鈴聲響起，是零售部門的資深副總裁大衛·瑞謝（David Risher）打來的。

「喂？」莎拉說道。

「嗨，莎拉，我是大衛·瑞謝。」

「不可能吧！」莎拉以為有人在跟她開玩笑，假裝是大衛·瑞謝。她笑著問道：「你到底是誰？我快到波特蘭了。」

「沒騙妳，我真的是大衛·瑞謝。」大衛呵呵笑，一派輕鬆想跟她聊天似的，最後還是用正經八百的語氣跟她說：「能找到妳，真是太好了。妳要去波特蘭度假……」

他告訴她，公司決定放棄假期促銷方案，也就是她這個星期拚死拚活努力完成的案子，改為推出另一個方案：訂單金額25美元以上免運費的促銷活動。噢，對了，她可以迴轉回西雅圖來弄這個案子嗎？

第二天，也就是星期六早上，他們在公司討論細節。在

接下來的兩個星期，莎拉和她的團隊只要是醒著，都在拚命工作，以完成這個免運費的假期促銷方案。由於亞馬遜沒有做過這樣的案子，有很多軟體和網站設計變更的工作要做。同時，他們要傳遞的行銷訊息必須字斟句酌，除了公布在網站上，同時發送電子郵件給每一個亞馬遜顧客。儘管時間緊迫，這個促銷方案如期推出，並且很受顧客的歡迎，我們因此決定在假期結束之後，永久推行這個方案。2002年1月22日，亞馬遜的運費超省方案正式推出，但免運門檻調升為99美元。（為了讓這個新服務儘可能吸睛，貝佐斯在這一天公布前一季的收益報告，也發布這個運費超省方案的新聞稿。你會發現，亞馬遜經常利用這樣的模式。）

由於顧客反應非常熱烈，過了兩、三個月，亞馬遜就把免運門檻降到49美元，後來又降到25美元。正如我們所料，利用運費超省方案的顧客會買更多的東西，訂單總金額因此提高了。

運費超省方案是為了吸引對價格敏感的顧客。2005年，含有書籍的訂單標準運費是3美元，訂單中的每項商品必須再加0.99美元。如果你希望早點收到東西，也可選擇兩日送達，運費則是7.49美元，每項商品再加1.99美元，也有一日到貨的服務，運費則是12.49美元，每項商品再加2.99美元。因此，如果一個顧客買了兩本書，這張訂單的運費，最

便宜是標準運送4.98美元，最貴則是1日到貨18.47美元。[2]
較高的價格反映我們加快運送的成本，通常包裹在運送途中
會利用空運而非只用貨車。也難怪大多數的顧客都選擇標準
運送。以今天的標準來看，要付一筆這樣的運費，當然令人
討厭，但在當時確實是有競爭力的。如利用運費超省方案，
訂單成立後，三到五天內會出貨，然後由地面貨運服務配送
到目的地。由於不用空運，亞馬遜就得以壓低成本。儘管訂
單分為好幾筆或是庫存在不同的物流中心，但亞馬遜也可以
等到集貨完成之後再一起出貨，如此就可以減少運輸的包裹
數量。所以，運費超省方案不只是可為公司降低運輸成本，
也能讓顧客享受更優惠的價格。雖然這個方案今天看來似乎
非常原始，但我們可藉以了解顧客的需求，這可是寶貴的洞
見！即使顧客必須妥協，在「免費，但是慢」或是「快，但
運費昂貴」之間擇一，還是很高興有機會享有免運服務。而
我們因為能提供價格合理、可靠的運送服務，在顧客體驗方
面也就更具競爭力。

　　超省運費方案設立了新的標準。但這只是一時的成功。
顧客的期望不是永久不變的，會隨著時間而改變，未來勢必
有更高的期望。這意味著我們不能滿足於目前的成就。

要快，又要免費

2004年，我們推行運費超省方案已經兩年。這個方案似乎是一大成功。顧客每年下單的次數更加頻繁，訂單上的平均商品數量也增加了。由於一張訂單的免運門檻是25美元，通常要比單項商品的價格來得高，為了合乎免運條件，顧客就得購買一項以上的商品。我們的衡量指標證實每筆訂單的商品數量的確增加了，這對亞馬遜來說有著明顯的好處。平均訂單金額愈高，產品利潤就愈高，就可補償免運成本。

運費超省方案也有利於物流中心和配送網絡，也就是我們建立的供應鏈。2004年底，我們已在美國八個地點建立物流中心，位於肯塔基州、賓州、堪薩斯州、內華達州、北達科塔州和德拉瓦州，總面積大約是四百四十萬平方英尺。我們會選擇這些地點，一個原因是靠近第三方運輸服務的中心，如美國郵政、聯邦快遞、優比速等。

儘管運費超省方案對亞馬遜供應鏈有利，這項服務也受到顧客歡迎，但我們了解這麼做還不足以大幅推升零售業務的成長。首先，有很多大主顧需要快速到貨，而且愈快愈好，出貨要等三到五天的話，實在太慢了，他們不想等。第二，有些對價格敏感的顧客不願為了符合25美元的免運門檻而多買一些東西。對他們來說，為了省一點運費而多花錢買

東西並不合理。因此，他們會像其他98％的消費者，去實體店買。因此，儘管運費超省方案很受歡迎，還不足以吸引廣大的客戶群。我們需要更好的點子，以沒有磨擦、更順暢的方案來吸引全體客戶群，不管是在乎到貨時間或是對價格敏感的顧客都能接受。

我們追蹤商品運送表現的一個方式是利用一種叫作「點擊到配送」的指標，也就是顧客點擊下訂單到包裹配送到最後目的地的時間。這個過程又可拆成兩部分。第一個部分是從點擊到出貨，也就是亞馬遜從訂單處理、包裝到交給第三方運輸服務。第二部分則是配送，也就是第三方運輸服務把包裹送到顧客手中的時間。

從點擊到出貨的過程是我們可以控制的。我們經常想辦法看如何縮短這個過程的時間。如果能縮短訂單處理及出貨的時間，就可把每日截單時間往後延，例如，若在晚上七點前下訂，當日就可出貨。這是重要的顧客利益。但是，無論我們如何縮短點擊到出貨的時間，仍控制不了出貨到配送的部分。也就是說，顧客必須從價格和速度擇一。顯然，如果我們要縮短到貨時間，就必須控制從出貨到配送的部分。這個部分主要取決於兩點：一是物流中心到配送地點的距離，另一則是運輸方式。為了改善到貨時間，供應鏈必須有重大改變。我們目前建立的物流服務網絡儘量靠近第三方運輸業

者，才能兼顧可靠性及成本，在三至五天內把商品運送到顧客手中。雖然這樣的物流架構對亞馬遜很方便，但如果要快，又要免費，那就很難。為了優化從出貨到配送的部分，我們需要更多的物流中心，如果要免運，必須在一至兩日內到貨，又得顧及成本效益，物流中心的地點就是關鍵。這意味我們得在都市附近設立更多物流中心。一旦顧客嘗到免運費服務的甜頭，就不必被迫從「免費，但是慢」跟「快，但運費昂貴」之間做選擇。對這種二擇一但兩者都不夠理想的提案，貝佐斯表現出不耐。「你要選哪一個？『免費，但是慢』，還是『快，但運費昂貴？』」如果從顧客至上及堅持最高標準的領導原則來看這個問題，唯一的答案就是：快，又免費。因此，要快又要免費就是下一個目標，但是物流中心還應付不來。

問題是，如何完成這個重大轉變。如果我們用目前的供應鏈結構來提供又快又免運費的服務，運輸成本將極其高昂。若要建立新的物流服務網絡來加快到貨速度並壓低運輸成本，還得花好幾年的時間。

會員計畫

因此，我們集思廣益，尋找基本運送問題的解決方法。

我們的行銷、零售和財務團隊設定了三個標準。任何行銷方案都必須合乎這些標準才能推行。

(1) 必須符合成本效益（儘管一個方案教人眼睛一亮，如果會帶來沉重的財務負擔，無法持續下去，就不予考慮。）

(2) 必須促成我們想要的消費行為（亦即驅使顧客從亞馬遜購買更多的東西。）

(3) 以投入資金來改善顧客體驗而言，顯而易見的做法，像是更進一步降低價格或是提升現貨率。我們必須想出更好的方案，把錢花在刀口上。

擬定一個能負擔的計畫，讓顧客願意買更多的東西，而非只是不斷的把節省下來的成本用於降低價格，在當時看來，雖然不是不可能，但似乎難度頗高，特別是考慮到物流中心和運輸供應鏈的限制。

然而，我們還是想出一個有成功希望的做法，也就是建立某種會員計畫。2000年，亞馬遜已經是一家很大的電子商務公司，但是還沒有大規模的會員計畫，這點確實不尋常。貝佐斯要求零售部門資深副總裁大衛・瑞謝、行銷部的亞倫・布朗（Alan Brown）和財務部的傑森・柴爾德（Jason

Child）創立一個可驅動持續成長的會員計畫。行銷和零售團隊分析了幾種會員計畫，包括訂單金額超過25美元即可享有免費標準運送服務（基本上和運費超省方案相同，但不允諾在下單後三至五天內會出貨）、預購免運費（在商品正式上市前下訂），以及只要付年費就可享有免費標準運送服務或二日內到貨免運費。我們還考慮過另一種會員計畫，也就是讓會員同時購買我們的自有庫存（物流中心的庫存）和第三方業者的商品，由亞馬遜或第三方賣家來補貼運費。我們甚至評估和航空公司常客計畫類似的折扣和積分累積方案。但航空公司和零售業者有一個重要差異：飛機一旦起飛，空位就沒有價值了。為了培養乘客的忠誠度，航空公司可能讓常客用哩程或積分免費換取賣不掉的座位。但在零售業，不管是贈品或是運費都會耗費成本。我們考量的這些會員計畫，無法合乎上述三個基本標準，因此沒有什麼進展。

我們也歡迎行銷和零售團隊以外的人提出建議。最先想出類似Prime計畫的是我們的軟體工程師查理・沃德（Charlie Ward）。他在一次軟體團隊會議討論問題時提出這個點子。查理花了大半年的時間研究如何將訂購軟體拆分成幾個分散式的元件。其中有兩個元件是出貨軟體和促銷軟體，也就是運費超省方案運用的程式。查理說，為了運費超省方案的訂單，我們發明了最複雜且錯誤百出的計算方式。

我們用出貨軟體計算運費，然後再用促銷軟體設法消除運費，直到運費為零。他說，應該有更好的方法。查理描述這個問題之後，另一個軟體團隊報告他們為亞馬遜 DVD 出租業務建立的訂閱平台。這個平台不久即將推出。這時，查理靈機一動，問道：「我們何不推出讓顧客享有一年免運費的訂閱計畫？對顧客來說，這將是天大的好消息。而且我們就不必費那麼大的力氣去調整費用。」當時負責顧客服務部門的金·拉克梅勒（Kim Rachmeler）覺得這個點子不錯。她說：「查理，你說的有道理。何不試試看？」[3]

查理和同事討論、琢磨一番，然後寫出一頁報告，遞交出去，然後就去義大利度假。他忙了這麼久，是該好好休假。

我們不清楚貝佐斯在 10 月下令推出免運費計畫之前，是否知道查理提出的點子，但這並不重要。這個故事值得一提有幾個原因。首先，以顧客為中心的想法來自亞馬遜的各個領域。很多公司都是由業務人員告訴技術人員該打造什麼，幾乎沒有來回討論，各個團隊自行其是。亞馬遜完全不是這樣，每一個人都是為顧客著想，想出各種有創意的方式來討好顧客。

其次，查理度假回來後，發現我們已經決定實現他的點子。於是，他加入 Prime 計畫的催生團隊，並扮演重要角

色。亞馬遜一推出Prime計畫，查理就成為這項計畫技術系統、顧客體驗和業績表現的領導人。

用亞馬遜的術語來說，查理是個「強大的全能型運動員」（strong general athlete）。他們抱持顧客至上的原則、富有創造力、眼光遠大，以卓越經營為榮，體現了亞馬遜的領導原則。亞馬遜通常會把像查理這樣強大的全能型運動員放在領導崗位上，給他們工具，讓他們成為某個領域的專家。金・拉克梅勒也是這樣的人才。她擔任過多種領導角色，除了管理顧客服務部門，還曾領導亞馬遜供應鏈系統和個人化服務部門。她也是最高領導團隊的成員。

儘管公司裡流傳不少免運費的點子，最初提出的建議當中沒有任何一個符合我們為運輸解決方案制定的三個標準。我們擔心一旦推出收取年費的免運費標準運送服務或免費二日到貨，顧客單次下單購買的商品數量會比較少。如此一來，可能無法產生足夠的資金來支付送貨成本，這樣的服務勢必無法長久。我們不會不惜一切代價追求無法持續的成長。審查會議結束時，常常有人會問：「我們不能用這些錢來降低商品價格或提升現貨率嗎？」我們知道這些做法可以刺激銷售，讓顧客買單，但我們不確定要交年費的會員計畫是否也能做到這點。

另一個引起激烈辯論的問題是，如果我們推出這種會員

計畫，經常在亞馬遜購物的顧客會有什麼樣的反應。是否會下更多的訂單？若是他們必須支付運費，是否會下同樣的訂單？這個計畫的目的是促進更多的購買行為，而不是藉由免除運費來對主顧客表示感謝。

我們在考慮種種提案時，有人提出幾個合理的論點，說明為什麼不該推出免運費計畫。一個重要理由就是，這麼做太耗費成本，因為供應鏈必須大規模的重整。由於我們的模型無法真確的預測顧客反應，也沒有數據可供參考，只能依賴判斷和據理推測，因此不能準確估計成本。即使我們的假設沒錯，也要好幾年才能看到成果。當時的領導團隊，除了貝佐斯，沒有人主張在2004年就推出Prime。佳節購物狂潮即將來襲，這代表我們早已忙到人仰馬翻！因此，我們不想大張旗鼓的搞這個計畫，只想維持現狀，這麼一來就可能坐失良機、鑄成大錯。不只是我們，很多大公司都有這種傾向。

這種來自組織的否定，就是亞馬遜這次可能犯錯的一大原因。貝佐斯和其他亞馬遜領導人常談論「總是說不的組織」以及「勇於說可以的組織」。在大公司裡，有些立意良善的人傾向對新的點子說不。這種錯誤是典型的不作為。什麼都不做、維持現狀能讓經理人待在舒適圈，不會有不安和疑慮，為了一時的穩定，造成日後必須付出代價，還有面臨

混亂和價值破壞的問題。

　　此外，一個組織因為不作為所造成的錯誤很難發現。大多數的公司都沒有工具可用以評估不作為的代價。他們終於明白代價很高的時候，常常為時已晚，已經無法改變。

　　不想有作為的心態可能滲透到組織的各個層面。這是董事會對策略重大改變說不的一個原因（想想 Nokia 和微軟如何坐失發展智慧型手機的良機）。這也是為何第一線經理人要優秀員工把目前的專案做好就好，不願讓他們參與高風險的實驗。當然，這樣的實驗可能會失敗，但也可能在日後獲得豐厚的回報。

　　如果貝佐斯在 2004 年 10 月那封電子郵件中寫道：「我們先專心把這一季的業績衝到高峰，再來推出免運費專案！」他就可能犯下不作為的錯誤。要是他不再催促團隊想出更多免運費的方案，毫無疑問，大家會鬆一口氣。我們會看著彼此說謝天謝地，現在不必推新的案子。如此一來，亞馬遜就錯失一個轉捩點。10 月中的那天雖然一樣令人難忘，但不再是我們津津樂道的一日，而是我們悔不當初的一天，甚至，我們可能在多年後才為了失去的機會扼腕嘆息。

巡店

　　大多數零售業的執行長，一有機會就會去店裡巡視。貝佐斯也不例外。典型的執行長來到某一個地區，就會去該區的店鋪看看（通常是悄然而至，甚至不會表明身分），他們在店裡走走、看看，觀察店裡的狀況。零售電商的執行長當然隨時都可以上網查看自己的商店。貝佐斯偏好在星期六清晨和星期天早上巡店。我週末早晨常常七點就起來，查看電子郵件，讀讀貝佐斯在巡店之後傳來的訊息。貝佐斯在巡店時發現問題，通常會發送五、六條訊息給相關團隊。

　　與 Prime 計畫有關的討論最初出現在 2004 年春天，比貝佐斯十月發送那封驚人的電子郵件要早好幾個月。那時，貝佐斯和幾位亞馬遜主管的電子郵件往來開始提到這樣的計畫。那些主管通常包括葛瑞格・格利里（Greg Greeley，財務暨零售副總裁，最後就是由他來掌管 Prime 計畫）、湯姆・蘇庫泰克（財務長）、狄亞哥・皮亞森蒂尼（全球零售資深副總裁）、傑夫・威爾基（全球營運資深副總裁）和我（柯林）。

　　正如我們在第 6 章討論的，價格、選項和便利性就是亞馬遜飛輪的三個關鍵要素。而商品運送就是便利性中一個重要組成部分。亞馬遜領導原則當中有一條是**交出成績**：「領

導人專注於自己在業務上的關鍵要素、確保品質達到標準並
及時達成任務。儘管遭遇挫折，還是勇於面對挑戰，絕不妥
協。」對亞馬遜來說，到貨速度就是一個關鍵要素的指標。
因此，如果你秉持顧客至上的原則，就會想要設法改善運送
服務。貝佐斯也不例外。也就難怪貝佐斯在給高階主管的電
子郵件中不斷提及到貨的問題。

　2004年春天，貝佐斯在巡店之後發的電子郵件就是促成
Prime計畫的關鍵，只是當時我們並不知道。貝佐斯提到一
個看似普通的問題：某些商品利潤太高。貝佐斯瀏覽我們網
站上的電子產品和珠寶。平面電視和珠寶的價格高達數百美
元或是數千美元。基於我們與供應商的關係，這些商品的訂
價幾乎沒有彈性。

　既然我們無法提供更低的價格，貝佐斯覺得我們應該退
而求其次，也就是提供次日到貨免運費的服務。販售電子商
品、珠寶等高價品毛利很高，遠超過賣一本15美元的書或
DVD，因此我們能免費提供快速到貨的服務。

　於是，貝佐斯傳送一封電子郵件給相關商品部門的領導
人和最高領導團隊成員，建議對挑選出來的商品提供免運費
服務。他提出一個想法時，不一定要求我們去實現，但絕對
要我們評估，然後把評估結果告訴他。前資深副總裁傑夫・
霍登（Jeff Holden）就曾告訴貝佐斯：「你的主意真是一籮

筐，快把我們壓垮了。」（貝佐斯則報以他那獨樹一格、高
亢爽朗的笑聲。）

　　一家公司或許會刻意削減利潤。這聽起來可能有悖常
理，但對亞馬遜來說，這麼做是有道理的。我們希望透過薄
利多銷在這個世界茁壯成長。電子產品和珠寶部門的經理在
電子郵件中回覆說，他們已經試著提供免運費服務。這樣
的回應並不教人驚訝。挑戰在於，這麼做需要軟體團隊提供
相當的資源，但這已超過他們的負荷。正如我們在第3章說
的，過去幾年我們的發展飛快，乃至於軟體日益複雜，就像
一團亂麻，特別是促銷和運送軟體。在技術上，我們依然非
常依賴大多數的關鍵系統。即使是個簡單的改變也有風險，
而且成本很高，因為需要細心設計和測試，確保在改變之後
能正常運作。這意味著任何軟體改變都必須使效能提升，才
帶來巨大的回報。電子產品和珠寶部門的經理說，他們會再
研究。

　　幾週後，我追查各部門對貝佐斯這項提議的意見。團
隊說，他們一直在思考這件事，但認為這個跨部門專案很複
雜，而且只有少數商品類別享有免運費服務，帶來的回報將
很有限。他們也研究其他比較容易實行的促銷方案，發現軟
體需要花一年以上的時間才能修改完成。

　　但更大的問題尚未解決。那年夏天，我們把特定商品免

運費方案擱在一旁，而我們的成長率還在下降，貝佐斯不斷傳送電子郵件給我們。每幾個星期，他就會提出關於商品運送的問題，例如：「如果我們向會員收取 X 美元的年費，讓會員得以享用免費標準運送呢？」或是「是否可把所有的珠寶列入免運費項目？」或是「如果訂單金額超過 X 美元，就可立即出貨並享有免運費呢？畢竟顧客利用運費超省方案可能要三到五天才能收到商品。」

如果團隊已經考慮過某個做法，也有了答案，就會立刻告訴貝佐斯。如果沒有，財務分析師、商品部門經理和經營分析師就有得忙了。他們得建立一個模型，預測預期成本，找出優缺點和風險，最後提出建議。葛瑞格・格利里是負責回應的關鍵人物。他手上一度有七、八個不同的方案需要分析。10 月初，貝佐斯說他希望在月底之前看到這些方案的比較。沒想到，幾天後，也就是在 10 月中，貝佐斯就十萬火急的傳一封電子郵件給我們。他不是要我們在三個星期內提出想法，而是選出最好的一個方法在年底前推出。我想，他已經知道，問題不在想法，而是在決策過程，而這個過程會受到風險規避的阻礙，因此在 10 月發送那封電郵。你無法在事前證明免運費的做法會奏效，只能大膽嘗試。

是時候了

　　10月中，我們的思想實驗已經轉變成一個「有形的計畫」，只是這個計畫還沒有專屬的資源，我們也只是知道「必須在年底之前推出一個免運費會員計畫。」在不斷反覆討論之後，到了11月下旬，關於最好的方案我們已有共識，也就是只要繳交年費就可加入兩日內送達的免運費會員計畫。此時，我們必須找一個團隊來打造這個計畫。接下來，我們可以看到亞馬遜另一項領導原則如何發揮作用，即「敢於諫言，全力以赴」。如果領導人不認同他人的決定，則必須以尊重他人的方式提出質疑，即便這樣做很吃力，或是會讓自己尷尬。領導人必須有決心、堅持不渝，不會為了團體和諧而妥協，一旦做出決定，就會全力以赴。

　　正如我們所描述的，就這個免運費專案，很多領導人曾與貝佐斯意見相左。但是現在不該再繼續辯論是否該推行這個專案，既然貝佐斯已拍板定案，我們只能「全力以赴」。所有人都投入行動。傑夫・霍登的任務是集結一切所需的資源，策畫這個專案，在1月底的法說會公布2004年第四季收益時推出這個專案。我們要做得又好又快。貝佐斯打算在12月3日星期五召集執行團隊的領導人來開會，與會者包括維傑・拉文德蘭（Vijay Ravindran）和朵若希・尼柯斯

（Dorothy Nichols）。問題是，亞馬遜碰到網站技術問題，出現嚴重當機。維傑當機立斷，取消會議，擇日再開。貝佐斯說，沒關係，何不明天早上來我家開會？於是傑夫・霍登、維傑和朵若希三人去貝佐斯家討論這個專案的細節。貝佐斯說，他想挖鑿一條護城河，留住最好的顧客。對重視便利性的顧客來說，Prime應該能提供優質體驗給他們。傑夫・霍登、維傑和朵若希可以招募他們需要的人加入團隊，但無論如何這個計畫必須在下次舉行法說會的時候正式推出。到這個專案推出之前，Prime團隊拚命衝刺，私底下戲稱這個計畫為「未來大冒險」（Futurama）。*這時，也才開始撰寫、修改這個計畫的新聞稿和常見問答。這個計畫能夠完成，可說是數十個團隊成員（包括度假回來的沃德）努力不懈的結果，但本書不打算討論詳細經過，可參看媒體報導。為了配合Prime計畫的推行，法說會甚至延到2005年2月2日。

　　值得一提的是，Prime是以其他團隊發展出來的東西作為基石。如果沒有這樣的基石，就不可能依照貝佐斯訂立的時間表推出Prime。貝佐斯已經知道如何開始。其中一個基

---

*　譯注：1999年3月在美國福斯電視頻道首播的動畫。講述一個紐約批薩外送員在2000年新年到來那一刻被冷凍，直到2999年新年前夕才被解凍，並在未來世界冒險的故事。Futurama這個字出自1939年紐約世界博覽會中，通用汽車用來展示未來科技的展館名稱。

礎就是快速通道（Fast Track）。屬於快速通道的商品可確保商品及時進倉庫，立即出貨。貝佐斯發現顧客對這樣的服務反應很好。因此，他想在這方面加倍下注，也就是讓Prime利用這個特點。快速通道的開發是為了讓物流系統能更精準的估計出貨時間，也就是從「二十四小時內出貨」變成「如在一小時三十二分鐘之內下單，今晚即可出貨」。亞馬遜花了兩年的時間完成這個系統，需要大量的軟體開發，物流中心也得改造一番。因此，就運送承諾的準確性和成功率，可利用快速通道作為基石，不需要從頭開始。第二塊基石是即將推出的DVD租賃訂閱平台。如果沒有這兩塊基石，我們就不可能在2005年2月左右推出Prime。

　　貝佐斯在去年10月下達軍令，不到四個月，Prime已正式面世。其實，Prime並不像Kindle那樣一炮而紅。最先成為Prime會員的人，是為了快速到貨、且一年內在運費上花79美元以上的常客。因此，我們只是補貼這筆運費，這些顧客本來就是三不五時會上亞馬遜買東西的人。雖然我們創造出顛覆性的網購體驗，要改變消費者的行為需要時間。之後，不知過了幾個月、幾年，Prime終於為世界各地的消費者提供一個可行的選擇。Prime使亞馬遜得以脫胎換骨，不只是一家還算成功的電子商務公司，更是零售業的龍頭老大。Prime改變人們對網購及購物的看法，正如一位記者寫

的：「亞馬遜以一己之力，永久提高網購便利性的標準，也永遠改變消費者的消費行為。消費者願意上網購買的商品種類不再有局限。到了最後一刻才急著要買禮物？尿布快用完了？現在，上亞馬遜訂也來得及，不一定得去實體商店。」[4]

正如貝佐斯在2018年向股東股東宣布的：「在亞馬遜推出Prime十三年後的今天，我們的全球付費會員已經超過一億人。」[5]

碰到問題時，如果你秉持顧客至上的原則，把眼光放長放遠，就能獲得巨大的價值。亞馬遜的Prime就是一個絕佳範例，這個計畫讓我們的收益得以增長。為了做到這點，我們必須接受一個事實，也就是我們多年來千辛萬苦建立的物流基礎建設儘管已經相當好了，長遠來看還是不足。我們不得不把預期的投資回收期從下一季或下下季延長到五年甚至七年後。由於我們秉持顧客至上的原則，願意把眼光放長，推出Prime計畫再合理不過。我們不但能提供顧客早就想要的東西，同時也能產生可觀的自由現金流。如果當初堅持保持現狀，無論如何也擠不出這樣的現金流。

第9章

影音平台 Prime Video

本章重點：

- Unbox 出師不利。
- 向霍華・休斯（Howard Hughes）看齊。
- 數位版權管理的問題。
- 找尋一條通往客廳的路。
- Netflix 改變遊戲規則。
- 即時影音服務：Prime 會員的額外好處。
- 亞馬遜製片公司的發展。

2006 年 8 月，亞馬遜西雅圖總部的員工參加在第五大道劇院舉行的本季全員會議。過去一年來，我（比爾）一直在忙一個案子，這天就是這個專案測試的日子。亞馬遜數位影片業務的領導人羅伊・普萊斯（Roy Price）和伊森・伊文斯（Ethan Evans）上台，向大家介紹亞馬遜第一個數位影片下載服務：Amazon Unbox。我與團隊及其他兩千名亞馬遜人坐在觀眾席。那一刻，我緊張得心臟狂跳。

Unbox 專案終於衝過終點線。我們因此非常興奮。再過一個星期就要公開推出。

　　羅伊和伊森向大家解釋 Unbox 如何運作。顧客只要上網，亞馬遜網站有幾萬部電影和影集的介紹可供瀏覽。接著，顧客購買或租借想看的影片，下載到電腦，點擊播放鈕。就可以好好坐著，觀看影片。就是這麼簡單。

　　在這番介紹之後，大家注視那巨大的螢幕，等待令人驚喜的一刻。伊森走到筆電前。我們都屏氣凝神。

　　他點擊播放鈕。螢幕亮了，影片開始播放……沒想到畫面上下顛倒。觀眾席傳出嘈雜之聲：神經兮兮的笑聲夾雜著痛苦的叫嚷聲。

　　這次災難性的現場展示可說是個壞預兆。在短短的幾週內，我們收到的顧客意見回饋和那場全員會議的觀眾反應差不多：同情、呻吟、痛苦和困惑。我曾希望 Unbox 的推出能成為我在亞馬遜生涯最大的成就。不料，這個產品成為我最大的挫敗。這個故事講述的是，我們如何在一開始犯了大錯，從錯誤中汲取教訓，最後才修成正果。

＊ ＊ ＊

　　讓我們把時間切換到 2011 年 2 月 22 日：亞馬遜 Prime 會員在我們的網站發現一項新優惠。那天早上，我們（比爾和團隊）推出串流影音服務 Prime Instant Video。[1]只要訂閱亞

馬遜尊榮會員計畫Prime，就可以免費在線上觀看五千部電影和影集。在此之前，Prime會員計畫只意味著一件事：免運費快速到貨。Prime會員已有幾百萬人，數以千萬計的顧客都知道Prime提供的是什麼樣的服務。但現在，Prime計畫也包括串流影音服務嗎？

我們的願景是清晰、明確的，也就是推出更多的優惠服務吸引全球消費者，讓顧客知道Prime是地球上最具價值、最令人無法抗拒的會員計畫。正如貝佐斯在2016年致股東信所言：「我們希望Prime具有極高的價值，讓所有的人都覺得物超所值，不訂閱太可惜了。」五千支影片只是開頭。在未來幾個月和幾年裡，我們計畫新增數千部必看的電影佳片和影集，使觀看Prime影片成為顧客的日常習慣。今天，亞馬遜Prime Video已是Prime服務當中很重要的一環，全球訂閱者多達一億人以上，可供線上觀看的影片數量超過數萬部，如《透明家庭》（*Transparent*）、《了不起的梅索太太》（*The Marvelous Mrs. Maisel*）、《叢林中的莫札特》（*Mozart in the Jungle*）、《海邊的曼徹斯特》（*Manchester by the Sea*）等得獎佳片，也包括榮獲金球獎和艾美獎獎項的影片。

同樣的，走到這一步之前，我們超越了巨大的障礙，包括投資串流技術、智慧型手機和電視等觀看裝置應用程式，克服來自裝置製造商的阻力，以及打造我們自己的裝置，並

在電影和影集的授權上投資幾千萬甚至上億美元。我們因為著眼於未來，十多年來持續不斷改善顧客的數位影音體驗，才能達到目標。

直至2011年，我們在這個歷程花了六年以上的時間，經歷一連串的失誤、挑戰和慘敗。我們早在2004年初至年中，即著手策畫亞馬遜的第一個影音專案，甚至比Prime要來得早。亞馬遜Unbox影音服務的品牌，早已被亞馬遜顧客遺忘，對負責這個專案的我們團隊來說，更有不堪回首的感覺。

Unbox是亞馬遜第一個數位影音服務。這個品牌名稱是我和貝佐斯經過無數次的腦力激盪才想出來的。「Un」意指我們提供的影音服務將不同於過去觀看電影和影集的方式。問題是，Unbox聽來不倫不類，不像Hulu這種名字，雖然沒有任何意義，但是獨特又好記，也不像Netflix那樣，一看便知道什麼意思。

Unbox的顧客體驗很糟。我和我帶領的團隊都是新手，沒有推出數位媒體服務的經驗。就開發全新的顧客體驗而言，我們的成績單還是空白的。此外，我們的限制很多，包括技術方面（網路頻寬、硬體和軟體）的限制，以及有些電影製片廠和電視劇製作公司不願授權，還有顧客觀看影片的方式及價格等。最後，亞馬遜沒有一個整合軟、硬體的生態系統，讓我們得以控制端到端的顧客體驗，就這點而言，蘋

果可說遙遙領先,他們在2007年就搶得先機,銷售量比我們高出十倍以上。

Unbox:錯誤的第一步

在沒有串流影音的時代,我們是怎麼看電影的呢?那時,基本上有兩種選擇:開車到錄影帶或DVD出租店(還記得這種商店嗎?)租片子回家看,或是上Netflix網站租DVD,他們會用紅色信封把光碟寄給你。

我們是最先提供網路影音服務的先驅,讓顧客付費下載影片到自己的電腦裡。我們相信創造這項服務能帶來全新、有價值的顧客體驗。畢竟,如果能從網路下載熱門電影和影集到自己的電腦或筆電,不管是在家裡或是在旅途中,隨時隨地都能收看,愛怎麼看就怎麼看,而且可以永久保存,重看幾遍都可以,這豈不是很棒?

當時Netflix的DVD租借服務發展很快,但我們敢說,影片下載會比DVD租借更有吸引力,而且遠勝百視達(Blockbuster)之類的DVD出租店。那時是百視達的顛峰時期,但在我們看來,他們提供的顧客體驗實在糟透了。雖然百視達在2006年推出線上訂閱服務,一般美國顧客及全世界的消費者仍然必須在星期五晚上加入搶片大戰。忙了一

整個星期，好不容易可以喘口氣，下班回家之前先去附近的百視達，看看能不能租到一部很棒的片子，好在晚上觀看。結果，還是晚了一步，新發行的片子和熱門影片總是被租走了，只得將就找一片全家都能接受的片子。通常，還有逾期還片被罰錢的問題，逾期罰款可能是租片金的兩、三倍。

我們認為Unbox可以改變這一切。

且讓我解釋一下，我們的服務是怎麼運作的。首先，你到亞馬遜網站下載Unbox應用程式，安裝在你的個人電腦上。要個人電腦才行，如果你用的是蘋果系列的電腦，那就對不起啦，Unbox只能在Windows電腦上使用，而且必須是近三年才買的電腦。即使你有一台Windows個人電腦，但安裝過程似乎非常久，教人不耐。然而，一旦安裝成功，你就可以上亞馬遜網站下載你想看的影片。

這就是Unbox的第二個關卡，你會碰到更多麻煩。

2005年，還沒有高畫質的串流影片，你得先把電影下載到硬碟，下載完畢才能觀看。下載要多少時間？有的顧客很聰明，會把自己的筆電帶到辦公室，利用公司的高速網路下載。即使如此，下載一部片長兩小時的電影也得花一、兩個小時。如果忘記在辦公室裡下載，或是沒有高速網路可利用的人，就要花更長的時間。以當時的標準數位用戶線路（DSL，以電話線為傳輸介質的傳輸技術）來連接，可能要

花四個小時才能下載完畢。

我們知道這絕不是有吸引力的顧客體驗，因此我們花很多時間思考可能的解決方案。

有個點子是用專門的DVD燒錄器，讓顧客在家裡安裝。購買影片之後，就會自動下載到燒錄器、再燒錄成光碟片，等燒錄完成就可以放入播放器中，在電視上觀看。然而，如果你把電影下載到電腦硬碟，就不能傳輸到電視，除非你是電腦高手，知道如何連接電腦和電視。

我們放棄了燒錄的點子，發展一種名為遠端下載（RemoteLoad）的功能。你可以利用任何電腦（不一定是用來看影片的電腦），瀏覽亞馬遜網路並購買影片，就可以下載到你指定的那部電腦。缺點是，如果你要下載到家裡的電腦，也就是用來觀看影片的電腦，那部電腦必須在開機狀態，Unbox應用程式也得開啟，電腦也必須連上網路。很少顧客會不厭其煩的做這些事。

我們還希望增加另一項創新功能，也就是顧客購買一部影片之後，可以下載到不同的裝置而不必另外付費。就像蘋果的iTune音樂應用程式，顧客把歌曲下載到電腦，可以用蘋果電腦聆聽，但也可利用「側載」的方式，用傳輸線把歌曲傳輸到iPod。否則你花好幾百美元購買歌曲，建立起一個音樂庫，卻可能因為硬碟故障、意外刪除等慘事，讓所有的

音樂收藏都化為烏有。

　　我們從研究得知，顧客會因此抓狂，但解決方案和技術無關，而是關乎版權。顧客購買一部影片，70％的費用都是要給電影公司或是節目製作公司，而且每次下載都得付費。這些公司才不在乎顧客體驗，他們只想從經銷商（如蘋果和亞馬遜）那裡拿到版權金，愈多愈好。

　　為了這個問題，我們和電影公司談判。這件事很花時間，而且很難纏，但還是成功了。Unbox 具有類似 Whispernet 的功能，也就是讓顧客把自己購買的影片儲存在亞馬遜的網站上，即你的個人電影圖書館，讓你多次下載到不同的裝置，而不必另外付費。只有亞馬遜能提供這樣的服務，因此我們很自豪。在今天，這已是家常便飯，但在當時仍是創舉。

　　長遠來看，這種為了顧客著想的做法，將為亞馬遜帶來好的結果，但在短期內，這項功能並不足以讓 Unbox 克服不足的地方。

　　我們很快就發現，如果 Unbox 要成功，還有太多的顧客體驗問題必須解決。不只是影片下載速度慢得離譜，我們依賴的微軟數位版權管理軟體錯誤百出，很多顧客根本無法播放影片。我們致力於提供 DVD 畫質的影片，讓顧客有絕佳的影音體驗，但是這麼一來，下載速度更慢，甚至有可能失敗。

　　事實證明，對顧客來說，下載速度要比影片畫質重要得多。還記得2005年12月，YouTube橫空出世。YouTube提供使用者自己產出的內容，沒有熱門電影，也沒有影集，不但畫質差，畫面也很小，只是電腦螢幕上的一個小框框。但觀眾不在意這些，有千萬人都受到吸引。在我們推出Unbox之後，蘋果影音也推出可以在iPod看電影和節目的功能，iPod的螢幕比電腦上的YouTube更小。但是顧客也吃這一套。正是因為快速、簡單，與iPod相容，這些都是Unbox做不到的事。

　　Unbox推出幾天後，貝佐斯把史蒂夫‧凱瑟爾、尼爾‧羅斯曼和我叫去他的辦公室。他很沮喪，因為我們為顧客體驗品質設定的標準不夠高，讓顧客失望了。

　　以後見之明來看，錯誤是顯而易見的。Unbox還沒準備好就急著推出了。在推出的前幾週，好萊塢和媒體一直有傳言，說蘋果即將推出數位影音服務。我們必須不落人後，趕快推出Unbox。這和專注在顧客的理念背道而馳：我們緊盯的是競爭者。我們已在公司內部進行以員工為對象的beta測試，但沒有利用測試結果放慢腳步，仔細研究顧客的回饋意見，並花時間改進顧客體驗的品質。我們錯失這個機會，沒能做出真正的改變。我們只想早點推出這項服務，心裡只有速度、媒體報導和競爭者，沒把顧客體驗放在首位。顯然，

我們已違背亞馬遜之道。

那年的績效評估，我的自我評估如下：

總的來說，我在2006年的表現很糟。以Unbox而言，這項服務在推出之後顧客反應不佳，原因包括數位版權管理軟體常出錯，以及限制內容使用的授權問題，還有我們的產品選擇錯誤（下載速度太慢）和工程方面的缺陷。我沒妥善處理好這些問題，導致Unbox出師不利，消費者反應不滿意，媒體也是貶過於褒。

就我的表現和目標相比，簡而言之，這個專案執行率差強人意。儘管Unbox專案已完成，依然無法提供絕佳的顧客體驗，銷售率慘不忍睹。以這次的目標而言，我就對自己手下留情，給自己的表現打「D」的成績吧。

現在看這段文字依然讓我很痛苦！但我至少可以說，如此自我批評體現了坦率直言、贏得信任的領導原則。如果在其他公司，我也許已經被解雇了。所幸，亞馬遜把眼光放遠，包括對人的投資也是如此。公司明白，若要創新、打造新的產品服務，失敗是家常便飯。如果你解雇這個人，就不能從經驗中得到教訓。貝佐斯會對搞砸的領導人說：「我為什麼要炒你魷魚？我在你身上投資了100萬美元。現在，你

有責任，必須讓我的投資獲得回報。好好想想，把你的錯誤清清楚楚的記錄下來，向公司其他領導人分享你的心得。記得，別再犯同樣的錯誤，並幫助別人避免犯這樣的錯誤。」

我從Unbox這個專案的挫敗學到很多東西，也能跟亞馬遜其他人分享。這次的教訓我一直銘記在心。在那痛苦的自我評估之後，不論參與什麼新產品和功能，我都能有所警惕，用新的角度去思考。

在Unbox上市後不久，主管史蒂夫‧凱瑟爾把我叫到一邊，跟我說，他剛剛和貝佐斯開會，貝佐斯明白的說，他最重要的任務就是為數位媒體團隊訂立高標準。為了闡明自己的觀點，貝佐斯問他，你看過李奧納多‧狄卡皮歐（Leonardo DiCaprio）主演的《神鬼玩家》（*Aviator*）嗎？那部電影講述霍華‧休斯的航空傳奇。霍華‧休斯是美國富豪、飛行員，也是電影導演。貝佐斯描述有一次休斯去飛機製造廠查看新飛機的生產進度，也就是休斯H-1型競速飛機（Hughes H-1 Racer）。這部流線型的單人飛機將刷新美國飛機的時速紀錄。休斯仔細檢查飛機，手指撫摸機身。他的團隊緊張的看著他。休斯不滿意。「不行，」他說，「這樣還不行。這些鉚釘必須完全釘入機身，與機身齊平。我希望機身沒有空氣阻力。線條要更乾淨俐落！你了解嗎？」

團隊領導人只好點點頭，從頭再來。

　　貝佐斯告訴史蒂夫，他要做的就是像霍華・休斯那樣。從那時起，史蒂夫必須親自檢查亞馬遜的每一款新產品，看哪些地方有瑕疵，影響到品質，同時堅持團隊必須維持最高標準。我猜，史蒂夫告訴我這件事有兩個原因。首先，他要我當心。由於我是他的資深團隊成員，要是產品不夠理想，他將把我和團隊打回原點，從頭再來。其次，他也間接讓我知道，我有責任為產品制定更高的標準。我必須向霍華・休斯看齊。

版權問題

　　現在，我們必須解決Unbox的問題。Unbox可說受到重重箝制，包括：我們的競爭者，尤其是蘋果；我們對微軟媒體播放器和Windows電腦的依賴；以及供應商，也就是電影公司。一個關鍵問題是數位版權管理（DRM）軟體。這是一種存取控制技術，控制數位內容的下載，以防止盜版、分享與重複使用。蘋果已經開發出自己的專有版權保護系統，也就是FairPlay，用來加密受版權保護的內容。蘋果也和主要的內容生產者達成協議。如果我們的顧客使用Mac電腦和iPod，要從亞馬遜Unbox下載影片，那就只能使用FairPlay。

　　Unbox需要DRM軟體，但蘋果不可能把FairPlay授權給

我們，電影公司也無法強迫蘋果這麼做。除非我們開發自己
的DRM軟體，我們只能繼續依賴微軟的DRM媒體，這套軟
體只能用在微軟Windows作業系統的電腦，而且不好用。

　　除了這些障礙，更令人頭疼的是，電影公司和主要付費
電視頻道（如HBO、Showtime或Starz）幾十年來簽訂的合
約中都有一個不利於我們的小條款。根據這個條款，電影公
司發行新片DVD，我們有一段時間可以在平台上販售或出
租數位影片，通常是六十到九十天。接下來就是為期三年左
右的封鎖期，在這段時間，付費電視頻道擁有該片的獨家播
映權，我們就不得提供該片的數位影片觀看服務。

　　電影公司對亞馬遜和蘋果提供的數位影片下載服務，
即交易制隨選視訊（transactional video on demand，簡稱
TVOD）感到不安。他們的確看到TVOD的業務成長飛快，
前景無量，但收入有如涓滴細流，一年才幾千萬美元，所以
覺得這看起來是危險的賭注，不願去修改他們與付費電視頻
道的合約。

　　因為封鎖期的限制，我們的數位影片服務銷售期很短，
也就是DVD發行後的兩、三個月，接下來的三年，也就是
顧客對影片需求最大的時候，我們卻無法提供服務。我們知
道，如果要讓串流影音成為極佳的顧客體驗，並在未來帶來
巨大的商機，就得改變現況。我很快就知道，這不是我們能

夠控制的。我跟電影公司主管見面時，我解釋 TVOD 業務即將起飛，TVOD 帶來的收益總有一天將會大幅超越他們和付費電視頻道的交易。那些主管點點頭，說他們了解，同意封鎖期的條款有必要修改，但是他們的老闆並不這麼想。好萊塢高層和所有媒體公司一樣，所做的決定都是著眼於短期的財務目標。

十年後，這些電影公司才感受到生存危機，爭先恐後的推出自己的串流影音服務，如 Disney+、華納的 HBO Max 和 NBC 的孔雀（Peacock）平台，以免跟不上潮流，無法和亞馬遜和 Netflix 競爭。

在亞馬遜，我們的薪酬並沒有和業績掛鉤。正如第 1 章提到的，在西雅圖總部，底薪最高的員工年收入是 16 萬美元，而且沒有獎金制度。額外的薪酬則是亞馬遜股票。如果你獲得加薪，多出來的部分完全是股票，而且在十八到二十四個月後才會發放給你。

因此，我的激勵誘因和我在電影公司及唱片公司的同行大不相同。亞馬遜的長期成長才能為我帶來更大的利益。我不敢說亞馬遜的每一個人都能認同這樣的薪酬理念。如果有重要成就，我們都希望獲得獎勵，而且希望及時獲得。但對那些思考和行動都著眼於長期並堅持到底的人，終究會有更大的收獲。

　　我們不認為電影公司會接受我們提出的方式，Unbox只能陷入苦戰。那條封鎖條款一直到2013年才解除。

　　有鑑於這些挑戰，Unbox這一籮筐的問題看來難以解決。蘋果在Unbox推出幾天後也發布了數位影音服務，不但後來居上，而且遙遙領先。我和團隊看蘋果那麼風光，實在很不是滋味。他們有史上最受歡迎的媒體裝置iPod和應用程式iTune。兩者配合得天衣無縫，讓顧客愛不釋手，要在這樣的產品找到漏洞，然後趕上或超越他們，可說極度困難。

找尋一條通往客廳的路

　　2006年秋末，我和Unbox團隊舉行為期兩天的外部會議，要來研礙明年計畫。像亞馬遜這種規模的公司，舉行所謂的外部會議，通常會讓團隊飛到某個度假勝地，如愛達荷的太陽谷（Sun Valley）、亞歷桑納的聖多娜（Sedona）或是舊金山的納帕（Napa），下榻於五星級酒店，上午開會，下午打打高爾夫，之後品酒。然而，由於我們是地球上最重視顧客的一家公司，不會把錢花在對顧客無益的事。我們不但沒離開西雅圖，甚至沒花錢在當地酒店租借會議室。我們在南第五大道605號的辦公室集合，然後走到亞馬遜在西雅圖聯合車站旁的一棟辦公大樓，連午餐都得自理。

　　整整兩天，我們都在討論如何解決 Unbox 的問題。團隊已經用半個月的時間寫好新聞稿和常見問答，並描述各種產品概念和解決方案，讓影音服務變得更好。有人提議改良使用者介面，還有一些人則認為大型行銷活動會有幫助。至於最根本的問題，如 Mac 電腦不能從 Unbox 下載或是影片封鎖期，則沒有人提出解方。一個又一個提議被我駁回，我的心也直往下沉。

　　然後，團隊裡新來的業務開發人員喬許・克雷默（Josh Kramer）開口了。我們團隊裡幾乎都是企管碩士或工程師，只有他具有好萊塢實務經驗。他是羅曼・波蘭斯基（Roman Polanski）執導的電影《死神與少女》（*Death and the Maiden*）的共同製作人，主演該片的是雪歌妮・薇佛（Sigourney Weaver）和班・金斯利（Ben Kingsley）。但喬許可不是腳蹬 Gucci 鞋、開保時捷的好萊塢業界人士。他的襯衫下擺不扎進褲腰裡（那時還不流行這種休閒的穿法），不知怎麼的上面總是有咖啡漬或沾到蕃茄醬。他從不綁好鞋帶，鏡框斷了只是用膠帶黏起來。他的辦公桌是個危險地帶，上面有喝一半的咖啡、食物和一疊有污漬的文件。喬許是個富有創造力和才華的人，他在布朗大學主修聲音藝術，研究作為一種藝術媒介的聲音，然後在華頓商學院取得企管碩士學位。他不只知道好萊塢電影公司怎麼運作，還有興趣自學寫程式。

所以，他了解商業、科技和內容。

在喬許加入團隊的那幾個月，他不時跟潛在的合作夥伴碰面，其中之一是TiVo，也就是數位錄影機（DVR）的先驅。通常像喬許這樣的業務開發人員跟第三方開會，回來之後會提出一些似乎很棒的點子，最後總是因技術上的困難而胎死腹中。但是喬許提出一個可行的想法：亞馬遜的影片可以下載到TiVo機上盒。他在外部會議提出這個做法之前，已經跟工程團隊仔細研究過了。

這個方案可為亞馬遜、TiVo和我們共同的顧客締造三贏的局面。對TiVo來說，他們的顧客可從亞馬遜這個值得信賴的品牌購買或租借更多的電影和影集。而我們則可藉由TiVo找到「一條通往客廳之路」。更確切的說，那是一條通往電視機之路。那時，大多數的人還是喜歡坐在客廳沙發上，在48吋的電視上看電影，而非貼著電腦螢幕看影片。

2007年3月，我們推出Unbox+TiVo的服務。[2]我們終於有能夠自豪的顧客服務。你可以在亞馬遜的網站上瀏覽電影和影集清單，購買之後，就會自動下載到你的TiVo。雖然下載還需要時間，但TiVo有一種漸進式下載的功能，也就是讓你一邊下載一邊播放。雖然這不是真正的串流，但已經可以加快速度，不必等下載完畢才能觀看。這對已經有TiVo的亞馬遜顧客來說是天大的好消息，這些顧客對我們讚賞有加。

TiVo 成為我們營收成長最大的助力，也幫我們拉攏很多新顧客。

然而，我們的競爭對手也沒閒著。

天翻地覆

稍早，在 2007 年 1 月，Netflix 推出 Watch Now 影音串流服務，為娛樂產業帶來影響最深遠的變革。那時，Watch Now 的影片不多，能觀看的電影和電視節目加起來只有一千部左右，大多數是《北非諜影》（*Casablanca*）之類的經典老片、邪典電影、外國電影和影集，如 BBC 在 1990 年推出的《紙牌屋》（*House of Cards*），沒有新片，也沒有熱門電影。但這已經是重大突破，只要 Netflix 的片子夠多，就能占據有利地位。

Netflix 有兩大革命性的突破，也就是訂閱制和影音串流。亞馬遜和蘋果是付費電影和影集的領導品牌，但我們只提供下載（而且你要看的每部影片和節目都得購買或租借）。我們認為影音串流畫質很差，就像 YouTube 上貓咪跳舞的短片，但如果只是利用會議空檔，在電腦上看兩、三分鐘還可以。Netflix 推出 Watch Now 的時候，我們注意到了，也仔細討論一番，但我們團隊和業界其他人普遍認為，這項

服務只是測試，還不成熟。

但Netflix串流服務的另一個特點值得注意，也就是這項服務是免費的。其實，正如我老媽說的：「天下沒有白吃的午餐。這不是免費，是附加服務。」大多數Netflix郵寄租借DVD的會員都可免費享受這項服務。

現在回過頭來看，Netflix推出串流服務顯然是重大威脅，因為串流服務加上訂閱制就是數位影音業務的神奇組合。他們很聰明，也很精明，在推出時讓他們的DVD租借會員免費使用。如此一來，就消除了訂閱服務的主要障礙，以既有的會員作為基礎，不必從零開始。但我們不是唯一沒有意識到威脅的公司。華納兄弟董事長傑夫・畢克斯（Jeff Bewkes）就曾老神在在的說，Netflix對他們的威脅，就像阿爾巴尼亞軍隊對美軍的威脅。他告訴《紐約時報》：「阿爾巴尼亞可能征服全世界嗎？……不會吧。」[3]諷刺的是，十年後，畢克斯和AT&T執行長要說服司法部讓他們合併，因為現在角色互換，Netflix變成美國大軍，而華納兄弟是阿爾巴尼亞軍隊！事實證明，Netflix就像亞馬遜，知道要把眼光放長、放遠，長期默默忍受被人誤解的痛苦，最後終於取得大成功。

我們輕忽Netflix串流服務的另一個原因是，那時我們沒感覺到Netflix對Unbox的影響。但是2007年10月Hulu出

現，我們就知道大事不妙。Netflix的內容差強人意，Hulu一推出，就獻上美國最受歡迎的影集，Fox和NBC最新節目前一天才播出，第二天就可以在Hulu上看到。不僅如此，Hulu是免費的（只是有廣告），是真的免費，不是像我老媽說的「付費會員的附加服務」。Unbox也有相同的節目，看一集要2.99美元，比買DVD要來得便宜，一樣是播出第二天就可以付費觀看。但是，現在有一大堆這樣的節目，一樣第二天就可以看，但你一毛都不用付。突然間，我們每一集節目要賣2.99元，好像在搶劫。我們最熱賣的影集現在完全賣不出去。附帶一提，令人難過的是，Hulu的第一任執行長傑森·基拉爾是我（比爾）在亞馬遜的第一個主管，也是我的好友。

由於新聞集團（News Corp）和NBC環球是Hulu的母公司，我們無法與之抗衡。他們會這麼做是為了因應YouTube的蓬勃成長。2006年10月，YouTube正式推出才半年，即以16.5億美元賣給Google。NBC認為，他們可以創建類似的服務，提供好萊塢內容，即使開價高，應該很快就賣掉了。結果並非如此，雖然Hulu吸引很多觀眾和潛在的買家，包括蘋果、亞馬遜和Google，但他們知道NBC出售Hulu的時候不會連內容也一起賣，因此Hulu的價值沒那麼高。最後，Hulu改採訂閱模式，由迪士尼併購、掌控。今天Hulu擁有九十家

以上的業者提供內容，因此內容豐富、影片畫質清晰，能與各大電視台媲美，甚至開始製作影片，推出《使女的故事》（*The Handmaid's Tale*）等熱門影集。現在，Hulu已是迪士尼重要的長期資產，可與Netflix和亞馬遜競爭。

與電視連結

2008年，我們發現通往客廳那條路會更崎嶇難行。我們決定，亞馬遜除了下載服務，也該提供影音串流。這也是丟掉Unbox 這個名字，改頭換面的好機會，畢竟，Unbox已累積了不少負面包袱。[4]我們在2008年9月推出亞馬遜隨選視訊Amazon VOD。的確，這個名字沒什麼創意。由於Unbox出師不利，未能打響名號，我們的確有點畏首畏尾，但至少這個新名字名符其實，而且不是Unbox。很多品牌的電視都使用我們的串流應用程式，包括索尼、Vizio、三星、LG、Panasonic，還有一家名叫Roku的新公司，他們的新串流裝置（電視盒、電視棒）已走入兩千多萬個家庭。[5]

有了隨選視訊，亞馬遜的顧客至少可以在電視上觀看他們最愛的電影和影集，不必盯著電腦和手機的小螢幕。只是每家每戶的網路速度不一，加上使用的軟體和硬體也有很多種，觀影品質落差很大。有人很順、很過癮，有人則很卡，

看得一肚子火。因為影片卡頓而火大的人是受到「重新緩衝」（rebuffering）的影響，也就是下載速度太慢，影片跑不動：畫面可能會停頓，或是出現一個轉個不停的圈圈，很多人稱之為「死亡之輪」。這種情況很常見，因此我做出一個決定，如果顧客購買或租借影片觀看，片子卡了三次以上，我們就會主動退費。儘管該次交易的版權費仍需支付給電影公司，但我認為，我們必須清楚表示，亞馬遜知道觀影品質不佳是不可接受的。

退費的事，我沒向貝佐斯請示，但我猜他會同意。他曾在致股東信中寫道：

> 我們建立了一個自動化系統，以找出達不到顧客體驗標準的情況。這個系統會主動退款給顧客。有位業界觀察家最近收到一封來自亞馬遜的自動發送信件，上面寫道：「本公司最近注意到您利用亞馬遜隨選視訊觀看《北非諜影》時遇到觀影卡頓的問題。我們為此感到非常抱歉，已將2.99美元退款至您的帳戶。希望很快能有機會再為您服務。」主動退款讓他很驚訝，他因此寫了以下評論：「Amazon注意到我碰到影片播放問題，就決定退款給我？哇……這就是把顧客放在第一位。」[6]

　　Netflix仍是影音串流的龍頭。他們很早就知道客廳影音裝置串流的前景，因此建立一個工程團隊，專門開發獨家串流技術。到了2008年，Netflix的影片已經可以在很多裝置上觀看，包括電視、藍光播放器、遊戲機等。他們的影片內容庫仍在不斷擴充，營收屢創新高。

　　那時，遊戲機的出貨量也愈來愈大，包括微軟的Xbox、索尼的PlayStation和任天堂的Wii。在美國，有幾千萬個家庭家裡都有遊戲機，而且遊戲機幾乎都必須連接高畫質電視和網路。玩家每天在遊戲機上沉溺好幾個小時，但偶爾也需要休息一下，直接用遊戲機看電影或影集不是很方便嗎？因此，我們希望亞馬遜隨選視訊也能在遊戲機上使用。

　　但我們的業務開發團隊帶來幾個壞消息。由於微軟和索尼都有單點式的數位媒體服務，因此不允許我們把亞馬遜串流應用程式置入他們的遊戲機。但是他們並沒有禁止Netflix，因為Netflix是訂閱服務，不會與他們直接競爭。在最初的兩、三年，由於被遊戲機廠商排拒，我們的地位很不利。試看一個令人震驚的統計數字就知道了：我們估計Netflix串流有95％是透過自己的網站、三大遊戲機（Xbox、PlayStation以及任天堂的Wii）、iPad和iPhone。

　　有些零售商也抗拒我們。那時，賣出最多電視的是沃爾瑪和百思買（Best Buy），但亞馬遜的零售業務對他們的威

脅愈來愈大。打從2007年開始，他們採取一些策略來阻礙我們，例如拒絕在店裡銷售亞馬遜禮物卡。他們的採購人員甚至警告一些電子產品製造商，任何裝置只要有亞馬遜隨選視訊，就無法上架。由於沃爾瑪和百思買是電子產品銷售龍頭，很多製造商只得乖乖聽他們的，不跟我們合作。2008年9月，我們終於說服索尼，在他們的Bravia電視和藍光播放器增添亞馬遜串流服務，終於殺出重圍。但是，我們之後努力了四年，PlayStation團隊才點頭同意，讓亞馬遜接觸兩千萬PlayStation用戶群。

這種種阻礙拖慢了我們成長的腳步。我們愈來愈清楚，數位媒體服務和實體商品的線上銷售截然不同。我們無法完全掌控要販售的內容（即電影和影集），不像Netflix擁有獨家內容，也不像微軟、索尼和蘋果可以控制播放和顯示內容的裝置。

亞馬遜成長飛輪的關鍵因素是低價、快速到貨，以及更低的成本結構。如果我們只有單點式的數位影音商店，無法利用這些因素跟對手做出區隔。然而，有一個方面的確需要技術能力：打造在各種電視、機上盒都適用的應用程式，提供高品質的影片，不會經常卡頓或當機。這就是為什麼我們買下倫敦一家名叫Pushbotton的小型軟體工程公司。

即使我們最大的資產，也就是亞馬遜網站，是實體商品

銷售的命脈,但對數位媒體銷售來說,並沒有那麼重要。當然,網站能吸引很多顧客來買媒體產品,但在各種裝置上的運用,如Mac電腦、個人電腦、平板電腦、手機和電視等,要比網站重要得多。畢竟,我們的目標是提供高品質的數位媒體體驗。

例如,蘋果透過在Mac和個人電腦上的應用程式iTune販售所有的數位媒體。與亞馬遜不同的是,蘋果能控制自己的裝置。應用程式和裝置的結合提供高品質的串流(或下載)服務、順暢的播放體驗,為消費者帶來巨大的價值。

至於電影公司控制的內容,則沒有什麼變化。但像HBO這樣的內容創造者,不但有自己製播的劇集,如《黑道家族》(*The Sopranos*)、《冰與火之歌:權力遊戲》(*Game of Thrones*)等,也從很多大型電影公司那裡取得獨家播映權。那時,由於沒有其他公司提供數位影音訂閱服務,HBO可謂一枝獨秀,提供很多電影和電視節目給有線電視頻道,幾乎沒有人與其競爭。

但是,我們可以從蘋果和HBO的商業模式看到,數位媒體世界和舊媒體有一個相同重要的地方:握有掌控權就是一大優勢。在舊媒體世界,你可以控制的是內容發行方式或是內容本身(有時則是兩者)。像NBC和CBS聯播網控制自己的網絡,也製作獨家內容,如影集、體育賽事、新聞節目

等。而像華納和迪士尼這樣的電影公司則製作電影和影集。在新的數位媒體世界，聯播網和電影公司將失去對發行方式的掌控權，取而代之的是連結網路設備的應用程式。

　　經過一段時間之後，我們發現亞馬遜隨選視訊卡在價值鏈的中間，進退維谷。我們無法控制上游那一端的內容開發，也無法控制下游那一端的播放設備。從本質來看，我們只是一個數位發行系統，沒有獨特或專有的東西。也難怪我們會在價值鏈的兩端（內容開發和發行到設備）不斷碰壁。

　　正如我們在Kindle那章討論過的，多年前，大約是在2004年，貝佐斯和史蒂夫曾畫一張草圖來說明價值鏈。我們再次看看這張圖：

　　我們會創造Kindle，正是源於這份對價值鏈的洞見。那時我們沒做內容創造（策畫或出版書籍），因此我們轉而控制消費，也就是閱讀體驗。但在數位電影和影集方面，我們

仍困在中間，能做的只是匯總。零售業務的輸入指標：價格和選項，並不能使我們的數位業務脫穎而出，而輸出指標：影音顧客的數量及營收，則顯示我們的策略是失敗的。

因此，從2010年開始，我們改絃易轍，把資源投到幾個新的方案，使我們得以脫困，不再卡在價值鏈的中間：Prime即時影音、亞馬遜製片公司和新的亞馬遜裝置，即自有品牌平板Fire Tablet、智慧型手機Fire Phone、Fire TV系列產品（電視棒和機上盒）、聲控智慧音箱Echo和語音助理Alexa。我們還進行收購，以擴展亞馬遜的能力和版圖。

Prime即時影音：額外好處

2010年，我們跟貝佐斯開了多次會議，討論如何能達到價值鏈的另一端，獲得豐厚的利潤。顯然，消費者喜歡Netflix那種看到飽的訂閱方案，但我們知道Netflix每年在影片授權上大概花了3000到4000萬美元。今天，4000萬美元對亞馬遜來似乎不是大投資，但相信我，2010年的亞馬遜規模要小得多，無法不惜血本地投資。4000萬！這個數字嚇壞我們。這似乎是瘋狂的大手筆。

但貝佐斯並不這麼想。有一次開會時，他說：「讓我說得更清楚一點，我想看看我們如何在影音訂閱方面進行類似

的投資。」貝佐斯明白的說，我們應該大膽嘗試，研究更大的數位媒體方案，包括自己來做硬體。

　　既然他都這麼說了，我只好識時務的接下這個重責大任，帶領團隊往前衝。我要卡梅倫・詹斯和喬許・克雷默負責跟電影公司的人交手。多年來，這兩個人一直是我們組織的重要主管，也是數位娛樂部門的老手。詹斯在2007年7月加入團隊，之前有好幾年曾在沃爾瑪網站負責電子商務的工作。他是個全能型的業務人才，擁有西北大學凱洛格管理學院的MBA學位，不管是關於內容、財務、產品或其他問題，他都能解決。只要交給他任務，他都會積極投入，設法搞定。

　　於是，我們努力了好幾個月，開了不知多少次會議，不斷腦力激盪。我們認為可行的點子有三個，都和硬體裝置有關。一個是萬用搖控器，讓你得以輕輕鬆鬆的在電視上播放亞馬遜的影片。另一個是可以連接到家庭視聽系統、像冰球一樣扁扁圓圓的裝置。這個裝置可以透過聲音偵測和命令去學習每一個家庭成員的偏好，提供個人化的播放清單。其實，貝佐斯在幾年前就曾提出這樣的構想，希望透過類似的裝置，讓顧客透過聲音指示，連結到亞馬遜的購物網站（參看第5章），後來這個東西就成為亞馬遜聲控智慧音箱Echo。第三個是機上盒裝置，預載最熱門的電影和影集，並

透過無線的方式更新。關於這幾個點子，我們花了好幾個星期研究、撰寫新聞稿和常見問答，並一再修改，然而最後都碰到阻礙，如技術授權或定價問題。再過幾個星期，我們決定集中火力在內容訂閱方案上。

喬許負責資料蒐集的工作。他在幾家著名的影業公司有認識的人，跟他們打電話、見面洽談，也建立新的關係。

我們掌握到的消息令人沮喪。Netflix 已有領先優勢，即使我們能拿出差不多的預算，片單依然差強人意，跟他們沒得比。我們也知道，Netflix 在影片授權花的錢早就超過3000 到 4000 萬美元，現在他們一年在內容上的投資已經高達 7000 到 8000 萬。

在訂閱服務中，要搞山寨、跟風搶市場是沒有用的。我們必須提供 Netflix 沒有的電影和影集。福斯和 NBC 的熱門影集大都在 Hulu 手上，我們也得提供跟他們不同的東西。就影音隨選視訊來說，每一家的片單都差不多，同一部影片，你可以在亞馬遜、蘋果、微軟、索尼購買或租借，但就訂閱服務而言，獨特的影片庫就是關鍵。

我們集思廣益，提出無數的概念。一種做法是主打某些類型的影片，如恐怖片或紀錄片，片單盡可能齊全。另一種是每週提供一部免費電影來吸引顧客，希望他們能來訂閱。由於我們的片單不夠豐富，也想到用低價來招攬會員，也許

定價在一個月 3.99 美元，但這樣的價格恐怕很難獲利。我們希望能夠儘快提高價格，但這麼做並不符合亞馬遜之道。

在我們和貝佐斯開的第四次或第五次會議時，我們心知肚明，我們在硬體和訂閱制都沒什麼進展。數位影音團隊的幾個領導人來到亞馬遜總部的指揮中心，即座落於聯合湖南岸（South Lake Union）的第一日北樓（Day One North），在六樓那間小會議室裡圍著桌子坐下。跟前幾次會議一樣，我們檢討一堆想法，提到電影類型，也考慮定價和預算方案。

貝佐斯在會議中提出一個簡單的想法：「我們何不提供免費影音服務給 Prime 會員？」

沒有人想過這種做法。這樣行得通嗎？貝佐斯提醒我們，Netflix 一開始也是提供免費影音串流服務 Watch Now 給 DVD 訂閱會員。與其說完全免費，不如說是包含在會員服務裡。貝佐斯說：「這是給 Prime 會員額外好康。」Netflix 剛上線的時候，提供的電影和影集也不是很多，無法請會員額外支付線上觀看的費用。反之，Netflix 讓已訂閱的會員得以額外享受這項服務。Netflix 想要表示的是：「我們已經提供了很棒 DVD 訂閱服務，但是，還有額外的好康。」三年後，大多數的 Netflix 顧客都改採串流的訂閱服務，不再租借 DVD。如果 Netflix 沒在一開始就推出免費串流服務，這種轉變就不會那麼順暢、無縫。要不是這樣循序漸進，根本不大

可能有那麼多顧客願意支付串流訂閱費用。

訂閱服務是雞生蛋還是蛋生雞的問題。你需要有龐大的影片庫，以吸引付費訂閱者。為了建立這樣的影片庫，你需要擁有很多付費訂閱者。新用戶或新方案進入內容平台時，都會出現冷啟動（cold start）的問題，也就是因為沒有相關的瀏覽、點擊或下載數據可以利用。通常得大手筆的投資，等數年後訂閱人數成長，也許才能回收。貝佐斯認為，即使我們免費提供影音串流給Prime會員，長遠來看，這項業務應該是可以獲利的。（把眼光放遠就是**亞馬遜之道**。）

要怎麼做呢？影音串流訂閱服務的成本是固定的。Netflix從電影公司或製片公司取得一部電影或影集的授權，支付的是一筆固定的費用，與使用量無關。一部影片，Netflix用戶不管看一次或一千萬次，對Netflix來說，成本都是一樣的。除此之外，還有一些變動成本，如頻寬和伺服器，但用戶每觀看一次，這方面的成本只有幾分錢，而且跟大多數的科技一樣，這方面的成本會愈來愈便宜。DVD租借業務的成本結構就有很大的不同，變動成本包括倉庫、工資、運輸、光碟更換等。建立固定成本訂閱制的一大好處是，一旦用戶數目超過某個數量，之後的訂閱營收就是純利潤。要實行這個策略，困難在於（1）訂閱者的數量要夠大。（2）必看電影和影集要夠多。由於Prime會員數量龐

大，而且還在繼續成長，以此為基礎，把 Prime 影音整合到
既有的 Prime 會員服務，第一個問題就可望解決。至於影片
庫不夠豐富的問題，我們則不那麼擔心。因為我們不會短視
近利，願意長期耕耘，多年之後再來衡量成果。我們有信
心，投入時間，做正確的投資，不斷累積，我們的影片庫會
很可觀。如果我們做得好，顧客總會被 Prime 吸引，不只是
為了免費快速到貨，也為了享受附加的影音串流服務。

　　這種額外好康將變成 Prime 不可錯過的會員福利。

　　貝佐斯還認為，讓 Prime 會員享受免費影音串流將成為
獨家優惠，使我們更具備競爭優勢。亞馬遜是一家日益複雜
的公司，在世界各地的多個市場和地區進行競爭。不管我們
賣什麼、不管市場在哪裡，都要獨樹一格，這實在難上加
難。但貝佐斯認為 Prime 也許可以做到。任何競爭者也許可
以模仿亞馬遜，推出類似 Prime 的快速免運費會員制，或是
建立一個像 Netflix 的影音服務，但不可能這兩種服務都做。

　　Prime 影音勢在必行，預定 2011 年 2 月上線，但我們只
有幾個月的時間可做準備。

收購歐洲的 Netflix

　　這時，我們決定收購歐洲一家名叫愛電影的 LOVEFiLM

電影和影集DVD光碟租賃公司。LOVEFiLM成立於2002年，一直是「歐洲人的Netflix」，提供影音串流和實體光碟郵寄服務。由於Netflix尚未進入歐洲市場，收購這家公司有助於我們在穩固的基礎上發展，搶先Netflix。收購完成之後，我們就迅速與幾家電影公司協商，希望能取得好萊塢最好的一些影片和影集的長期獨家授權。若一切順利，我們就能在英國和德國提供最豐富、齊全的片單，甚至勝過美國的亞馬遜或Netflix。

接著，在2011年初，突然天崩地裂。主要的電影公司，包括索尼、華納等告訴我們，我們想買的影片Netflix也要買，在競標之下，必須花兩倍的授權金。我們就這麼被捲進競標大戰中。誰是贏家？當然是那些電影公司。為了爭取英國和德國顧客，我們和Netflix拚個你死我活，授權金也就節節上升。

這件事使我們對價值鏈的思考更加清晰、明確。在我看來，今後必須設法從永無休止的競標脫身，別再跟Netflix及Hulu纏鬥，讓電影公司坐收漁利。電視公司就像吸血鬼，儘管我們已為每一部影片支付授權金，但在不同的國家播放，還得支付額外的費用。我們必須掌控自己的命運。我因而得出一個令人驚異的結論：我們必須創造自己的內容。我們該製作自己的電影和影集。

輸出端：播放裝置

　　我們一面往價值鏈上游移動，希望透過 LOVEFiLM 的收購，擴增我們的內容庫，另一方面也在另一端著力，也就是消費和播放。因此，我們必須創造自己的硬體，讓消費者利用這些硬體使用亞馬遜提供的內容，讓他們獲得完全的亞馬遜體驗。在幾年前，史蒂夫・凱瑟爾已建立一個組織，專門設計、開發自己的裝置，Kindle 就是第一個成品。我們的定位是創新並製造各種能支援影片、音樂、應用程式等裝置。

　　在這理念之下，我們推出的第一種裝置就是平板電腦 Kindle Fire。上市時間是在 2011 年 11 月。iPad 大部分的功能，這部平板電腦都有，但是只要 199 美元，比 iPad 便宜幾百美元。我們不知克服多少安全性及版權的問題，用戶才得以在 Kindle Fire 上觀看亞馬遜的影片。畢竟，這是我們第一次讓高畫質影片在行動裝置上播放。

　　Kindle Fire 很快就在市場上占有一席之地，讓亞馬遜得以在價值鏈的影片播放端有一個安全的立足點。推出不到一年，也就是在 2012 年 9 月，Kindle Fire 已售出數百萬部，是僅次於 iPad 的第二大暢銷平板電腦。[7] 我們在 2014 年，將此產品的名稱簡化為 Fire Tablet，不斷改良這款平板電腦。今天，Fire 已是亞馬遜裝置當中的主力產品。

　　在Fire平板電腦成功之後，由戴夫・林普領導的亞馬遜裝置部門又研發了很多新產品，因為數量太多，我們只好用字母來標示，以便討論和追蹤進度。這麼做也有助於保密。如果未獲授權的人剛好聽到有人在討論A專案，只會聽得一頭霧水。Fire TV是B專案，因為專案代號是「Bueller」（畢勒），此名源於電影《蹺課天才》（*Ferris Bueller's Day Off*）裡的男主角菲里斯・畢勒（Ferris Bueller）。

　　亞馬遜在2014年4月推出電視機上盒Fire TV，售價99美元，功能強大，可提升顧客體驗。特別是，我們將多年來開發應用程式的經驗融入其中，設計出流暢、直觀的使用者介面。即使用戶坐在離電視十呎遠的沙發上，也能輕鬆操控。Fire TV遙控器內建語音搜尋功能，使觀眾容易找到自己想看的影片。

　　結果不言自明。截至本書寫作時，全球各地的家庭當中已有數百萬部Fire TV。就與電視連接的影音串流裝置而言，Fire TV電視盒是最暢銷的產品之一。

進軍好萊塢

　　打從2010年的第一次實驗，我們就知道，我們需要自己的影集和電影。我們和許多電影製片公司交手，知道購買

內容得花大錢，而且競爭者眾。如果想控制成本，拿到電影或影集的獨家或首次播映權，傳送到全球顧客的眼前，就必須創造內容。

儘管一開始出師不利，幾經波瀾，我終於看到亞馬遜影音部門起飛。這主要是因為娛樂事業的特殊性和差異性。軟體和硬體工程人才有限，供不應求，但是娛樂事業則不然，製片、導演、演員和相關職人非常多。這些人只有一小部分是全職人員，大多數都是獨立的自由工作，多半是短期合約。可供挑選的劇本多不勝數，只是佳作少之又少。

要推出一部作品，除了全心全力的投入，最重要的就是資金。對亞馬遜來說，出資不是問題，難的是尋覓最好的劇本，有時甚至要跟別人競爭。為了解決這個問題，我們在聖塔莫尼卡（Santa Monica）設立一個辦公室，招聘了一個開發主管團隊，每一位主管負責某一種類型的影片：喜劇、劇情片和兒童片。儘管這裡是好萊塢也不例外。我們一樣利用抬桿者流程來招聘影片團隊，他們也必須適應崇尚節儉的作風，例如幾個人擠在小辦公室或是多人在開放式的空間工作，底薪以16萬美元為上限，沒有現金獎勵計畫，出差搭長途客運，而非飛機頭等艙。有些新來的人覺得難以接受，因此不好溝通。

重要的是，大環境改變了，提出新的案子要比過去來

得容易，事實上，也可能執行。串流媒體無所不在。我們也有可供使用的裝置。還有一個重要發展：Netflix 推出原創影集《紙牌屋》。第一季共十三集，在 2013 年 2 月首播，共播出六季。這齣政治驚悚劇集，由好萊塢紅星凱文・史貝西（Kevin Spacey）和羅蘋・萊特（Robin Wright）主演。此劇轟動一時，叫好又叫座，甚至改變好萊塢的遊戲規則。在《紙牌屋》之前，好萊塢一線紅星不想碰只在網路播出的影片。他們不屑拍這種片，就像不願拍廣告一樣。但凱文・史貝西願意冒險一試，他和 Netflix 一起突破障礙。儘管他在2017 年爆發性醜聞，而被好萊塢全面封殺，但他無疑是演技派巨星：曾贏得奧斯卡最佳男主角獎（《美國心玫瑰情》），自 1981 年出道，在舞台劇、電影和影集皆有不少令人激賞的作品。《紙牌屋》獲得多項金球獎，史貝西也成為網路影集中第一位獲得艾美獎提名的演員。他飾演老謀深算、不擇手段的議員法蘭克・安德伍（Frank Underwood），後來成功登上美國總統寶座。

一扇門開啟了。

現在，我們看起來就跟好萊塢電影製片公司沒什麼兩樣，不同的是，我們團隊的薪酬和所有亞馬遜領導人一樣：沒有短期業績目標。開發團隊很聰明，根據多年的收視數據，找尋能吸引亞馬遜觀眾的最佳劇本。我們讓五部喜劇、

五部兒童片試播（貝佐斯也參與挑選的過程）。這意味著我們會製作十部試播片，大多數製作成本都得耗費幾百萬美元。我們增加一個有意思的做法：在做出最後決定之前，先在亞馬遜影音網站上提供所有的試播片，讓人免費觀看。透過這個過程，我們能夠從真正的用戶那裡蒐集收視數據、評分和評論，以做出最明智的決定，選出最能吸引觀眾的影片。畢竟，我們終究找到以顧客為中心、合乎亞馬遜之道的做法。一般電影公司不一定會這麼做。

以兒童影集而言，我們批准上檔的有《銀河寶貝點子王》（*Creative Galaxy*）和《飄零葉》（*Tumbleleaf*），這兩個系列影集皆大受好評，分別製播了三季和六季。在我們試播的五部喜劇中，我們選擇其中兩部進行全季製作。《阿爾法屋》（*Alpha House*）是以華盛頓政壇為背景的政治搞笑劇，描述四位共和黨參議員在華盛頓特區一起分租房子，由《杜恩斯柏里》（*Doonesbury*）系列漫畫作者蓋瑞・特魯多（Garry Trudeau）編劇，在2013年4月首播。另一部《測試》（*Betas*）是以矽谷文化為背景，於次年播出。我們在這兩部片投注很多心力，可惜沒能成為熱門影集。

在2014年和2015年初，我們推出新影集《透明家庭》、《叢林中的莫札特》和《高堡奇人》（*The Man in the High Castle*）。這幾部片都大受矚目，使亞馬遜得以在影視

界異軍突出，成為高品質、內容獨特的製片公司。

＊＊＊

我們以加速成長為目標，在2004年進入訂閱服務領域，在2006年推出數位媒體。這兩種業務都必須長期經營，花更多的時間發展，要實現目標更是長期抗戰。我們曾遭遇真正的挫敗，Unbox 就是最顯著的例子。但在數位媒體方面，我們的四個專案：Prime Video、影音裝置、收購LOVEFiLM 及成立亞馬遜影業公司都成功了。

在這些專案的發展過程中，我們堅持亞馬遜獨特的管理方式。最重要的是，這些做法體現亞馬遜的長期思維、秉持顧客至上的原則、致力於發明和卓越經營。我們一路走來，始終如一，執著於願景，但靈活應變，不受細節束縛。

第10章

雲端運算服務 AWS

本章重點：

- 新的客戶群。
- AWS 的起源：與夥伴分享資訊。
- 貝佐斯來電。
- 第一次軟體開發會議只有八個人參加！
- 創新與簡化的領導原則，如何讓亞馬遜成為雲端運算服務霸主？
- 如何利用逆向工作法創建 AWS？

場景：柯林的辦公室。他的電話響了。來電顯示：傑夫・貝佐斯。

柯林：嗨，傑夫。

貝佐斯：嗨，柯林。我想趕快了解我們在網路服務上的進展，所以想到你。你能告訴我現在的情況嗎？

柯林：當然。我拿東西給你看，也許最容易了解。你何時方便？

貝佐斯：現在如何？

柯林（取消接下來的兩個會議，把筆電夾在腋下）：好啊。我立刻過去。

正如我們所見，剛步入二十一世紀那幾年，從實體媒體到數位媒體，這樣的轉變對亞馬遜的生存構成威脅。當時，亞馬遜的業務約有75％都是銷售實體商品給顧客，如書籍、CD、DVD等。我們必須創新，否則在媒體銷售方面會愈來愈落後。雖然Prime極其成功，但那只是既有實體媒體線上零售業務的延伸。

然而亞馬遜雲端運算服務AWS不像數位媒體或Prime，與核心業務一點關係也沒有。所謂的「雲端運算」就是IT資源的隨選服務，例如透過網路提供計算能力與數據儲存服務，客戶則無需建立實體資料中心和伺服器，[1]按照使用量付費，用多少付多少，但在二十一世紀初，這樣的服務並不普及，如果有人想要利用這樣的服務，恐怕也不會想到亞馬遜。此外，需要這種服務的人（軟體開發人員）對亞馬遜來說是全新的客戶群。

在本章，我們將不詳述AWS的起源和歷史。光是這個主題就可以寫成一本書。反之，我們會回答下面兩個問題，讓你了解如何把亞馬遜之道的關鍵要素融入自己的組織。

（1）亞馬遜之道的哪些要素使亞馬遜得以進入完全獨立的業務領域？

（2）亞馬遜的潛在競爭對手有許多是資本雄厚的科技大公司，為何亞馬遜能在雲端計算方面得以搶得先機？

　　這兩個問題的答案都可歸結於單一執行團隊及逆向工作法，加上注重顧客體驗，才能在雲端計算的新典範中找出軟體開發者的基本需求。

影響因素

網路服務的概念驗證

　　2001 年，我（柯林）是亞馬遜聯盟行銷計畫的負責人。這個計畫允許第三方（也就是我們所說的「夥伴」）在自己的網站上提供亞馬遜的商品頁面連結。例如，前面提到一個登山網站，該網站提供一份與登山有關的精選書單以及亞馬遜網站的購買連結。只要有人從該網站點選連結，就會被導引到亞馬遜的書籍產品頁面，購買之後，那個登山網站的擁有人就可從亞馬遜獲得一筆佣金。在此之前，我們的夥伴可以把任何他們想要推薦的亞馬遜商品放在自己的網站上，並

選擇一些決定因素，以決定此商品在自己網站上的顯示方式，類似今天的網路廣告。我們的聯盟行銷計畫非常成功。在我負責這個計畫的那四年，夥伴數目從三萬增加到一百萬左右。但正如貝佐斯經常說的，顧客的欲求是個無底洞，昨天還讚不絕口的東西，今天已經覺得普普通通。[2]而且，我們在設計上還沒有足夠的資源能把亞馬遜產品無縫整合到每一個夥伴的網站中。

於是，我們後退一步，從夥伴的立場來想，從他們的角度來看問題。長久以來，我們假設對夥伴來說，亞馬遜聯盟行銷計畫的吸引力來自亞馬遜的產品，因此忽略他們想要選擇亞馬遜商品在自己網站呈現的外觀和質感，例如字體大小、配色工具、圖像大小等。事實證明，他們覺得亞馬遜提供的格式不夠好。

因此，在2002年3月，我們決定冒險一試，推出一個實驗性的功能，改變我們與夥伴分享資訊的方式。我們給夥伴一種叫作XML資料格式來傳送商品資訊，讓他們自己寫程式，按照自己的設計標準，把亞馬遜的商品資訊呈現在自己的網站上。我們的目標是退出設計業務，給夥伴創新的空間，別被我們綁手綁腳。

這個功能很新，但也有風險。首先，從開始推動聯盟行銷計畫以來，我們的核心客戶一直是網站的擁有人。要成為

亞馬遜的夥伴，不一定要是軟體開發人員，即使不懂程式、不會寫程式也沒關係。因此，我們必須儘可能弄得簡單。我們會為夥伴寫程式。他們只要用滑鼠點擊幾下，就可以使用了，不必自己寫程式。

這個功能還有一個特別的地方。如果我們的夥伴有自己的軟體開發人員，能自己寫程式，就可以用自己想要的方式來呈現亞馬遜商品資料。因此，我們必須創造新的元素，如包含使用者手冊、技術規格和範例程式的軟體開發套件，讓網站開發人員知道怎麼做。我們還建立一個討論區，讓軟體開發人員分享經驗並互相提問。雖然這個功能強大、靈活，但是也比較複雜，我們真的不知道夥伴會有什麼反應。

其次，這個功能既新穎又有爭議的地方是，我們提供給夥伴的不只是一個工具，而是讓網站擁有人自行設計亞馬遜商品的網路連結，我們以XML格式交給他們的包括一些非常豐富的商品資料，如「購買此商品的顧客也買了X」。我們煞費苦心建立幾千萬種商品的目錄，包括一些寶貴資料，例如與該商品有關的顧客行為，這些都是亞馬遜的競爭資產，不該分享出去。但是這個聯盟行銷團隊認為，讓成千上萬軟體開發者可用我們提供的資料作為基礎，發展出自己的商業解決方法，這個好處大於潛在風險。為了減少風險，我們對夥伴如何利用商品資料加上限制，如他們只能用在銷售

亞馬遜商品上，而且不能永久儲存我們的商品資料。我們再怎麼分析，也無法預測他們會怎麼做。因此，我們抱著樂觀其成的態度，看看這些夥伴如何用有創意的方式利用這些商品資料。

從這個例子也可以看出單一領導人和單一執行團隊的好處。聯盟行銷計畫的業績和整體狀況都是由我負責。我們團隊擁有推出這項功能的所有資源：軟體工程師和產品經理開發這項功能；我們也有自己的客戶服務專員，他們具備相關知識，也懂得利用工具，能幫忙夥伴解決問題。我們非常了解客戶，相信這個實驗是值得做的。因為這是新的嘗試，我們也不怕被誤解。萬一實驗失敗，我們也有所準備。

我們推出這項功能之後，就靜觀其變，沒發新聞稿，也沒有敲鑼打鼓，大肆宣傳。我們只是發送一封電子郵件給所有的夥伴，介紹這項新功能及潛在的好處，並歡迎他們利用我們特別準備的軟體開發套件。我們明確表示，這項功能也許不是每一個人都適用。如有需要，他們必須自己寫合適的程式。

每次我們發送這樣的郵件給聯盟夥伴，我都會注意他們的回應情況。我會查看數據儀表板，看有多少人已閱讀郵件，多少人點擊郵件中的連結，增加的成交佣金有多少是這封郵件帶來的。我還會問客服小組，他們在與那些夥伴連絡

時是否曾聽到什麼數據。我也會去看討論區的評論和問題。我得承認,當初寫好那封電子郵件,按了傳送鍵之後,我不由得惴惴不安,猜想種種結果,可能大有希望,也可能得花上一整天的時間處理壞消息。沒想到焦慮很快就轉為興奮,才剛發布幾個小時後,我就知道此事不得了,實驗結果遠超出預期。我們的夥伴已在討論區貼上他們利用我們的新服務及自己的程式創建的網頁連結。他們為自己做出來的東西自豪,想要跟別人分享。他們熱情的回答其他人提出的問題,甚至比我們的回應還快,也建議我們增加哪些新的功能,以提升服務能力。

在接下來的幾天,我列出一份網站清單。這些網站以令人驚異而且創新的方式利用我們的服務,令人眼睛為之一亮。有個軟體開發人員寫出一個令人上癮的遊戲,讓網站訪客透過螢幕上閃現的圖案搶答,說出作者、藝術家的名字或電影片名。另一個開發人員讓人輕鬆創建虛擬書架,以收藏個人蒐集的媒體作品。最後,有兩個例子使用與亞馬遜網站完全不同的使用者介面重塑亞馬遜購物體驗。第一個稱為「亞馬遜精簡版」(Amazon Lite)。這是一個第三方亞馬遜應用程式,設計精簡、以文字為主,讓你在亞馬遜購物(所有交易仍由亞馬遜處理)。這個網站雖然簡單,但如果消費者使用的是小螢幕、以通話及簡訊為主的傳統功能型手

機就會覺得特別好用。第二個叫「亞馬遜網絡圖」（Amazon Graph），看起來完全不像網站，而是由節點和連接線組成的網絡圖。每一個節點代表一種商品，根據我們的相似性數據連接其他商品。我們沒想到亞馬遜的商品目錄能做成這樣。要不是我們發布這個功能給聯盟行銷計畫的夥伴利用，哪能看到如此精采的的應用？

　　然後，我就接到本章開頭提到的電話。貝佐斯要我去他的辦公室。那時，我們公司所在的大樓前身是海洋醫學中心（Marine Hospital Service），一棟具有1930年代裝飾藝術風格的建築。我拿起筆電，匆匆走出辦公室，走到下一個樓層，來到貝佐斯的辦公室。他的辦公桌是門板做的，我們在旁邊的會議桌坐下。我簡單解釋這項新功能。我告訴貝佐斯，最有意思的一點，不是亞馬遜提供網路服務，而是我們的夥伴如何利用這項服務。接著，我打開筆電，讓他看一些有趣的網站和應用（如上面提到的），加上這項功能帶來的流量和銷售量的數據。

　　我告訴貝佐斯，自從我們推出網路服務以來，軟體開發人員就利用我們提供的開發套件，以我們想像不到的方式創造出應用程式。

　　這趟網站驚奇之旅結束後，貝佐斯評論說，就單一功能而言，這種採用率和創新水準很不尋常，我們應該在這方面

加倍努力。我回應說，我們正在研究如何在7月、也就是三個月後，向更多人推出更豐富的功能。從那天起，貝佐斯就不遺餘力的支持這個計畫。

貝佐斯不是唯一看出這個努力方向很有希望的人。在亞馬遜，為你的專案請求更多軟體工程師來支援，就像在自動販賣機的找零口尋找別人忘了拿走的零錢，成功機率可說微乎其微。但是我去找主管數位團隊領導人尼爾・羅斯曼，問說能否找人來支援，他立刻回覆我說，羅柏・菲德瑞克（Rob Frederick）帶領的團隊剛完成一個名為Amazon Anywhere的專案，主要是利用XML，讓使用者得以從任何地點，以智慧型行動裝置連上亞馬遜網站購物。羅柏和他的團隊對網路服務和我們一樣熱情，願意加入我們。莎拉・史匹爾曼負責帶領我們的產品管理團隊。我們不但得到資訊長瑞克・達澤爾以及一位資深技術人員的鼎力相助，副總裁艾爾・佛繆倫（Al Vermeulen）也在AWS的設計和關鍵組成扮演重要角色。為了接下來要推出全功能的版本，羅柏和莎拉捲起袖子，帶領技術和業務團隊往前衝。艾爾和瑞克不僅在亞馬遜內部宣布消息，也將訊息傳播出去，讓軟體業界有影響力的人士知道。

接下來的三個月，我們忙得昏天暗地。我們覺得自己是開拓者，正在為新客戶（軟體開發社群）創造真正特別的東西。

　　在為軟體開發人員設計程式方面，由於我們沒有多少經驗，希望能跟經常使用我們服務的人面對面討論，從他們那裡獲得回饋意見。因此，我們決定在西雅圖總部舉行第一次亞馬遜軟體開發會議。來參加這次會議的總共只有八個人。其中兩人還從歐洲坐飛機來這裡開會。在召開會議的前一個星期，我才發現那兩位來自歐洲的與會者，其中一個是青少年。我不得不詢問法務部門這孩子是否可以參加。幸好可以，我們不需要取得他父母的同意書。

　　我們安排一整天的會議，做好所有的準備。來自歐萊禮媒體的提姆・歐萊禮和雷爾・唐費斯特（Rael Dornfest）一向大力支持我們的網路服務，並不吝指導我們。另一位與會者傑夫・巴爾（Jeff Barr）是我們的忠實顧客，剛好就住在西雅圖，他評論道：

　　在場的亞馬遜員工比與會者還多。我們坐在那裡，聽講者談論他們準備更上一層樓的計畫，並準備擴大網路服務。有一位講者（可能是柯林・布萊爾，但我不確定）展望未來，說道他們還會在未來提供其他服務。

　　這時，我靈光一現，顯然他們已想到開發者、平台和應用程式介面。我想要成為其中一員。[3]

　　幾週後，傑夫・巴爾加入亞馬遜，現在依然在公司服務，擔任 AWS 副總裁，為我們的網路服務傳福音。

　　對出席這次會議的人來說，當天最後一個場次也許最令人難忘，也就是與傑夫・貝佐斯問答討論。不用說，與會者由於有機會跟貝佐斯面對面交談，大都覺得興奮、驚喜，也訝異他對網路服務有如此深入的了解。貝佐斯在 2006 年致股東信中，明確說明他的理由：

　　我們就像其他公司，我們的企業文化不是有意為之，而是我們的歷史塑造出來的。亞馬遜的歷史還很短，幸運的是，其中包含不少從小小的種子長成大樹的例子。我們公司有很多人都看過一項新業務在萌芽之初只有幾千萬美元，不斷成長、茁壯，最後變成數十億美元。依我看來，這種第一手的經驗以及隨著成功形成的企業文化，就是為什麼我們能從零開始，發展到今天的規模。我們的文化要求新業務必須具備強大的潛力、創新的精神，而且要創造差異化，但不要求一開始就要做大。記得在 1996 年，我們的圖書銷售額超過 1000 萬美元時，我們簡直欣喜欲狂！這很難不教人興奮，畢竟我們是從零開始取得這樣的成績。今天，若有一項新業務在公司內部萌芽，成為價值 1000 萬美元的新事業，亞馬遜的

市值即從100億美元變成100億又1000萬美元。你也許
以為，只增加這一點點，我們的資深主管應該覺得沒什
麼。其實不然，他們很關心新業務的成長速度，而且會
在第一時間發信恭賀。這真的很酷！這就是我們引以為
傲的文化。[4]

　　我在本章開頭提出一個問題：為何亞馬遜能在雲端計
算方面搶得先機，成為網路服務霸主？貝佐斯在信中揭曉答
案：這是因為亞馬遜的創新精神加上耐心的長期思維。即使
一項新業務還很小，我們就知道這業務具有很大的潛力，可
以創新、做出差異性，而且我們有耐心，會堅持下去。

　　2002年7月，我們推出AWS的第一個版本。如果幾個月
前我們提供給夥伴的XML資料是測試版，AWS就是1.0版。
這個版本包括一些搜尋和購物功能，以及完整的軟體開發套
件，不只是我們的聯盟夥伴，任何人都可利用。此外，這項
服務完全免費。因此，我們發布新聞稿，貝佐斯在其中說：

　　我們為所有的開發者鋪設一塊歡迎門氈。對我們來說，
　　這是個重要的開始，也是新的方向……開發者現在可
　　以把亞馬遜網站的內容和功能直接納入自己的網站。我
　　們等不及看他們如何帶來驚喜。[5]

在此之前，亞馬遜只有兩種客戶：買家和賣家。現在，我們有了一個新的客戶群：軟體開發者。

推出AWS 1.0版，我們密切注意使用者的反應，還發現一件令人驚喜的事。在我們最主要的用戶之中，有些既不是聯盟夥伴，也不是外部人士，而是我們自己的軟體工程師。他們發現亞馬遜網路服務要比我們現有的一些內部軟體工具來得好用。亞馬遜網路服務提供一種新的做法。我們還不知道這項服務的規模能有多大，也不知道軟體開發者會多快採用。不到一年，我們有了一個好點子：讓超過兩萬五千名的開發者參與我們的計畫[6]，而他們開發出來的東西常常讓我們驚嘆。

雖然這個計畫叫做亞馬遜網路服務，和今天的AWS幾乎完全不同。事實上，我們在2002年推出的服務後來重新命名為亞馬遜產品應用程式介面，而且有一個顯著的限制，也就是只能用來推銷亞馬遜的商品，因此只有一個目的，也就是改善亞馬遜零售生態系統。

其他一些專案也幫助我們了解網路服務的範圍可能會有多大。在2001年，我們啟動了一個名為「三環文件夾」（3-Ring Binder）的專案，主要是創建、記錄一套應用程式介面，讓賣家得以迅速的讓自家產品在亞馬遜網站上架，並創建由亞馬遜技術驅動的網站，網站用自己的網址，因此是

在自己的控制之下。這個專案最後讓我們得以為塔吉特百貨（Target）等零售夥伴創建網站。此外，我們還發展出一個名為「賣家中心」（Seller Central）的計畫，提供網路服務給第三方賣家，讓他們用來管理業務。亞馬遜聯盟行銷產品API、Amazon Anywhere、三環文件夾和賣家中心，這幾個計畫強化了我們的假設，也就是軟體構建方式即將出現重大變革。

2003年夏天，我們的網路服務才起步，我的職務就調動了。正如前言所述，貝佐斯問我是否可以當他的技術顧問，有如他的影子，類似其他公司幕僚長的工作。我怎可能拒絕這個機會？過去一年半，貝佐斯的技術顧問一直是安迪·賈西，但他有新的任務、新的角色。幾乎任何工作他都可勝任，包括領導公司最大的業務部門。但他決定以我們的經驗為基礎，帶一支新團隊，發展最強大的產品，這項商品就是帶領亞馬遜進入雲端計算領域，在日後成為雲端霸主的AWS。AWS能提供尖端產品，出現爆炸性的成長，就是亞馬遜之道最鮮活的一個例子。

值得一提的是，我們不是沒有競爭對手。除了我們，其他公司也開始提供基於網路服務的開發者計畫。他們和亞馬遜產品應用程式介面（API）一樣，都是為了強化自己的生態系統。例如，eBay的開發者API也提供工具給軟體開發

者，以開發在eBay上做買賣的應用程式。Google有個搜尋API，就在我們推出亞馬遜產品API那個星期問世。亞馬遜的第一個網路服務計畫是讓Marketplace的賣家管理他們在亞馬遜販售的商品。這些計畫在開發者社群造成轟動。

這些計畫有一個共同點：最終目標都是協助第三方打造自己的軟體，進而為自己的核心業務帶來利益，如亞馬遜的聯盟行銷、更多eBay交易、更多Google搜尋、亞馬遜Marketplace有更多賣家達成交易等。所有的人，包括這些公司的領導人和開發者，都在關注類似的數據和趨勢。我們常在開發者會議上碰面，一起參加小組討論，分享利用我們開發者計畫的客戶意見。我們都在雲端服務的原生漿液裡游泳，但是邁出第一步的是亞馬遜。我們說：「為什麼不建立一套工具讓開發人員利用，以打造他們想要的任何東西，即使跟我們的核心業務無關也沒關係？」正如前述，這主要是因為亞馬遜對創新發明的重視。根據我們的創新簡化領導原則：「當嘗試新事物時，儘管有一段很長的時間可能遭到誤解，我們也坦然接受。」儘管有人抱持懷疑態度，說亞馬遜根本不屬於這個領域，但我們已親身體會到開發社群的熱情。我們願意加倍努力以作為回報。

我們會在網路服務上押寶，還有兩個因素。

從基本指令到網路服務

　　幾十年來，根基穩固的硬體和軟體公司皆提供商業軟體方面的服務，為客戶解決問題，如儲存／數據存取、訊息佇列（message queueing）和通知（後兩者是開發人員與應用程式通訊的不同方式）。如果軟體開發者需要利用某種構件（building block），就必須購買軟體授權。在使用期間，通常必須支付單次使用費，每年還得付一筆維護費。此外，軟體開發者還必須購買硬體，在自己的電腦中心跑數據，或是付錢給合作夥伴，請他們來做。

　　我們不必發明這種構件，也就是所謂的「基本指令」（primitive），只要想辦法透過雲端提供這些服務給客戶。比方說，如果你想利用亞馬遜的S3簡易儲存服務（Simple Storage Service），只要註冊一個免費帳號，輸入信用卡號就可以使用了。你下幾個指令，設置好儲存區，就可開始存取資料了。你只需要按照實際用量付費，因此用不著花時間比價或議價（很多軟體公司的授權價目表只是議價起點。）你也不必為了新的數據庫去買電腦、建立數據中心。像亞馬遜這樣的雲端運算供應商可以幫你把一切都處理好。

　　儘管我已離開聯盟行銷團隊，改當貝佐斯的「影子」，仍密切注意這些進展。我職務調動後不久，就和貝佐斯一起

參加歐萊禮新興技術會議，也出席一場由史特華德・巴特菲德（Stewart Butterfield）主持的座談會。巴特菲德是網路相簿Flickr的共同創辦人，後來又創辦團隊溝通平台Slack。有人請巴特菲德描述在Flickr工作的一天。巴特菲德的回答讓人吃驚。他說，他大約有一半的時間做的都跟在場的很多人都一樣。有鑑於業務飛快成長，得努力使自己的技術平台領先一步，因此得擴充資料庫、網路伺服器、軟體和硬體。巴特菲德說，很可惜，他們在創新方面花的時間不夠多，畢竟創新才是Flickr獨特之處。

會後，我和貝佐斯聊了一下巴特菲德方才說的話。我們都注意到同樣的事，也就是亞馬遜後來說的「無差別的繁重工作」（undifferentiated heavy lifting）＊，我們能為其他公司挑起這個重擔，讓他們專心發展自己的獨特之處。這是個機會。

伺服器端對我們來說很容易，對其他人很難

我們決定提供更廣泛的服務，還有一個影響因素。由於

＊ 譯注：貝佐斯在2006年提出的術語，指各組織之間有一些完全相同的流程。如絕大多數的組織都需要一個資料庫來儲存業務訊息，但資料庫的建構和維護可能既昂貴又困難，而各組織的基本要求大同小異。雲端平台可提供托管、維護、備份等功能來處理資料庫的繁重工作。

建立和經營世界上最大的網站，我們已經取得只有少數公司可與我們匹敵的核心能力。我們有能力儲存大量數據、執行數據運算，然後快速、可靠的將結果傳送給終端使用者，不管使用者是人類或是電腦。

例如，假設你想提供網路相簿的服務，你必須能夠儲存數百萬張照片，讓數百萬用戶搜尋或查詢。在 2002 年，對亞馬遜來說，這是有野心但是可行的計畫。其實，這似乎是描述我們的書籍全文檢索服務。對大多數的公司而言，要執行這樣的計畫，因為要耗費巨大的成本和時間，因此不可行。但是愈來愈多公司終將發展或取得這樣的能力，最後就會變成一種無差別的商品。

這正是現況。今天，建立一個收錄數百萬張照片的資料庫讓人存取沒有什麼大不了的，可能只是修習電腦課程的大學生要繳交的作業。AWS 產品早期發展階段採用逆向工作法並撰寫新聞稿和常見問答時，就曾這樣描述：「有了 AWS，就像住在宿舍裡的學生，也能使用和任何亞馬遜軟體工程師相同的世界級運算基礎架構。」這個生動的比喻有助於讓人了解 AWS 產品發展團隊的想法和理念。

亞馬遜決定進軍網路服務，最後成為 AWS，是受到幾個因素的影響。亞馬遜產品 API 及亞馬遜賣家 API 中有幾個概念證明這是個值得注意的領域，而且意味著要建立軟體有

比傳統方式更好的方法。我們已知建構軟體的構件為何，因而就需求而言，已有一張相當清楚的地圖。但那只是構件，我們還無法提供網路服務。我們也知道，今天我們擁有的能力雖然獨特，過一段時間之後就難說了。因此我們開始有急迫感。（第一家提供通用網路服務的公司即使產品優良，也不保證最後還是贏家，但搶得先機還是有幫助。）亞馬遜領導原則中的崇尚行動就蘊含這種急迫感：「在商場上，速度至關重要。許多決定和行動都是可逆的，不需要研究得太細緻。但我們也重視風險評估。」像安迪‧賈西這樣的資深領導人，大可讓他負責某個重要的業務部門，而在亞馬遜，要這樣的人從零開始開創新事業並非罕見。因此，你也看到史蒂夫‧凱瑟爾和比爾從亞馬遜最大的業務部門轉移到最小的事業單位，又如柯林帶領一個團隊大膽推出可能帶來風險的網路服務專案。

其實我們的運氣還算不錯。貝佐斯在2015年的致股東信上說：「就任何事業的發展，運氣總扮演舉足輕重的角色，我可以向你保證，我們的運氣很不錯。」[7]我們很幸運，雲端時代之前成立的大企業或是網路科技公司開始動員、發展雲端運算的時間，要比我們預期的要來得長。等他們了解雲端運算的潛力時，亞馬遜已領先多年。

AWS的發端

那麼，接下來呢？在我們剛起跑那幾個月，我們按照逆向工作法，不斷修改新聞稿和常見問答，透過抬桿者流程來篩選每一個應徵者，儘快把團隊建立起來。就如同以往，我們避免抄近路。值得一提的是，最初提出的六項服務，只有兩項一炮而紅，也就是亞馬遜的S3簡易儲存服務和亞馬遜彈性雲端計算（Amazon EC2）。我和貝佐斯每兩週都會和安迪及團隊負責人開會，有時更頻繁和他們交流。還有一個大型團隊負責這些服務將使用的基礎架構，包括計量、計費、報告及其他共享功能。

儘管最初的基本指令地圖相當簡明，我們仍不知道如何建構這些基本指令，能使它運用在比亞馬遜零售業務規模大好幾倍的地方。還有很多棘手的技術問題，工程團隊也遭遇不少極其困難的挑戰。由於本書篇幅有限，無法詳細說明全部的經過，然而為了給你一個概念，我們將把焦點放在一個關鍵問題上。

逆向工作法是從顧客的角度出發，循序漸進的質疑種種假設，直到你完全了解想要建構的東西。這是關於事實的追尋。有時，逆向工作法能揭露讓人驚訝的真相。有一些公司急著推出某種產品或服務，忽略實際情況，一味的照著原

訂計畫去做。由於他們執著於原訂計畫的收益目標，激勵團隊全力以赴，後來才發現，如果他們別那麼急，好好質疑假設，收益就不僅是如此而已。在新聞稿和常見問答撰寫階段就算改變方向，也不會損失多少，等到正式推出產品並開始經營之後，才想要改絃易轍，那就必須付出很大的代價。S3簡易儲存服務就是一個很好的例子。

在常見問答中，有一個簡單的問題：「S3的費用是多少？」最早的答案有幾個版本，其中之一是，這是採取月費的訂閱服務模式，如使用量很少，也許可以免費。客戶可根據自己的用量來選擇不同級別的服務，簡易儲存服務的訂價也很簡單。儘管我們還沒研究出來每一個級別的細節和費用，但在最初實行逆向工作法之時，不必這麼做。下一個問題就交給工程團隊。

只是那天我們沒能進到下一個問題。我們一直在討論，S3推出後，開發者會如何利用。是否主要儲存大型物件，檢索率低？或是儲存的是小型物件，但檢索率高？更新和讀取的頻率會如何？有多少客戶需要的是簡單儲存（很容易重建，儲存在一個位置即可，即使遺失也沒什麼關係）？還有多少客戶需要複雜儲存（如銀行紀錄，必須儲存在多個位置，萬一遺失可就不妙了。）這些因素都是未知的，但對成本仍會造成有意義的影響。由於我們不知道開發者會如何使

用 S3，不管開發者如何使用，我們能找到一種合適的定價架構，以確保用戶和亞馬遜都能負擔嗎？

　　因此，我們的討論從各個級別的定價策略轉向成本追蹤策略。「成本追蹤」指的是定價模式主要是由成本驅動，然後轉嫁給客戶。這是建設公司的做法，因為你若用紅杉為客戶建造露台，耗費的成本必然會比用松木高得多。如果我們採用成本追蹤策略，訂閱制的定價方式就不可能簡單，但這對客戶和公司都有好處。有了成本追蹤，不管開發者如何使用 S3，都會以符合自己要求的方式來利用，他們也會儘量降低費用，我們也可以節省成本。如此一來，也就沒有人會鑽漏洞。儘管我們不知道一般用戶會如何使用，也可找到一個雙贏的定價策略。*

　　對 S3 而言，最重要的成本驅動因素是在磁碟上儲存數據的成本？轉移數據的頻寬成本？與交易次數有關嗎？還是電費？我們最後認為主要的成本驅動因素是儲存和頻寬。但我們推出 S3 之後，發現我們的預測有些偏差。正如 AWS 技術長華納・沃格斯所言：

---

* 在我們推出亞馬遜 Prime 的幾年前，曾經測試一種促銷方案，也就是如果你一次訂兩本書，就可免除運費。我們立即發現，一本定價 0.49 美元的書在暢銷書排行榜上名列前茅。我們很快就知道這是怎麼一回事：想要省運費的顧客選了一本自己想要的書，也會加上這本定價 0.49 美元的書，以符合免運費的條件。如果追蹤成本，就不可能讓人鑽漏洞。

早期，我們不知道某些使用模式需要什麼樣的資源。S3
就是一個例子。我們以為收費標準取決於儲存和頻寬耗
費的資源。但經營一段時間之後，我們才發現使用次數
也是重要資源。如果用戶有很多極小的檔案，儲存和頻
寬耗費的資源就遠不如數以百萬計的使用次數。我們必
須調整模型，才能囊括資源運用的所有層面，AWS也
才能永續經營。[8]

　　然而，重要的是，我們的成本追蹤策略讓我們得以糾正
錯誤，輕鬆調整定價。我們已在新聞稿和常見問答的流程中
確認所有可能的成本驅動因素，現在即可調整定價以符合實
際情況。如果我們堅持最初的訂閱制的定價，調整的幅度將
會更大，也得耗費更多成本。

　　在我們開發AWS早期版本時，亞馬遜才開始利用逆向工
作法。許多團隊認為這麼做勞神費時，頗覺不耐。參加新聞
稿和常見問答會議的軟體工程師都焦躁不安。會後，有一個
人把我拉到一邊，說道：「我們是軟體工程師，不是有MBA
學位的定價專家。我們想寫的是程式，不是Word文件。」我
們認真的依循逆向工作法，也就代表會議進展得很慢，沒能
討論到新聞稿和常見問答其他部分。在下次開會前，工程師
必須做很多研究、測試與衡量，以了解服務的相對成本。即

使他們痛苦不堪，我還是請他們相信這個工作流程。

貝佐斯堅持依循這個流程，直到我們找到答案，完全清楚要建立的東西是什麼。他說，以我們想要達到的規模，這項服務在上路之初就得十拿九穩，否則日後必然要花很多時間解決問題，也無法開發任何新的功能。事實證明，就我們提出的任何服務，如果你拿新聞稿和常見問答的最初版本和正式發布的版本比較，就會發現有相當大的進步。

如果我們沒利用逆向工作法，在沒胸有成竹的情況下就急著推出這些服務，結果會如何？我們無法讓時間倒流，所以不知道那會是什麼樣的情況。儘管在推出之後仍有維護和中斷的問題，但從服務效能和客戶數量飛快成長來看，可見我們的逆向工作法是成功的。

我和貝佐斯利用逆向工作法進行了十來個專案，包括AWS、數位服務等，就我的經驗而言，我可以自信滿滿的說，我們在一開始放慢腳步，找尋答案，最後找到一條通往成功的捷徑。結果不言自明。亞馬遜擁有大型、可行的數位裝置和媒體業務。正如前言提到的，與亞馬遜線上零售業務相比，AWS在更短的時間內就樹立年銷售額100億美元的里程碑。

* * *

　　就亞馬遜的基本原則和流程而言，AWS早期版本是個絕佳案例。崇尚行動是亞馬遜的重要領導原則。在AWS籌備階段，我們承受很大的時間壓力，我們必須搶得先機，在競爭對手之前推出這項服務。但崇尚行動並不表示費時費工的逆向工作法可以馬虎。我們不允許自己為了搶先推出，就以速度為目標，把顧客拋在腦後。無論如何，我們必須先仔細思考顧客會如何使用，以及如何從中受益。換句話說，逆向工作法的流程，使我們一邊秉持顧客至上的原則，一邊付諸行動。

　　由於AWS執行長安迪・賈西及其團隊的遠見及努力，今天的AWS已脫胎換骨，規模遠遠大於二十一世紀初剛萌生的時候。這正是AWS展現的亞馬遜精神。起初，我們只是做個小小的實驗，傳送XML格式商品資料給聯盟行銷夥伴，沒想到日後竟成為亞馬遜的主要事業體。AWS在2019年的營收已達350億美元。貝佐斯和亞馬遜其他人看出這顆小小的種子有很大潛力，最後長成參天巨木，這正體現了亞馬遜的幾項領導原則：當責不讓、創新與簡化及遠見卓識。

結論

在你的公司
實踐亞馬遜之道

本章重點：

● 在你的企業實踐亞馬遜之道。

● 亞馬遜之道意味做事習慣和方式的改變，並延遲滿足、堅持到底，撐過一切的挑戰，最後收割成果。

● 如何開始實踐亞馬遜之道？

　　我們兩個人都在亞馬遜學到很多東西。在亞馬遜工作期間可說是我們職業生涯的關鍵階段。之後，我們都轉換跑道，到其他企業服務。然而，亞馬遜之道仍是我們DNA的一部分，永遠影響我們如何思考、決策、行動、看待商業和整個世界。

　　亞馬遜之道最吸引我們的一點就是，亞馬遜之道的元素可運用在其他公司、企業及志業之上，包括商業之外的領域，如非營利或社區組織。定義文化的基礎、闡明領導原則、規範重要實踐，例如以抬桿者原則來招聘、由單一領導人帶領的團隊、六頁報告、逆向工作法、把焦點放在投入指標，事實將會證明這些對其他志業也很重要。其實，我們已經無法想像沒有這些原則的話要怎麼做。

　　誠然，亞馬遜「保有第一天的心態」不一定保證能夠達成我們想要的結果。有些亞馬遜人到其他公司擔任領導人，想要實踐亞馬遜之道，但是失敗了。這可能是由於時機不對，或是最資深的主管（通常是執行長）不支持這種做法。但是我們更常看到其他組織依循亞馬遜之道而成功了。而且，正如我們說的，亞馬遜之道的元素是可以拆分的，適用於任何規模和範圍。

　　不管是對整個組織或是組織中的個人，亞馬遜之道的實踐並不容易。在單一執行團隊裡工作也許壓力很大，而且組織在建構之時就必須留下自主的空間。逆向工作法則要求個人必須以敘述的方式來呈現自己的想法，並接受其他與會者的批評。對學習傳統評估方法的人來說，對投入指標可能不熟悉。再說，西方的公司往往把薪酬和短期目標連結，很少採用像亞馬遜那樣的員工認股權制度，以鼓勵員工著眼於長期的報酬。

　　但是，對公司及個人，實踐亞馬遜之道的回報是明確的。亞馬遜明白宣示，公司要找的人是秉持顧客至上原則、把眼光放長、致力於不斷創新的人，不是在短期內想要賺大錢或是取得特定頭銜的人。亞馬遜的文化支持願意大膽冒險，而且對任何員工提出來的意見抱持開放的態度，不管他們屬於哪個階層。亞馬遜鼓勵員工在時間的龐大壓力之下接

受艱巨的挑戰，從而得到可能的最佳結果，讓人從中得到莫大的成就感。通常，這麼做也為公司帶來優異的結果。

即使事與願違，一個計畫沒能實現目標或是一敗塗地，如果當初依循亞馬遜之道的實務與原則，公司不會因此解雇負責人員或是羞辱他們。公司看待失敗，不是某一個人的失敗，而是一個團體的失敗、某個流程的失敗或是系統的失敗。失敗涉及很多人，絕非一個人所為，在計畫執行的過程中，很多人都提供意見、使想法成形，也同意這麼做。對亞馬遜來說，失敗通常只是代表一個實驗沒能成功，但可從中學到很多東西，然後知道怎麼改變和改進。常常，失敗只是一時的，是通往成功的必經之路。

我們可以告訴你，依循亞馬遜之道創造出來的產品和服務能帶給顧客絕佳體驗，使你獲得成就感，甚至自豪，因為這是我們的親身體驗。這也是寫這本書的目的。希望本書有助於管理實務。

＊＊＊

知道本書要點之後，很多人都有這樣的問題：「我要怎麼開始？從哪裡開始？該怎麼做才能把亞馬遜之道的要素融入我的公司？」

我們有幾個建議：

- **別用 PowerPoint** 來討論複雜的主題，在領導團隊會議上開始使用六頁報告，並撰寫新聞稿和常見問答。這幾乎是馬上就可以做的。當然有人會抗拒或抱怨，但我們認為這麼做很快就能看到結果，總有一天，公司領導人會說：「我們已經回不去了，無法像以前那麼做。」

- **建立抬桿者招聘流程**。現在，不是只有亞馬遜這麼做，就我們所見，很多公司也採用這種方式。一旦確立訓練過程，很快就能實行這個流程。這種做法能增進招聘品質，讓所有參與的人都能學習，能在短期看到成效。從長遠來看，這麼做也可以減少不適任員工的數量，增進每一個團隊及全公司的思維品質和績效。

- **把焦點放在可控制的投入指標**。亞馬遜一直致力於尋找可控制的衡量指標，以對產出指標（如每股現金流）造成最大影響。這麼做並不容易，需要耐心的嘗試錯誤，才能找到最能控制結果的投入指標。請注意，強調投入指標並非忽略產出指標。亞馬遜依然很重視每股現金流。

- **組織結構轉向，變成能容納由單一領導人帶領的自主團隊。**如第3章所述，這需要時間，也需要謹慎管理，而且必然會引發種種問題，如關於權威和權力、管轄權和「地盤」。你還必須小心妨害組織自主的依賴性和障礙。但是，這是可以做到的。就從產品開發團隊開始，然後擴大進行。

- **修改領導人的薪酬結構，**鼓勵他們長期投入，決策也著眼於長期。避免有太多的「特例」。各部門領導人的薪酬給付基本原則必須相同。

- **明定公司文化的核心要素，**如亞馬遜最注重的就是長期思維、顧客至上、渴望發明和卓越經營。將這些要素融入每一個流程、每一次討論當中。別認為只要公布這些要素，就會有重大影響。

- **訂定一套清楚的領導原則。**這些原則的制定需要許多人參與與貢獻意見。別把這個任務交給一個小組去做或是外包給企管顧問。此事必須親力親為，切磋細節。還得不時檢討，並在必要時修改。最後，就像企業文化的各個層面，讓這些原則融入工作流程，從人員招募到產品開發，都得依循這些原則。

- **描繪你的飛輪。**公司的成長動力為何？請畫出來，並說明每一股動力的作用。評估你做的每一件事，看此

事對飛輪動力有何正面或負面影響。

最後，請記住本書開頭說的：我們並不是說亞馬遜的做法是唯一正確的。很多成功、績效傲人的公司運作方式和亞馬遜完全不同。但話說回來，以成長的程度、發明紀錄、開創核心業務之外的新業務及影響力而言，能和亞馬遜並駕齊驅的公司並不多。因此，至少你可以想想，實踐亞馬遜之道能為你的公司帶來什麼助益，更重要的是，你的顧客能得到什麼好處。

如果你想更了解如何應用亞馬遜的流程和原則，在你的組織推行逆向工作法，請參看我們的網站：www.workingbackwards.com.

面試回饋實例

　　下面是不良回饋與好回饋的例子。請注意不良回饋是把焦點放在應徵者的工作經驗、熱情和策略思考（很好，面試官問到思考方面的問題），應徵者沒有舉出實際工作的具體實例。（但在好回饋的例子當中，應徵者提到他實際做了什麼，這正是我們決定不雇用他的原因。）這不是逐字逐句的問答紀錄，我們不知道面試官問了什麼，也不知應徵者的回答。那次面試中並沒有招聘經理人能用來評估應徵者的資料。

　　至於第二個例子，只要看問題和回答，很容易就能決定自己對應徵者的意見為何。這種回饋是客觀資料和主觀分析的結合。

不良回饋

我想雇用喬擔任團隊的產品經理。他背景紮實，在A公

司負責策略的制定和推動，並曾在其他兩家業務相關的公司服務。他非常了解我們這個領域面臨的獨特挑戰，由於我們想用各種方式切入這個市場區塊，他的經驗對本公司來說將很有價值。在討論本公司面臨的挑戰時，他分析得條理清晰，我們公司該用哪些方式切入這個變化很快的市場區塊，他也很有把握。我們評估和分析合作夥伴或想要收購的公司，他在Ａ公司的經驗對我們將非常有用。在他的生涯當中，他對媒體產業一直充滿熱情。我很欣賞這點。

好回饋

我會找喬來面試是想看看他的業務開發能力和產品管理技能。結果這兩方面都讓我大失所望。我想，他的策略思考和商業判斷都很差，從他舉的例子也看不出他有哪些貢獻，像是他講了很多「我們做了……」而不是「我做了……」很難請他說清楚自己的貢獻。看來，他只是跟隨者，而非領導人才。

Q：你為什麼想在我們公司工作？
A：因為你們注重顧客體驗。公司發展軌跡很不錯。貴公司已經發展到這樣的規模，並處於這樣的成長階段，我希

望有幸在這時候成為你們當中的一員。

好吧，我想應徵者這麼回答是合理的，但他的理由不算充分，也不令人信服。

Q：你最重要的職業成就是什麼？

A：我在A公司的業務開發部門任職時，與B公司談成交易。雖然我資歷尚淺，不是這次交易的策略領導人，但結果非常成功，甚至其他公司，如C公司，也被吸引過來，與我們達成類似交易。

Q：那你的角色是什麼？

A：負責交易的團隊共有三個人，我是其中之一，其他兩位則是產品開發副總裁及公司的法務人員。我是客戶關係經理，因此企業主有特別的需求時，會告訴我，我再和B公司的人一起執行。

Q：就這次的交易而言，你最大的貢獻是什麼？

A：我的任務主要是跟B公司的業務開發人員合作，把這次交易的需求寫成合約。這份合約長達兩百頁。

儘管我多次探問，他依然沒能拿出證據，讓我明白他在這次交易到底做了什麼。他為這次交易的策略自豪，但一開

始就承認交易策略跟他無關。我希望他能提出具體的證據，看他是如何克服艱困的障礙或是利用談判策略來達成這筆大交易（至少證明他下了多大的功夫），但他沒主動說明，只是我問什麼，他就答什麼。他最初跟我說這交易的事，其實我很興奮，我想他應該很有經驗，才能達成任務，但是聽來這筆交易似乎都是由他們的副總裁和法務人員主導。

Q：關於我們的網站，如果你能增加或改變什麼，以增進顧客體驗，你會怎麼做？為什麼？

A：我會特別凸顯X類別。目前，這個類別看起來很不起眼，顧客甚至不知道有這個類別。

Q：真的嗎？為什麼你認為凸顯X類別會是個重要策略？

A：其實，如果在網站上增加新的東西，我想新增Y類別的產品，並凸顯這個類別。

Q：好，那麼為什麼要凸顯Y類別？在我們販售的所有產品之中，特別凸顯這個類別，在策略上有何重要性？

A：因為A競爭者已經做得很好，而B競爭者也在搶奪生意，再者顧客會想要從我們這裡買到這類商品。

Q：好吧，暫時別管這些類別了，關於我們網站上的Z類別，我們該做什麼改變？

A：我會建立一張日常用品清單，也就是一般人會經常購買

的日用品。我們可以提供這類商品的訂閱計畫，定期出貨給顧客，讓他們在用完之前就能收到新一批的用品。如此一來，我們的顧客就不會跑到C競爭者那裡。

他答得很糟。不只答案變來變去，也沒展現創新和策略思維。他專注在一些小地方，疏忽更重要的層面，如顧客體驗或競爭問題（選項、價格、顧客體驗）。

敘事報告原則和
常見問答舉例說明

前亞馬遜副總裁大衛・葛立克（Dave Glick）是第一個在六頁報告中運用原則的人。大衛和貝佐斯已就報告審查開了好幾次會，結果卻差強人意。大衛說：

我們開了好幾次會議，成效很糟，最後終於討論到策略問題。討論結束時，我們終於對策略有了共識，並歸結出五個要點。貝佐斯說：「你該把這些要點寫下來，放在每一個月的報告最上方，我們才會記得上次決定了什麼。」因此，我們的報告原則就是這麼來的。到了下一個月，我帶著報告去開會，把那些原則放在文件最上方、中央的位置。這麼做有助於我們回想起上次的要點，會議也進行得比較順利，很有成效。[1]

確定原則有很多好處，其中之一就是使參與的每一個人

獲得一致的訊息、步調一致。同時也有一套有助於決策的指導原則。貝佐斯很喜歡這些原則，因此要求其他團隊在報告中納入。制定一項原則很難，意義的細微差別可能對專案下游產生很大的影響。

　　原則能幫助一個組織做出艱難的選擇及權衡利弊得失。如有兩種自然對立的利益、價值或結果，原則可打破兩者之間的連結。通常個人或部門會發現自己受困於兩種結果，這兩種結果各有合理的論據。一個簡單的例子是速度與品質的對立。顯然，這兩種結果都是可取的，而某些團隊或個人比較重視速度，其他人則比較重視品質。

原則舉例

**　　簡單的原則舉例（這不是亞馬遜的原則）：速度和品質都很重要，但是如果被迫必須在兩者當中做出選擇，我們會優先考慮品質。**

　　在這個原則之下，任何一個答案（不管是速度，或是品質）都有自己的道理。如果公司領導團隊對這項原則意見一致，就必須一而再、再而三的在會議中提出來，且讓這項原則出現在相關的六頁報告中。這麼做成效驚人，對組織步調一致、充滿動力大有幫助。

在亞馬遜採用六頁報告之前，經常使用原則。貝佐斯不時和公司內部人員討論下面的原則。

原則：我們不是把東西賣出去就賺到錢了，幫助顧客做出購買決定才算是賺錢。[2]

在亞馬遜早期，這項原則帶來具有挑戰性及爭議性的決定。其中之一就是網路上的商品評論。負評有可能會使本來想買的顧客打消購買的念頭，我們的營收因而減少。因此，如果我們營業的目的是為了賺錢，何必讓人貼出負評？但根據這個原則，我們不是把東西賣出去就算賺到錢了，而是必須幫助顧客做出購買決定。這個原則使我們的義務變得明確。顧客需要的是訊息，不管訊息是正面或是負面，掌握訊息才能做出明智的決定。所以，我們繼續讓人貼出負面的商品評論。

原則：在打造產品時，如果我們必須在對顧客有利或是對我們自己有利之間做選擇，我們會選擇前者。

儘管大家都明白這個原則，但是並非每一家公司都依循這個原則。以包裝來說，你是否曾買過一件你非常想要的產品，但是你發現產品被裝在堅固、難以打開的翻蓋式塑膠盒裡，怎麼樣都打不開？於是你收到商品的喜悅消失了，生了

一肚子火。這種包裝顯然有利於公司：容易運送、展示，也可防竊。

在我們公布這個原則之前，亞馬遜就曾犯過這樣的錯誤。我們開發出來的包裝是為了節省成本、方便包裝書籍，也能避免書籍在運送過程中受到損壞。1999年，貝佐斯收到一位老太太的電子郵件。她說，雖然她很欣賞亞馬遜的服務，但有一個問題：她得等她姪子過來幫她拆包裝。[3]貝佐斯讀了這封信之後，就要求團隊開發讓顧客容易打開的包裝。十年後，亞馬遜也把無挫折包裝（Frustration-Free Packaging）*的概念推廣到其他產品線。[4]

原則：我們不會讓缺陷向下游蔓延。我們一旦發現缺陷，不只是心裡想要解決問題，而是會拿出行動，發明、建立一套有系統的方法來消除缺陷。

這個原則在任何會持續改進的環境中都是有用的，如物流中心、顧客服務等。為了避免缺陷往下游蔓延，你也許需要建立系統來偵測、衡量缺陷，並建立一個回饋迴路，確保缺陷不會再度發生。如果只是鼓勵員工更加努力或是靠客服

---

* 譯注：指包裝簡單，儘量不用工具就能打開。產品沒有翻蓋式的硬塑膠包裝、沒有纏繞捆綁的材料，箱子還要用可再生材質，以消除顧客的「開箱氣」，給消費者更好的體驗。

人員的真誠，問題依然無法解決。儘管客服人員發自內心的說「很抱歉你遇到這樣的問題，未來我們會更努力，以滿足你的需求」，系統的缺陷依然存在，不會因此獲得改善。

物流中心有一個眾所周知的缺陷，也就是出貨品項錯誤：準備送上貨車的包裹重量與箱子裡應有貨物的重量（包括包裝材料）不符。這代表訂單出了問題，可能是裝錯商品或是訂單中的品項遺漏了。如果重量不符，包裹就會被標記、打開，由專人負責檢查裡面的商品。聽起來這似乎很簡單，但這其實是很麻煩的事。畢竟我們有幾千萬種商品來自數以幾百萬計的製造商、商家和賣家，必須掌握每一件商品的精確數據，秤重必須十分準確，否則系統會檢測出包裹重量不符的異常，但實際重量是相符的，沒有異常。

然而，如果包裹的異常沒檢測出來呢？顧客就會收到錯誤的商品。這可不是好的顧客體驗。

這個原則說，我們將「消除缺陷。」這是一個有野心的目標，無法立即實現。這個原則大力為顧客倡導，因而帶來很多能防止、消除缺陷的系統和流程。如前面提到的「安燈繩」，就是問題出現時由工人拉繩或按鈕以停止生產線的緊急機制。這是取法豐田生產系統的做法。在亞馬遜，顧客服務人員發現問題時，就會按下按鈕，就像拉下繩索。如此一來，可避免影響擴大，直到問題解決。

這項原則多次出現在亞馬遜的報告中。由於對顧客權益的倡導非常有用，因此融入到領導原則中，也就是**堅持高標**。

常見問答樣本

常見問答是提出討論議題或強調重要論點或風險的好方式。常見問答允許作者控制討論的方向，引出富有成效的對話。在回答問題時，最好用誠實、客觀、非情緒化的語氣。想要掩飾事情是沒有意義的，把棘手的問題擺在前面會有幫助。如亞馬遜贏得信任的**領導原則**所述：「領導人專心聆聽，坦率直言並尊重他人。他們懂得自我批評，即便這樣做很彆扭或尷尬。領導人及所屬團隊不會認為自己的體味是香的，會用最高標準來衡量自己和所屬團隊。」下面是一些我們認為有用的常見問答：

- 我們上次犯的最大錯誤是什麼？從中學到什麼？
- 這項業務的關鍵因素是什麼？
- 關於這項業務，如果要實現目標，我們最重要該做的一件事是什麼？該怎麼做？
- 就我們提出的這個案子，不該做的首要原因為何？在迫不得已的情況下，哪些事我們絕不能妥協？就我們

要解決的問題，困難的地方在哪裡？

- 如果我們的團隊有更多的人或更多的錢，我們該如何部署這些多出來的資源？

- 在過去 X 個月當中，我們團隊推出最重要的三個計畫、產品或實驗為何？我們從中學到了什麼？就我們今天的領域，我們在哪些地方仍需要仰賴別人，希望將來在這些地方有自主權，有自我掌控的能力？

附錄 C
書中事件年表

1998

柯林加入亞馬遜

1999

比爾加入亞馬遜

推行抬桿者計畫

2001

推行每週業務檢討會議（WBR）

2002

推出亞馬遜產品應用程式介面

依照兩個披薩原則建立團隊

2003

柯林擔任貝佐斯幕僚長

亞馬遜雲端運算服務 AWS 團隊成立

2004

正式推行逆向工作法（新聞稿和常見問答流程）

最高領導團隊會議禁止使用 PowerPoint（6月9日）

數位媒體組織形成（比爾帶領的業務團隊）

公司內部發布第一版亞馬遜領導原則

2005

推出 Amazon Prime（2月2日）

柯林卸下幕僚長的職務，7月至 IMDb 擔任營運長

2006

推出亞馬遜簡易儲存服務（S3）（3月14日）

推出亞馬遜彈性雲端計算服務 EC2 Beta 版（8月25日）

正式推出 Unbox 服務（9月7日）

推出亞馬遜物流中心服務（9月19日）

2007

推出 Kindle（11 月 9 日）

2008

推出亞馬遜隨選視訊服務（9 月）

2011

推出 Prime Video（2 月）

致謝

　　若非很多過去和現在的亞馬遜人的幫助，本書就沒有問世的一天。他們不吝花時間接受我們的訪談，或是幫忙看初稿。因為他們大力相助，我們才能蒐集到這麼多的事實和故事。因此，我們要特別感謝以下諸位：Robin Andrulevich、Felix Anthony、Charlie Bell、Jason Child、Cem Sibay、Rick Dalzell、Ian Freed、Mike George、Dave Glick、Drew Herdener、Cameron Janes、Steve Kessel、Jason Kilar、Tom Killalea、Jonathan Leblang、Chris North、Laura Orvidas、Angie Quennell、Diego Piacentini、Kim Rachmeler、Vijay Ravindran、Neil Roseman、Dave Schappell、Jonathan Shakes、Joel Spiegel、Tom Szkutak、Sean Vegeler、John Vlastelica、Charlie Ward、Eugene Wei，以及Gregg Zehr。

　　除了上述的亞馬遜人，我們還要感謝在我們為公司服務的二十七年中所有曾與我們共事的亞馬遜人。我們長期並肩努力、同甘共苦、聰明工作，你們給我們的挑戰，不斷驅策我們，使我們的能力得以提升。因為你們的聰明才智、熱

情、能量和電力，亞馬遜才能不同凡響。

我們還要特別感謝傑夫・貝佐斯。有機會跟貝佐斯一起工作，不只是我們職業生涯的亮點，更是脫胎換骨的經驗。

我們也謝謝亞馬遜之外的很多人閱讀初稿，並從不偏不倚的觀點給我們非常寶貴的反饋意見。他們是Joe Belfiore、Kristina Belfiore、Patti Brooke、Ed Clary、Roger Egan、Brian Fleming、Robert Goldbaum、Danny Limanseta、Jan Miksovsky、Sui Riu Quek、Brian Richter、Vikram Rupani、Marni Seneker、Marcus Swanepoel、John Tippett和Jon Walton。

我們感謝聖馬丁出版社的Alan Bradshaw與Ryan Masteller幫忙修潤此書文稿。Jonathan Bush設計的封面將本書精髓表現無遺。助理編輯Alice Pfeifer負責緊盯寫作進度，也幫忙處理大大小小的細節。副社長Laura Clark打從初次見面就知道我們想要寫出什麼樣的書，一路為我們加油、打氣。公關專員Gabi Gantz幫我們宣傳，並且把這本書推向全世界。Joe Brosnan 和 Mac Nicholas也為行銷本書卯足了勁。

身為第一次寫書的作者，很榮幸能有Tim Bartlett當我們的編輯。Tim不知為這本書花了多少時間，他給我們寶貴

的指導，並刺激我們用新的方式來思考。他細讀這份書稿的每一個句子，不斷字斟句酌，最後塑造出你們今天看到的文本。謝謝我們的經紀人 Howard Yoon 耐心的從頭開始帶我們走完整個出版過程。畢竟我們是寫作新手，起初不免犯很多錯誤。Howard 跟我們就本書中心主題和架構進行無數次的討論和辯論。他甚至身兼我們的寫作指導老師，引導我們走入出版界。

謝謝 Sean Silcoff 幫助我們完成新書提案。在開始寫書之時，我們甚至不知道要準備提案。感謝我們的寫作夥伴 John Butman、Matthew Sharpe 和 Tom Schonhoff 幫我們把冗長的句子、段落和章節變得簡潔、精采、一氣呵成。John，雖然你沒能看到最後成書的樣子，你的智慧與歌聲貫穿全書。Matt，謝謝你在最後一刻跳出來拔刀相助。我們實在驚訝，你竟然能在這麼短的時間內掌握內容，讓這本書變得更好。Tom，謝謝你的耐心，你不知花多少個小時聽我們述說每一章的大綱，不吝惠賜寶貴的見解，使首尾連貫。你總是願意捲起袖子，再三琢磨，幫我們完成理想的定稿。

最後，我們要感謝我們的家人。我們深愛你們。你們一直是回饋和靈感的泉源。我們要對我們的孩子 Phoebe、Finn、Evan、Maddox 說：你們的好奇心和有見地的問題使我們回頭修改，直到文章變得更明確、清晰。謝謝你們犧牲

打電玩的時間，讓我們使用家裡的電腦。特別感謝我們的父母George、Cicely、Betty 和Bill，沒有你們的關愛和支持，我們就不會有今天。我們從小就聽你們說，如果有心去做，就能改變世界。因為你們的支持，我們才會做這麼一件瘋狂的事：在職業生涯打滾了三十年，才決定寫第一本書。致柯林的妹妹傑西卡：很不幸，妳這麼早就離開這個世界。妳是我崇拜的人。妳的同情心、無私和決心助人之心令人敬佩。每當我心情低落，想起妳的微笑和笑聲，我的陰霾就一掃而空。最後，我們要感謝我們的另一半莎拉和琳恩。感謝妳們的愛與鼓勵，以及妳們這一路來所做的犧牲。我們何其有幸能有妳們這樣的人生伴侶。

注釋

前言

1. "Surf's Up", *Forbes*, July 26, 1998, https://www.forbes.com/forbes/1998/0727/6202106a.html#371126bc93e25（擷取日期：2020年6月2日）。

2. Jeft Bezos, "Letter to Shareholders", 2010, https://www.sec.gov/Archives/edgar/data/1018724/000119312511110797/dex991.htm。

3. Jeff Bezos, "Letter to Shareholders", 2015, https://www.sec.gov/Archives/edgar/data/1018724/000119312516530910/d168744dex991.htm。

4. 同上。

第1章　奠定基礎：領導原則與機制

1. Kif Leswing and Isobel Asher Hamilton, "Feels Like Yesterday: Jeff Bezos Reposted Amazon's First Job Listing in a Throwback

to 25 Years Ago," *Business Insider*, August 23, 2019, https://
www.businessinsider.com/amazon-first-job-isting-posted-by-jeff-
bezos-24-years-ago-2018-8。

2. Jeff Bezos, "Letter to Shareholders," April 2013, https://www.
sec.gov/Archives/edgar/data/1018724/000119312513151836/
d511111dex991.htm。

3. 亞馬遜於2020年第二季的員工人數為87萬6800人，詳見該季
季　報，https://ir.aboutamazon.com/news-release/news-release-de-
tails/2020/Amazon.com-Announces-Second-Quarter-Results/default.
aspx。

4. Jeff Bezos, "Letter to Shareholders," 2015, https://www.sec.
gov/Archives/edgar/data/1018724/000119312516530910/
d168744dex991.htm。

5. "Leadership Principles," Amazon Jobs, https://www.amazon.jobs/
en/principles（擷取日期：2019年5月19日）。

6. About Amazon Staff, "Our Leadership Principles," Working at
Amazon, https://www.aboutamazon.com/working-at-amazon/
our-leadership-principles（擷取日期：2020年6月2日）。

第2章　招募人才：獨特的抬桿者流程

1. Team Sequoia, "Recruit Engineers in Less Time, "Sequoia,
https://www.sequoiacap.com/articde/recruit-engineers-in-less-
time/（擷取日期：2019年5月19日）。

2. Brent Gleeson, "The 1 Thing All Great Bosses Think About

During Job Interviews," *Inc*, March 29, 2017, https://www.inc.com/brent-gleeson/how-important-is-culture-ft-for-employee-retention.html（擷取日期：2019年5月19日）。

第3章　建構組織：可分拆的單線領導

1. Jeff Dyer and Hal Gregersen, "How Does Amazon Stay at Day One?" *Forbes*, August 8, 2017, https://www.forbes.com/sites/innovatorsdna/2017/08/08/howdoes-amazon-stay-at-day-one/#efef8657e4da。

2. 統計數字來自亞馬遜1997年到2001年公開財務報表，https://press.aboutamazon.com/news-releases/news-release-details/amazoncom-announces-financial-results-fourth-quarter-and-1997; https://press.aboutamazon.com/news-releases/news-release-details/amazoncom-announces-4th-quarter-proft-exceeds-sales-and-profit。

3. Jim Gray, "A Conversation with Werner Vogels," *acmqueue* 4, no.4 June 30, 2006): https://queue.acm.org/detail.cfm?id=1142065。

4. Tom Killalea, "Velocity in Software Engineering," *acmqueue* 17, no.3 July 29, 2019): https://queue.acm.org/detail.cfm?id=3352692。.

5. Jeff Bezos, "Letter to Shareholders," 2016, Day One, https://www.sec.govIArchives/edgar/data/1018724/000119312517120198/d373368dex991.htm。

6. Dyer and Gregersen, "How Does Amazon Stay at Day One?"

7. Jeff Bezos, "Letter to Shareholders," 2011, https://www.sec. gov/Archives/edgar/data/1018724/000119312512161812/ d329990dex991.htm。

8. Taylor Soper, "LeadershipAdvice: How Amazon Maintains Focus While Competing in So Many Industries at Once," *Geek Wire*, July 18, 2017, https://www.geekwire.com/2017/eadership-advice-amazon-keeps-managers-focused-competing-many-industries/。

第4章　溝通交流：敘事與六頁報告

1. Edward R. Tufte , " The Cognitive Style of Power Point : Pitching Out Corrupts Within," https://www.edwardtufte.com/tufte/powerpoint（擷取日期：2019年5月19日）。

2. 本段文字引述柯林十四年後建議另一家公司時，看到重新編寫的電子郵件版本。Madeline Stone, "A 2004 Email from Jeff Bezos Explains Why PowerPoint Presentations Aren't Allowed at Amazon," *Business Insider*, July 28, 2015, https://www.businessinsider.com/jeff-bezos-email-against-powerpoint-presentations-2015-7（擷取日期：2019年5月19日）。

3. 同上。

第6章 衡量指標：管控投入而非產出

1. "What Is Six Sigma? " https://www.whatissixsigma.net/what-is-six-sigma/。

2. Donald J. Wheeler, *Understanding Variation: The Key to Managing Chaos* (Knoxville, TN: SPC Press, 2000), 13。

3. XMR或稱個別管制圖（individual control chart）、移動範圍管制圖（moving-range control chart），這是一種用於監測流程品質變異上下限範圍的管制圖，詳見https://en.wikipedia.org/wiki/Control_chart。

第二部：發明機器

1. Jeff Bezos, "Letter to Shareholders," 2015, https://www.sec.gov/Archives /edgar/data/1018724/000119312516530910/d168744dex991.htm.

2. Jeff Bezos, "Letter to Shareholders," 2008, https://www.sec.gov/Archives /edgar/data/1018724/000119312509081096/dex991.htm.

3. "Introducing Fire, the First Smartphone Designed by Amazon," press release, Amazon press center, June 18, 2014, https://press.aboutamazon.com/news-releases /news-release-details/introducing-fire-first-smartphone-designed-amazon.

4. Washington Post Live, "Jeff Bezos Wants to See an Entrepreneurial Explosion in Space," *Washington Post*, May 20, 2016,

https://www.washingtonpost.com /blogs/post-live/wp/2016/04/07/ meet-amazon-president-jeff-bezos/.

5. Jeff Bezos, "Letter to Shareholders," 1999, https://www.sec. gov/Archives /edgar/data/1018724/000119312519103013/ d727605dex991.htm.

第7章　電子書閱讀器 Kindle

1. "Amazon.com Announces Record Free Cash Flow Fueled by Lower Prices and Year-Round Free Shipping," press release, Amazon press center, January 27, 2004,https://press.aboutamazon. com/news-releases/news-release-details/amazoncom-announc-es-record-free-cash-flow-fueled-lower-prices.

2. 電子墨水技術得以商業化是因為麻省理工學院媒體實驗室的教授約瑟夫・賈克布森（Joseph Jacobson）、傑羅曼・盧賓（Jerome Rubin）、羅斯・威爾克斯（Russ Wilcox）及兩個大學部學生亞伯特（J. D. Albert）及巴瑞特・康米斯基（Barrett Comiskey）共同創立 E Ink 公司。

3. "Introducing Amazon Kindle," press release, Amazon press center, November 19, 2007, https://press.aboutamazon.com/news-releases/news-release-details /introducing-amazon-kindle/ (accessed May 19, 2019).

4. Jesus Diaz, "Amazon Kindle vs Sony Reader Bitchfight," Gizmodo, November 19, 2007, https://gizmodo.com/amazon-kindle-vs-sony-reader-bitchfight-324481 (accessed May 19, 2019).

5. Rick Munarriz, "Oprah Saves Amazon," Motley Fool, October 27, 2008, https://www.fool.com/investing/general/2008/10/27/oprah-saves-amazon.aspx(accessed June 30, 2020).

第8章　尊榮會員服務Prime

1. "Amazon.com Announces 76% Free Cash Flow Growth and 29% Sales Growth—Expects Record Holiday Season with Expanded Selection, Lower Prices, and Free Shipping," press release, Amazon press center, October 21, 2004, https://press.aboutamazon.com/news-releases/news-release-details/amazoncom -announces-76-free-cash-flow-growth-and-29-sales-growth.

2. 亞馬遜的運費計算方式，參看: https://web.archive.org/web/20050105085224 /http://www.amazon.com:80/exec/obidos/tg/browse/-/468636.

3. Colin Bryar, interview with Charlie Ward, August 12, 2019.

4. Jason Del Rey, "The Making of Amazon Prime, the Internet's Most Successful and Devastating Membership Program," Vox, May 3, 2019, https://www.vox .com/recode/2019/5/3/18511544/amazon-prime-oral-history-jeff-bezos-one-day-shipping.

5. Jeff Bezos, "Letter to Shareholders," 2018, https://www.sec.gov/Archives/edgar/data/1018724/000119312518121161/d456916dex991.htm.

第9章　影音平台 Prime Video

1. 2015年我們把亞馬遜 Prime Instant Video 簡化為亞馬遜 Prime Video。

2. Rob Beschizza, "Amazon Unbox on TiVo Goes Live," *Wired*, March 7, 2007, https://www.wired.com/2007/03/amazon-unbox-on/.

3. Tim Arango, "Time Warner Views Netflix as a Fading Star," *New York Times*, December 12, 2010, https://www.nytimes.com/2010/12/13/business/media/13bewkes.html (accessed July 1, 2020).

4. Mike Boas, "The Forgotten History of Amazon Video," *Medium*, March 14, 2018, https://medium.com/@mikeboas/the-forgotten-history-of-amazon-video-c030cba8cf29.

5. Paul Thurrott, "Roku Now Has 27 Million Active Users," *Thurrott*, January 2019, https://www.thurrott.com/music-videos/197204/roku-now-has-27-million-active-users.

6. Jeff Bezos, "Letter to Shareholders," 2012, https://www.sec.gov/Archives/edgar/data/1018724/000119312513151836/d511111dex991.htm.

7. "Amazon Fire Tablet," Wikipedia, https://en.wikipedia.org/wiki/Amazon_Fire_tablet (accessed June 30, 2020).

第10章　雲端運算服務 AWS

1. "What Is Cloud Computing?" AWS, https://aws.amazon.com/ what-is-cloud -computing/.

2. Jeff Bezos, "Letter to Shareholders," 2017, Day One, April 18, 2018, https://www .sec.gov/Archives/edgar/ data/1018724/000119312518121161/d456916dex991 .htm.

3. Jeff Barr, "My First 12 Years at Amazon.com," Jeff Barr's Blog, August 19, 2014, http://jeff-barr.com/2014/08/19/my-first-12-years-at-amazon-dot-com/.

4. Jeff Bezos, "Letter to Shareholders," 2006, https://www.sec.gov/ Archives /edgar/data/1018724/000119312507093886/dex991. htm.

5. "Amazon.com Launches Web Services; Developers Can Now Incorporate Amazon.com Content and Features into Their Own Web Sites; Extends 'Welcome Mat' for Developers," press release, Amazon press center, July 16, 2002, https:// press.aboutamazon. com/news-releases/news-release-details/amazoncom-launches-web-services.

6. "Amazon.com Web Services Announces Trio of Milestones— New Tool Kit, Enhanced Web Site and 25,000 Developers in the Program," press release, Amazon press center, May 19, 2003, https://press.aboutamazon.com/news -releases/news-release-details/amazoncom-web-services-announces-trio -milestones-new-tool-kit.

7. Jeff Bezos, "Letter to Shareholders," 2015, https://www.sec.gov/Archives/edgar /data/1018724/000119312516530910/d168744dex991.htm.

8. Werner Vogels, "10 Lessons from 10 Years of Amazon Web Services," All Things Distributed, March 11, 2016, https://www.all-thingsdistributed.com/2016/03/10-lessons-from-10-years-of-aws.html.

附錄B 報告原則和常見問答舉例說明

1. David Glick, "When I was at #Amazon, one of my monikers was 'Godfather of Tenets,'" LinkedIn, edited March 2020, https://www.linkedin.com/posts /davidglick1_amazon-tenets-jeff-bezos-activity-6631036863471849472-IO5E/.

2. "Jeff Bezos on Leading for the Long-Term at Amazon," HBR IdeaCast, https://hbr .org/podcast/2013/01/jeff-bezos-on-leading-for-the (accessed May 19, 2019).

3. Peter de Jonge, "Riding the Wild, Perilous Waters of Amazon.com," *New York Times*, March 14, 1999, https://archive.nytimes.com/www.nytimes.com/library/tech/99/03/biztech/articles/14amazon.html.

4. "Amazon Certified Frustration-Free Packaging Programs," https://www.amazon.com/b/?&node=5521637011#ace-5421475708 (accessed June 30, 2020).

財經企管 BCB738

亞馬遜逆向工作法
揭密全球最大電商的經營思維
Working Backwards:
Insights, Stories, and Secrets from Inside Amazon

作者 —— 柯林・布萊爾（Colin Bryar）、
　　　　比爾・卡爾（Bill Carr）
譯者 —— 陳琇玲、廖月娟

總編輯 —— 吳佩穎
書系主編 —— 蘇鵬元
責任編輯 —— 賴虹伶
封面設計 —— Bianco

出版者 —— 遠見天下文化出版股份有限公司
創辦人 —— 高希均、王力行
遠見・天下文化 事業群榮譽董事長 —— 高希均
遠見・天下文化 事業群董事長 —— 王力行
天下文化社長 —— 王力行
天下文化總經理 —— 鄧瑋羚
國際事務開發部兼版權中心總監 —— 潘欣
法律顧問 —— 理律法律事務所陳長文律師
著作權顧問 —— 魏啟翔律師
社址 —— 台北市 104 松江路 93 巷 1 號
讀者服務專線 ——（02）2662-0012 ｜ 傳真 ——（02）2662-0007；2662-0009
電子郵件信箱 —— cwpc@cwgv.com.tw
直接郵撥帳號 —— 1326703-6 號　遠見天下文化出版股份有限公司

電腦排版 —— 立全電腦印前排版有限公司
製版廠 —— 中原造像股份有限公司
印刷廠 —— 中原造像股份有限公司
裝訂廠 —— 中原造像股份有限公司
登記證 —— 局版台業字第 2517 號
總經銷 —— 大和書報圖書股份有限公司 ｜ 電話 ——（02）8990-2588
出版日期 —— 2022 年 2 月 1 日第一版第一次印行
　　　　　　2024 年 3 月 14 日第一版第六次印行

國家圖書館出版品預行編目(CIP)資料

亞馬遜逆向工作法：揭密全球最大電商的經營思維/
柯林.布萊爾(Colin Bryar), 比爾.卡爾(Bill Carr)著；陳
琇玲, 廖月娟譯. -- 第一版. -- 臺北市：遠見天下文化
出版股份有限公司, 2021.07
　　面；14.8X21公分. --(財經企管；BCB738)
譯自：Working backwards：insights, stories, and secrets
from inside Amazon

ISBN 978-986-525-233-5(平裝)

1.亞馬遜公司(Amazon.com) 2.電子商務 3.企業經營
4.領導論

490.29　　　　　　　　　　　　　　　110010835

定價 —— 新台幣 550 元
ISBN —— 978-986-525-233-5
書號 —— BCB738
天下文化官網 —— bookzone.cwgv.com.tw

天下文化
BELIEVE IN READING